中国科协三峡科技出版资助计划

西北区域气候变化评估报告

陈晓光　　张存杰　　主　编

孙兰东　　赵红岩　　副主编

中国科学技术出版社
·北　京·

图书在版编目（CIP）数据

西北区域气候变化评估报告/ 陈晓光，张存杰主编 . —北京：中国科学技术
出版社，2013. 10

（中国科协三峡科技出版资助计划）

ISBN 978-7-5046-6389-4

Ⅰ. ①西…　Ⅱ. ①陈…　②张…　Ⅲ. 气候变化-评估-研究报告-西北地区
Ⅳ. ①P468. 24

中国版本图书馆 CIP 数据核字（2013）第 157233 号

总　策　划	沈爱民　林初学　刘兴平　孙志禹	责任编辑	赵　晖　郭秋霞
项目策划	杨书宣　赵崇海	责任校对	韩　玲
出 版 人	苏　青	印刷监制	李春利
编辑组组长	吕建华　许　英　赵　晖	责任印制	张建农

出　　版	中国科学技术出版社
发　　行	科学普及出版社发行部
地　　址	北京市海淀区中关村南大街 16 号
邮　　编	100081
发行电话	010-62103349
传　　真	010-62103166
网　　址	http://www.cspbooks.com.cn

开　　本	787mm×1092mm　1/16
字　　数	360 千字
印　　张	17
版　　次	2013 年 11 月第 1 版
印　　次	2013 年 11 月第 1 次印刷
印　　刷	北京华联印刷有限公司

书　　号	978-7-5046-6389-4/P・173
定　　价	66.00 元

总　序

　　科技是人类智慧的伟大结晶,创新是文明进步的不竭动力。当今世界,科技日益深入影响经济社会发展和人们日常生活,科技创新发展水平深刻反映着一个国家的综合国力和核心竞争力。面对新形势、新要求,我们必须牢牢把握新的科技革命和产业变革机遇,大力实施科教兴国战略和人才强国战略,全面提高自主创新能力。

　　科技著作是科研成果和自主创新能力的重要体现形式。纵观世界科技发展历史,高水平学术论著的出版常常成为科技进步和科技创新的重要里程碑。1543 年,哥白尼的《天体运行论》在他逝世前夕出版,标志着人类在宇宙认识论上的一次革命,新的科学思想得以传遍欧洲,科学革命的序幕由此拉开。1687 年,牛顿的代表作《自然哲学的数学原理》问世,在物理学、数学、天文学和哲学等领域产生巨大影响,标志着牛顿力学三大定律和万有引力定律的诞生。1789 年,拉瓦锡出版了他的划时代名著《化学纲要》,为使化学确立为一门真正独立的学科奠定了基础,标志着化学新纪元的开端。1873 年,麦克斯韦出版的《论电和磁》标志着电磁场理论的创立,该理论将电学、磁学、光学统一起来,成为 19 世纪物理学发展的最光辉成果。

　　这些伟大的学术论著凝聚着科学巨匠们的伟大科学思想,标志着不同时代科学技术的革命性进展,成为支撑相应学科发展宽厚、坚实的奠基石。放眼全球,科技论著的出版数量和质量,集中体现了各国科技工作者的原始创新能力,一个国家但凡拥有强大的自主创新能力,无一例外也反映到其出版的科技论著数量、质量和影响力上。出版高水平、高质量的学术著作，成为科技工作者的奋斗目标和出版工作者的不懈追求。

中国科学技术协会是中国科技工作者的群众组织，是党和政府联系科技工作者的桥梁和纽带，在组织开展学术交流、科学普及、人才举荐、决策咨询等方面，具有独特的学科智力优势和组织网络优势。中国长江三峡集团公司是中国特大型国有独资企业，是推动我国经济发展、社会进步、民生改善、科技创新和国家安全的重要力量。2011 年 12 月，中国科学技术协会和中国长江三峡集团公司签订战略合作协议，联合设立"中国科协三峡科技出版资助计划"，资助全国从事基础研究、应用基础研究或技术开发、改造和产品研发的科技工作者出版高水平的科技学术著作，并向 45 岁以下青年科技工作者、中国青年科技奖获得者和全国百篇优秀博士论文获得者倾斜，重点资助科技人员出版首部学术专著。

我由衷地希望，"中国科协三峡科技出版资助计划"的实施，对更好地聚集原创科研成果，推动国家科技创新和学科发展，促进科技工作者学术成长，繁荣科技出版，打造中国科学技术出版社学术出版品牌，产生积极的、重要的作用。

是为序。

中国长江三峡集团公司董事长

曹广晶

2012 年 12 月

作者简介

陈晓光 男，1955年1月出生，1991年南京气象学院大气科学专业研究生毕业，理学硕士，研究员。现任兰州大学、南京信息工程大学硕士研究生导师，《高原气象》、《宁夏工程技术》编委，在宁夏气象局工作。长期从事天气气候、气候变化的研究和业务管理等工作。

先后主持《西北干旱区沙尘暴预警服务系统研究》、《宁夏气候变化对全球气候变暖的响应及其机制》、《青藏高原气候变化对草地生态系统的影响》和中英气候变化国际合作项目宁夏专题《气候变化对宁夏农业影响的综合分析》等12项省部级科技项目。主持项目获省部级科技进步二等奖3次，获省部级科技进步三等奖4次。在各类刊物上发表论文50余篇，其中核心期刊25篇，出版文集1部。

张存杰 1966年4月出生，博士，现为国家气候中心气候与气候变化影响评估室主任，研究员。长期从事干旱气候变化规律研究以及干旱监测、预测和影响评估业务服务工作。主持或参加完成了科技部和中国气象局多项科研项目，发表研究论文30余篇。曾获省部级科学技术进步一等奖1项、二等奖4项。首批入选国家"西部之光"人才培养计划，被中国气象局评为"西部优秀青年人才"。2011年获国务院颁发的政府特殊津贴。

序　言

　　全球气候正经历一次以变暖为主要特征的显著变化，由此引起了一系列气候和环境问题，对农业、林业、水资源、自然生态系统、人类健康和社会经济等产生了显著影响，受到了社会各界的广泛关注。科学应对气候变化已经成为全球可持续发展的重要课题，也是我国经济社会发展面临的现实挑战。

　　西北区域地处我国东部季风区、西北干旱区和青藏高原区三大自然区的过渡地带，由南向北包含了热带季风气候、温带季风气候、温带大陆性（干旱）气候和高原高寒气候四大类型。该地区干旱少雨，生态环境脆弱，经济发展滞后，是气候变化影响的敏感区和脆弱区。目前，西北区域处于发展经济、消除贫困和建设生态文明的关键时期，受全球及区域尺度气候变化影响，区域经济社会已表现出高度的敏感性，气候变化将使西北区域灾害风险增大，发展环境更脆弱。加强该区域节能减排工作，提高防灾减灾能力建设，是推进西北区域自然生态环境保护以及经济和社会可持续发展的必然要求。

　　在中国气象局气候变化专项的支持下，陕西、甘肃、青海、宁夏四省（区）气象部门经过 3 年的努力，完成了《西北区域气候变化评估报告》。该报告在系统分析西北区域气候变化事实的基础上，综合评估了近 50 年气候变化对西北区域农牧业、生态、水资源、能源等领域的影响、适应措施以及实际效果，给出了 21 世纪西北区域气候变化的趋势及可能造成的影响，提出了区域适应气候变化的对策和建议。为了便于政府决策部门和广大公众理解和应用该报告成果，报告执笔人在科学报告的基础上，编写了报告的决策者摘要和执行摘要，向读者传递关键信息。

《西北区域气候变化评估报告》即将出版发行，我很高兴为此撰写序言，并推荐给政府决策部门、科技人员和广大读者。我还要向为此报告及决策者摘要和执行摘要的编辑出版做出贡献的科技人员表示衷心感谢！

中国气象局局长

郑国光

2013 年 8 月

前　言

　　西北区域位于我国西部地区，包括陕西、甘肃、青海、宁夏和新疆五省（区），区域内地域辽阔，地形复杂，既有世界屋脊又有低于海平面的盆地，既有广袤的森林草原又有举世闻名的沙漠戈壁，既是我国江河的水源地又是干旱半干旱的主要地区。区域内不仅生物种类多样，资源物产丰富，而且还是我国重要的西部生态屏障。因此，西北区域在我国的经济社会发展中的地位和作用十分重要。

　　西北区域处在我国自然区划中的东部季风区、西北干旱区和青藏高原区及其过渡地带上，同时又处在我国和东亚地区的上风上水区域，特殊的自然地理位置和地形地貌条件，造成该区域的天气气候复杂多变，气象灾害及其次生灾害发生频繁。在全球气候变化的大背景下西北地区的气温明显升高，降水量时空分布更加不均，极端天气气候事件更加频繁，灾害程度更加严重，随着经济社会的发展，造成的经济损失越来越大，不仅严重影响和制约了西北地区的经济社会发展，而且对我国的经济社会发展也产生了诸多不利影响。因此，科学应对气候变化，推动区域经济和社会实现可持续发展显得十分重要而紧迫。编制西北区域气候变化评估报告，科学评估区域内气候变化的事实和产生的影响，以及适应气候变化的措施和效果，能够为区域内各级政府和利益相关者应对气候变化提供科学决策依据。

　　本报告所指的西北区域仅指陕西省、甘肃省、青海省和宁夏回族自治区，不包括新疆维吾尔自治区，新疆区域气象中心将独立编写气候变化评估报告。

　　《西北区域气候变化评估报告》（以下简称《评估报告》）分为三篇。第一篇为《科学基础》，利用过去 50 年的气象观测资料系统地分析了西北区域各种基本气象要素、大气成分和极端天气气候事件的基本事实和变化规律，分析了区域气候变化的成因，对西北区域21世纪未来90年的气温、降水量和极端天气气候事件的变化趋势进行了预估。第二篇为《影响与适应》，主要依据大量文献和部分研究成果，分析了过去50年气候变化对区域内的农业、生态系统、水资源、畜牧业、能源、青藏铁路、人体健康和旅游业已经产生是影响，评估了这些行业适应气候变化的措施和效果，预估了未来气候变化对这些行业的可能影响和相应的适应对策。另外给出了西北区域各级政府多年来应对气候变化的政策和行动，提出了西北地区加强应对气候变化工作的建议，最后对区域气候变化的不确定性进行了分析。第三篇为《分省报告》，分别对四个省区50年来的气象要素、极端天气气候事件等的变化规律进行了分析，评估了过去50年气候变化对各省敏感行业的影响，以及适应措施的效果，提出了未来适应气候变化的措施和建议。限于篇幅本书只给出了前两篇。

《评估报告》的编写工作得到了2010年中国气象局气候变化专项资助。编写工作由中国气象局兰州区域气象中心牵头主持，陕西省气候中心、甘肃省气候中心、青海省气候中心和宁夏回族自治区气候中心等单位的30多位业务科研人员共同参与完成。编写工作于2009年7月6日在青海省西宁市启动，先后召开了7次工作会议和2次学术研讨会议，国家气候中心、中国科学院寒区旱区环境与工程研究所、中科院兰州资源环境信息中心、兰州大学、西北师范大学、中国气象局兰州干旱气象研究所以及北京、湖北、内蒙古、吉林、新疆、陕西、青海、宁夏、甘肃等省区气象局的近80位专家学者在研讨会上作了专题报告，对《评估报告》的编写起到了很好的促进作用。

《评估报告》共分14章，前言由陈晓光、张存杰编写；第1章由张存杰、李林、孙兰东编写；第2章由赵红岩、孙兰东、刘德祥、李林、魏娜、程肖侠、孙娴编写；第3章由赵红岩、孙兰东、刘德祥、林婧婧、瞿汶、李艳春、郑广芬、纳丽、杨建玲、王素艳、魏娜、郝丽、程肖侠编写；第4章由赵红岩、陈晓光编写；第5章由孙兰东编写；第6章由邓振镛、刘静、魏娜、方建刚编写；第7章由董安祥、张磊、李建萍、方建刚、徐维新编写；第8章由董安祥、刘彩红、方建刚、桑建人编写；第9章由邓振镛、李红梅编写；第10章由董安祥、方锋、纳丽、李艳春、方建刚编写；第11章由张旭东、梁东升、刘彩红、杨勤、李艳春、刘玉兰、方建刚、程肖侠编写；第12章由朱西德、郭慧、李剑萍、李艳春、姜创业、魏娜编写；第13章由郭慧、李艳春、郑广芬、姜创业编写；第14章由孙兰东、陈晓光、董安祥、李艳春、杨建玲编写；陈晓光、张存杰、孙兰东进行了全文的统稿和编写过程中的组织工作。

《评估报告》在编写和修改过程中，丁一汇、高云、孙颖、翟盘茂、罗勇、居辉、杜尧东、王金星、陈葆德、刘洪滨、赵宗慈、任国玉、熊安元、何勇、郭文利、王瑞元、刘安麟、赵登科、薛根元、尹东、马鹏里、时兴合、德力格尔等专家提出了许多修改意见。另外，陕西省发展改革委员会、甘肃省发展改革委员会、青海省发展改革委员会、宁夏回族自治区发展改革委员会对《评估报告》进行了评审并提出了修改意见。中国气象局科教司对《评估报告》的编写工作给予了高度重视和大力支持，特别是甘肃省气象局对《评估报告》的编写工作投入了大量的人力和物力。正是由于各有关单位的高度重视和大力支持和各位专家的共同努力，才使得报告得以顺利完成，在此一并表示衷心的感谢！

本书虽然经过多次修改完善，但由于气候变化涉及的领域非常广泛，其影响程度随时间和空间而变化，不同地域不同时间甚至同一时间不同地域其表现形式差别很大，有些变化我们观测到了而另一些变化我们现在还无从知晓，特别是未来气候变化的预估和可能产生的影响，限于目前的科学技术水平和我们的认识水平还存在较大的不确定性，因此不足之处在所难免，恳请大家批评指正，以便我们在今后的工作中不断完善。

编者

2013 年 2 月

目　录

第一篇　科学基础

第二篇　影响与适应

决策者摘要

一、引言

（一）《西北区域气候变化评估报告》的意义、范围及与《第二次气候变化国家评估报告》的联系

《第二次气候变化国家评估报告》在国家层面为制定和实施应对气候变化的国家战略和对策，支持国家在气候变化领域的国际活动，指导气候变化的科学研究和技术创新，促进经济和社会的可持续发展提供了科技支撑。我国幅员辽阔，地形复杂，气候多样，区域经济特点和发展水平差异大，应对气候变化所面临的挑战和途径也不尽相同，因此开展区域气候变化评估工作显得尤为重要。

西北深居内陆，远离海洋，干旱少雨，生态环境脆弱，经济发展滞后，是气候变化影响的敏感和脆弱地区。西北正处于发展经济、消除贫困和建设生态文明的关键时期，气候变化将使西北灾害风险增大，发展环境更脆弱。《西北区域气候变化评估报告》（以下简称《报告》）在科学研究的基础上，首次全面综合归纳了国内外 2011 年前有关西北区域气候变化科学研究成果，凝练出区域气候变化及其影响的重要科学结论，为各级政府和相关行业适应气候变化提供科技支撑。

《报告》共分两篇：第一篇为科学基础，共 5 章，主要描述西北区域气候变化的基本事实、主要特征和可能原因，并对区域未来气候变化趋势做出预估；第二篇为影响与适应，共 9 章，对不同领域进行了气候变化影响评估，提出适应气候变化的政策和措施。

《决策者摘要》根据《报告》主要结论进一步凝练而成，结论均基于《报告》的相关章节。

（二）《报告》使用的资料和评估方法

《报告》主要采用专题研究、文献评估相结合的编写方法，根据最新资料研究区域气候变化事实，评估气候变化对区域主要领域或敏感行业的影响。《报告》共引用 260 多篇发表于 2011 年及之前的文献。

使用的资料：1961—2010 年西北区域 217 个国家级气象台站观测资料；1990—2011 年青海瓦里关大气本底站大气成分观测资料；国家气候中心基于全球气候模式发布的 1901—2100 年中国地区气候变化模拟预估数据集；英国哈得来气候预测与研究中心区域气候模式预估数据；来自农业、水文部门和研究文献中的资料。

均一化检验方法：采用国际通用的气候资料均一化检验方法，对区域 217 个国家级气象台站观测资料进行检验，去掉建站较晚、因迁移环境差异大或因城市影响资料不均匀的台站，选取 141 个站气温和降水资料作为分析气温和降水变化的基础数据。

气候变化事实分析方法：采用线性趋势分析基本气候要素、极端天气气候事件时间变化趋势；采用多项式拟合分析其年代际变化；采用空间插值法计算区域平均年降水量。

影响评估方法：采用文献评估、典型区域调查和模型预估等方法，评估气候变化的影响。主要用统计方法分析了农业气候资源的变化、主要农作物气象灾害、种植界限以及发育期和产量的变化；用水文模型和统计方法分析了水资源对气候变化的敏感性，定量预估未来气候变化对水资源的影响；用卫星遥感监测和实地调查相结合的方法，动态监测主要水域、积雪、植被等典型生态环境的变化。

二、气候变化事实、影响与原因

（一）观测到的气候变化（见图 1）

二氧化碳（CO_2）浓度持续增加。二氧化碳是影响地球辐射平衡的最主要温室气体，在长寿命温室气体总辐射强迫中的贡献率约为 64%[①]。人为源主要是化石燃料和生物质燃烧及土地利用变化等。瓦里关大气本底站的观测数据分析显示，2011 年大气 CO_2 的平均浓度为 392.2ppm，是 1990 年开始观测以来的最高值，与北半球中纬度地区平均浓度大体相当，但都略高于同期全球平均值（390.9ppm）。2010—2011 年全球大气 CO_2 浓度绝对增量为 2.0ppm，瓦里关站为 2.2ppm；过去 10 年全球大气 CO_2 年平均

---

① 基于所述气体相对于自 1750 年以来由所有长寿命温室气体造成的全球辐射强迫增加量的比例。

绝对增量为 2.0ppm，瓦里关站为 3.9ppm。

甲烷（CH_4）浓度波动上升。甲烷是影响地球辐射平衡的主要温室气体之一，在长寿命温室气体总辐射强迫中的贡献率约为 18%。大气 CH_4 的主要源包括自然源（湿地、白蚁等）和人为源（煤矿开采泄漏、水稻田排放、反刍动物排放等）。工业革命前，全球大气 CH_4 平均浓度保持在 700ppb 左右。由于人类活动影响，大气 CH_4 浓度波动上升，到 2011 年全球大气 CH_4 平均浓度达 1813ppb，瓦里关站为 1861ppb。2010—2011 年全球大气 CH_4 浓度绝对增量为 5ppb，瓦里关站为 9ppb；过去 10 年全球大气 CH_4 年平均绝对增量为 3.2ppb，瓦里关站为 8.2ppb。

氧化亚氮（N_2O）浓度呈上升趋势。氧化亚氮是大气中最重要的温室气体之一，在长寿命温室气体总辐射强迫中的贡献率为 6%。大气中 N_2O 增加的主要原因是农业氮肥过度使用等导致的农田土壤排放。工业革命前，全球大气 N_2O 平均浓度保持在 270ppb 左右。2011 年全球大气 N_2O 平均浓度达 324.2ppb，瓦里关站达 324.7ppb；过去 10 年瓦里关站的年平均绝对增量为 0.80ppb，略高于全球大气 N_2O 年平均绝对增量（0.78ppb）。

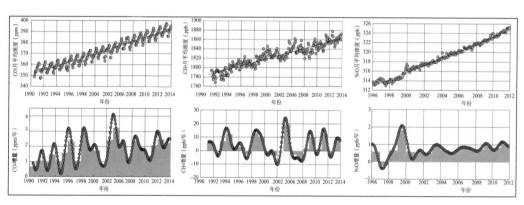

图 1　青海瓦里关站大气 CO_2、CH_4、N_2O 浓度时间序列及逐年增量（1990—2011 年）

（摘自《中国温室气体公报》第 1 期，中国气象局气候变化中心，2012 年 12 月）

气温显著上升，冬季增温最明显。自 1961 年以来，西北区域年平均气温表现为全区一致的增加趋势，平均每 10 年增温 0.27℃（图 2），高于全球平均增温速率，是我国增温明显的地区之一。1987 年后上升幅度逐渐加大，特别是 1996 年以后，年均气温呈快速上升。青海、甘肃河西走廊、陇中北部、陇东和宁夏年平均气温升高速率大于每 10 年 0.30℃，其中青海海西中部、青海海南北部、甘肃河西走廊中部、宁夏北部年平均气温升高速率大于每 10 年 0.50℃，其他地方介于每 10 年 0.10~0.30℃ 之间（图 3，附图 1）。

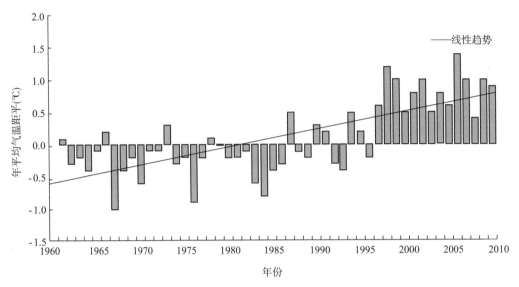

图 2　西北区域年平均气温距平变化（1961—2010 年）

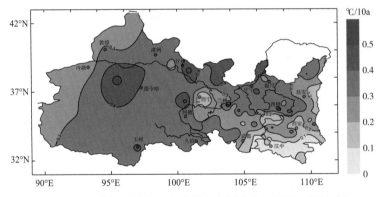

图 3　西北区域年平均气温变化趋势空间分布（1961—2010 年）

　　黄河以西降水趋于增多，黄河以东降水趋于减少。1961—2010 年，西北区域年降水量变化趋势不明显（图 4），但空间差异较大（图 5，附图 2）。以黄河为界，黄河以西降水量呈增多趋势，其中三江源地区的中西部、柴达木盆地中东部增加趋势明显，环青海湖地区呈略微增加趋势；黄河以东呈减少趋势，以陕南西部减少最为显著。整个区域降水量具有明显的年代际变化，20 世纪 60 年代、80 年代以及近 10 年降水偏多，70 年代和 90 年代明显偏少。冬季降水略有增多，春季和秋季降水有所减少，夏季降水变化不明显。

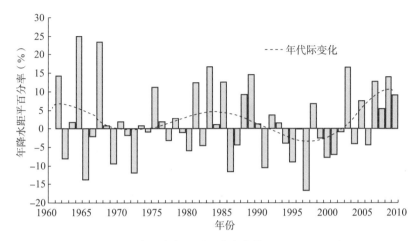

图 4　西北区域年降水距平百分率变化（1961—2010 年）

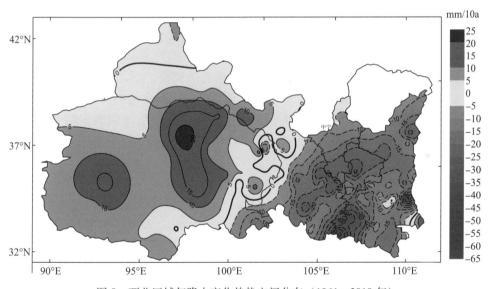

图 5　西北区域年降水变化趋势空间分布（1961—2010 年）

　　干旱发生频率增加、持续时间延长、强度加重。干旱灾害是西北区域最主要的自然灾害之一，1961—2010 年干旱事件发生频率为 60%，总体呈增加趋势。西北中西部降水虽有所增加，但变湿不明显，而西北东部暖干化趋势明显。不同年代际干旱程度呈现不同的变化趋势，20 世纪 60、70 年代多中旱，80 年代多轻旱，90 年代多重旱和特旱。特别是 90 年代干旱频率最高、持续时间最长，共发生干旱事件 7 次，其中 6 次

年干旱日数大于 120 天（图 6）。在各季中，春、秋季干旱发生的频率增加，夏季干旱
发生频率减少；春、秋干旱多于夏旱，特重旱多出现在春季。

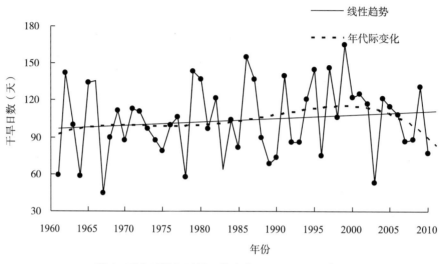

图 6　西北区域年干旱日数变化（1961—2010 年）

沙尘暴日数减少，20 世纪 80 年代中期以来尤为突出。西北区域是沙尘暴多发地
区，主要集中在敦煌以东的河西走廊、宁夏同心以北、陕北榆林等地。发生日数以 4
月最多，5 月次之，10 月最少。1961—2010 年沙尘暴日数总体呈减少趋势。20 世纪
60—80 年代中期沙尘暴发生日数较多，80 年代中期后沙尘暴发生日数开始减少，90 年
代以后明显减少（图 7）。

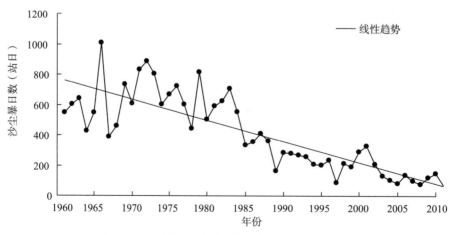

图 7　西北区域年沙尘暴日数变化（1961—2010 年）

20世纪80年代中后期冰雹和雷暴日数明显减少。20世纪60至80年代中期冰雹日数偏多，80年代中期以后冰雹日数开始逐渐减少，90年代中期以来减少尤为明显（图8）。冰雹频发区主要位于青海中部、祁连山区。1961—2010年西北大部分地区雷暴日数呈下降趋势，但柴达木盆地个别地区略有增加。

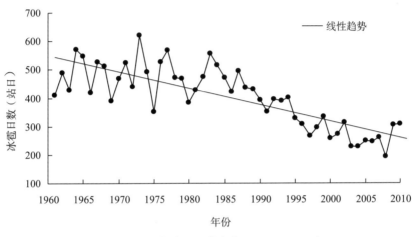

图8 西北区域年冰雹日数变化（1961—2010年）

20世纪90年代中期以来高温事件增多。西北区域高温频发区主要位于河西走廊西部、关中和陕南。1961—2010年西北区域大于35℃的高温日数呈增加趋势。年极端高温事件发生的日数、范围和持续时间都呈上升趋势，特别是20世纪90年代中期以来极端高温事件明显增多。

20世纪90年代后期以来极端降水事件增多。西北区域是我国暴雨日数最少的地区，暴雨频发区主要位于陕西省关中南部至陕南。1961—2010年西北区域暴雨出现的日数略有增加，20世纪70年代到80年代中后期以及90年代后期是暴雨多发阶段，90年代中期是少发阶段。1961—2010年年极端降水事件发生的日数、范围均有所增加，特别是本世纪以来干旱区极端降水事件时有发生。

1961—2010年，西北区域秋季连阴雨次数总体呈减少趋势，但进入21世纪以来有所增加；低温、霜冻事件呈减少趋势；干热风显著增多。

（二）观测到的气候变化影响

作物生育期、种植结构改变，种植区域北移，病虫害加重。气候变暖使春播作物播期提前，秋播作物播期推后，作物生长发育速度加快，越冬作物死亡率降低。小麦、玉米等有限生长习性作物发育期缩短，棉花、马铃薯等无限生长习性作物发育期延长，如陕西冬小麦生育期平均缩短了 5 天，甘肃陇东南旱作区玉米全生育期缩短了 6 天，河西地区棉花主产区全发育期延长 14—18 天。气候变化还使西北区域作物种植结构发生了较大变化，河西走廊干旱灌溉区作物从以春小麦为主转变为以玉米和棉花为主，陇中半干旱旱作区以春小麦为主转变为以冬小麦、春小麦、马铃薯为主。苹果适宜种植区扩大，但由于高温事件增加引起座果率下降。气候变暖有利于棉花、水稻等喜温作物气候产量的提高，不利于春小麦、马铃薯等喜凉作物气候产量增加。作物适生种植区域向北和高海拔地区扩展，西北区域东部冬小麦种植北界向北扩展 50～100 公里，海拔高度提高 200 米左右，特别是宁南山区冬小麦种植海拔高度上升了 600～800 米。农作物病虫害种类增多，影响范围扩大，受害程度加重。

气候变化对高原畜牧业的影响以负面为主。气候变化导致草场产草量及品质下降，加之过度放牧，高原牧区劣等牧草、杂草和毒草的比例增大，草原鼠害加重，导致载畜能力下降。气候变暖为病原微生物繁殖滋生提供有利环境，幼畜健康受到了威胁。但是高原牧场冬春季气温升高，雪灾次数减少，有利于幼畜越冬度春，牲畜死损率明显下降，甘南牦牛和绵羊死损率每 10 年分别下降 0.99% 和 2.74%；20 世纪 80 年代中期以后，藏系绵羊羔羊成活率每 10 年增加 7.19%。

西北区域水资源量总体呈减少趋势，21 世纪以来略有回升。气候变化对水资源的影响十分复杂，包括气候变化对水质、水资源量以及分布的影响，还涉及水资源开发利用等问题，存在较大的不确定性，研究表明西北区域冰川退缩、雪线上升、河流流量减少、地下水位下降。气候变暖致使西北区域多数高山冰川消融加剧，冰川数量和面积减少，1999—2001 年间的冰川面积相对于 20 世纪 50 年代末总体缩小了 8%。1961—2010 年黄河上游和长江上游流域的平均径流量在丰水、枯水交替变化过程中总体呈现减少趋势，石羊河流域年径流量 50 年代中后期平均径流量为 12.1 亿 m^3，90 年代平均为 7.9 亿 m^3，21 世纪初略有增加，平均为 8.7 亿 m^3；河西走廊大部分地区的地下水位下降明显，1989—2009 年民勤地下水位下降 10～12m。

进入 21 世纪以来冰雪融水有所增加，同时多数高山地区降水量也趋于增加，致使大部分内陆河年径流量呈增加趋势，2003 年开始，黄河上游降水量持续增加，2003—2010 年黄河上游平均流量较 1991—2002 年偏多 16%。1961—2010 年青海湖水位总体呈下降趋势，但进入 21 世纪以来止跌回升（见图 9）。2004 年以来，黄河源地区和柴达木盆地的湖泊水位、地下水位也呈持续上升态势。

沙漠化、盐渍化、水土流失加重，草地退化，湿地面积和生物多样性下降。20 世纪后半叶，气候变化加剧了自然植被退化，加快了土地荒漠化，加重了水土流失，特别是在黄土高原地区，水土流失面积占总面积的 2/3 以上。冻土退缩且深度变浅，沙漠化现象加剧，大范围草地退化，生物丰度和多样性下降，湿地面积萎缩、功能减弱，土壤盐渍化面积扩大、盐渍化程度加重。21 世纪以来，加强了生态环境建设，随部分

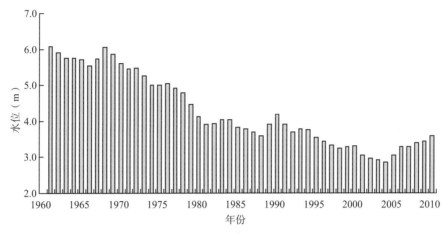

图9 青海湖水位的年际变化（1961—2010年）

地方降水量增加，沙漠化面积和水土流失面积减小，湿地面积和数量增加，黄河源区湖泊类湿地面积由2003年的1462.94km² 增大为2006年的1594.79km²，数量由2003年的71个增加为2006年的162个。

采暖耗能减少，制冷耗能增加，电力调度风险加大，风能和太阳能资源储量下降，但开发利用潜力仍然巨大。西北区域冬季平均气温呈显著上升趋势，每10年增加0.42℃，近半个世纪以来升高2.1℃，1987—2007年冬季平均采暖日数较1961—1986年减少了10%左右，采暖耗能减少。夏季高温日数增多、范围扩大，导致夏季降温耗能增大。高温、干旱和局地强降水等极端天气气候事件发生频率增大，加大了能源调度和水电站安全运行的风险，汉江81.8、90.7、98.7上游洪水在汉江石泉、安康水电站以上造成洪水沿江不断叠加，洪峰频繁出现、洪峰流量猛增影响水电站的安全运行和安全调度。西北区域风能、太阳能资源储量丰富，开发潜力巨大，但20世纪90年代以来近地面风速和地表太阳总辐射有减少的趋势。

旅游适宜期延长，但极端气候事件对旅游的影响加重。受气候变暖影响，西北区域旅游适宜期普遍增加，甘肃陇南南部、陕西巴山山区和汉江谷地旅游适宜期延长约两个半月。降水中的酸性物质增多，使敦煌莫高窟、天水麦积山等石窟佛像表面风化现象加重。干旱少雨，使得沙漠区红碱淖湿地、鸣沙山、月牙泉、青海湖、沙湖等旅游资源的开发空间缩小。暴雨、洪水、极端高温和低温冰冻等气象灾害增多，造成旅游风险加大，旅游景观设施和基础设施损坏严重。

气候变化对西北区域人体健康影响总体有利。主要表现在舒适日数增加明显，冷不舒适日数呈下降趋势。但气候变暖使得高温、干旱等自然灾害频发，生活环境恶化，人畜饮水困难，清洁、消毒条件受限，易诱发各类疾病和疫情。西北区域大风、沙尘天气频繁，沙尘颗粒物在形成和长途传输过程中，产生了大量的化学和生物学污染，对大气环境和人类健康带来极大的危害，尤其是呼吸系统疾病发病人数增加。

（三）区域气候变化的原因

驱动气候变化的因子包括自然和人为两个方面。自然因子主要包括太阳活动、火山爆发以及气候系统内部的变化（如厄尔尼诺、热盐环流等）等；人为因子主要包括人类燃烧化石燃料以及毁林等引起的大气中温室气体浓度的增加，大气中气溶胶浓度的变化，土地利用和陆面覆盖的变化等。从区域来看，不同区域物理特征的差异、气溶胶的时空分布、土地利用变化以及不同的环流特征等，都会对区域气候变化产生影响。

西北区域气候变化作为全球气候变化的一部分，受温室气体、区域内土地利用状况改变（包括城市化）、气溶胶排放等人类活动的影响明显。同时，气候系统内部变化对西北区域气候变化的影响也很明显，东亚大气环流变化、青藏高原下垫面热力变化、欧亚大陆积雪变化以及 ENSO 事件等，都与西北区域的降水、气温等要素的变化有联系。

三、未来气候变化趋势与潜在影响

（一）未来可能的变化趋势

未来气温继续升高、降水不均匀性增大，极端气温、极端降水事件增多。利用全球和区域气候模式，预估了西北区域的气候变化趋势。中等排放情景（A1B）下，21世纪（2011—2100 年）西北区域地面气温将继续上升，增温幅度在 0.6 ~ 3.9℃ 之间，到 21 世纪末期（2071—2100 年）区域平均气温比基准年约增加 4.0℃。21 世纪区域年降水量总体呈现增加的趋势，增加幅度在 -11% ~ 26% 之间，到 21 世纪末期（2071—2100 年）区域平均年降水量比基准年增加幅度将可能达到 16%。21 世纪西北区域高温现象将更加频繁，霜冻日数减少；降水强度增大，极端降水事件出现频率增多，极端降水对总降水的贡献率增加；最长无雨期增长，干旱有加重的趋势。

（二）未来可能的影响

未来气候变化对农业影响利弊共存。未来气温将会持续升高，热量资源增加，作物生长季延长，复种指数提高。特别是冬季气温升高，有利于越冬作物面积扩大。21世纪 50 年代后气温升高，可能会造成马铃薯减产，春小麦单产大幅度下降，作物生育期提前，全生育期日数缩短，作物需水量增加，农业病虫害将加重。干旱对农业生产的影响依然不容忽视。

　　高原草场生产力下降，病害滋生，影响畜牧业可持续发展。高寒草甸草场对气候变暖有明显的响应，现实状况下理论载畜量约为 2.54 个羊单位，在未来气温升高 2℃、降水不变的情景下，草场生产力将有所降低，相应的草场理论载畜量降低至 1.04 个羊单位，是高寒草甸草地畜牧业持续发展很不利的因素；冬季气温升高，有利于幼畜安全越冬、提高成活率，但是也易于病原微生物的繁殖滋生，威胁幼畜健康。

　　不同排放情景下，水资源量变化趋势不一致。气温升高将引起高山冰川消融，导致未来 10—30 年冰雪融水对河流的补给程度加强，径流量增加；但从长远看，随着高山冰川面积和体积萎缩，冰川补给量将减少，在降水量不增加的条件下，天然径流量可能表现出持续下降趋势。未来西北区域年和夏季降水量可能趋于增多，降水增加对湖泊水位的影响是正效应，而气温上升和蒸发增大对水位的影响是负效应。未来温度继续升高，青海湖区水面蒸发和陆面蒸散有所增加，若多年平均降水量增加 10%，仍不足以抑制湖面的继续萎缩，仅起到减缓作用。

　　未来气候变化对西北区域生态系统的影响有利有弊。内陆河流域未来气温升高、降水量增加、冰雪融水量增大，有利于草场生产力和载畜量提高，森林生产力也明显增加。气候变暖背景下，地表水资源日益匮乏，湿地面积缩小，农业灌溉需水不断增加，区域地表沙漠化和荒漠化可能加速。

　　冬季采暖耗能进一步减少，夏季制冷耗能进一步增大，对水电、风能、太阳能开发利用影响不大。未来西北区域气候的持续偏暖，将增加西北区域夏季电力消耗，减少冬季能源消耗。气候变化导致的降水增加可能有利于水力发电，但降水不均匀性的增强，又会加大水电调度管理的难度。未来气候变化可能增大风力发电中风能的不稳定性和可控难度。未来日照时数的进一步减少，可能对太阳能的利用造成一定的负面影响。但随着风能、太阳能和水力发电技术的提高，气候变化不会对其开发利用造成大的影响。

四、不确定性分析

　　气候变化研究结果的不确定性主要来自以下几个方面：①观测资料的不确定性，主要包括观测的随机误差和系统误差，观测环境变化等造成的资料不均一；②气候模式和影响评估模型的不确定性，主要源自对气候系统认识和描述能力的不完备；③排放情景的不确定性，包括温室气体和气溶胶等排放和估算的不确定性；④"认知"因素：限于目前认知水平，对气候系统或气候影响的某些方面无法知道。在定性描述气候变化某个结论的不确定性时，政府间气候变化专门委员会（IPCC）第五次评估报告根据证据的类型、数量、质量和一致性（如对机理认识、理论、数据、模式、专家判断），以及各个结论达成一致的程度，评估对某项发现有效性的信度。信度以定性方式表示，一般使用"证据数量的一致性"和"科学界对结论的一致性程度"两个指标。本报告参照IPCC不确定性描述方法，通过分析结论在下表中的位置来判断其不确定性特征。在图10中，左下位置A的不确定性最大，右上位置I的不确定性最小。

一致性高，证据量有限G	一致性高，证据量中等H	一致性高，证据量充分I
一致性中等，证据量有限D	一致性中等，证据量中等E	一致性中等，证据量充分F
一致性低，证据量有限A	一致性低，证据量中等B	一致性低，证据量充分C

关于某个特定研究结果的一致性水平

证据量（独立研究来源的数量和质量）

图10　不确定性分析示意

（参考IPCC"第五次评估报告主要作者关于采用一致方法处理不确定性的指导说明"）

观测到的气温和降水变化结论一致性高，证据量充分；其他观测到的气候变化事实结论一致性高，证据量中等。《报告》中观测到的西北区域温度和降水变化的结论，由于各项研究一致性高，研究证据充分，因此结论应处于图10中I的位置：一致性高，证据量充分。其他观测到的气候变化趋势，虽然通过资料质量控制、均一化检验选取代表站点等已将资料误差尽可能降到了最低。但由于不同资料序列覆盖的长度代表性不同，以及不同研究方法的差异对分析结果会产生影响，其结论应处于图10中H的位置。

未来气温和降水的预估结论为一致性中等，证据量中等。全球气候模式集合平均与区域气候模式模拟的区域年平均气温和年平均降水与观测实况均有较大的误差，仅能模拟出大致的空间分布特征。同时，由于排放情景的不确定性以及预估结果在不同研究中的差异，未来气温和降水的预估结论，应分别处于图10中H和E的位置。

对敏感领域影响评估的结论一致性中等，证据量中等。《报告》对于敏感领域的影响评估，主要基于出版文献。由于一些领域研究文献较少，同时各个文献中评估方法、研究所采用的资料和年代的不同，结果也有所差别。同时，气候变化影响评估模型仍然具有不确定性。对此部分的评估结论，应处于图10中E的位置：一致性中等，证据量中等。

五、适应气候变化的政策与措施

减缓和适应是应对气候变化的两个重要方面，减缓是一项相对长期、艰巨的任务，而适应则更为现实、紧迫。西北区域在推进低碳发展、加强节能减排的同时，还需要进一步加强气候变化规律和成因研究，加强气候变化及极端气候事件监测评估技术研究，加强应对气候变化及极端气候事件的政策和措施研究，加强应对气候变化的防灾减灾科普宣传，加强农业、畜牧业、水资源、生态环境、重大工程、人体健康和能源等重点领域和敏感行业适应气候变化工作。

（一）农业

改变传统农业，发展现代农业。利用区域气候资源优势，发展具有区域特色的种植业。如发展经济效益较高的蔬菜、水果、药材等经济作物，增加设施农业面积，提高复种指数。因地制宜发展特色农业，形成优势产业带。

优化农业布局，调整种植结构。适当扩大冬小麦等越冬作物和棉花等喜温作物种植面积和比例，压缩春小麦等喜凉作物的种植面积，合理控制高耗水作物种植面积。

加强科技研发，培育抗逆品种。大力培育和推广抗旱、抗涝、抗高（低）温以及抗病虫害等抗逆品种，提高新品种培育、引种和试验示范推广力度。

发展节水农业，提高农业用水效率。加强农业基础设施建设，加大高效节水灌溉技术、节水栽培管理技术、集雨补灌技术、地膜覆盖技术和保护性耕作的研究开发和推广力度，在区域内大力发展节水农业，提高农业用水效率。

（二）畜牧业

发展生态畜牧业，促进草畜平衡。加强草场设施建设，保护草原生态环境，恢复草原植被，增加草原覆盖度，合理控制载畜量，防止过度放牧。实施退耕还牧、退牧还草、围栏封育以及人工草场建设。

提高畜牧业科技水平，建立畜牧业发展新模式。选择耐高温抗干旱的草种，促进草业生产的多样性；加强病虫草害预报和防治工作；加强适用草畜生物技术开发和引进，开展畜种改良；建立"农牧互补"的畜牧业发展新模式，实现畜牧业生产的可持续发展。

（三）水资源

建设现代化水资源管理体系。以饮用水源地保护和节水型社会建设为重点，建立适应气候变化及可持续发展的水资源管理体系，减轻西北地区水资源对气候变化的敏感性和脆弱性。

加强水利基础设施建设。加强现有水库、堰塘清淤，疏通泄洪河道，合理规划和建设分蓄滞洪区，提高区域江河、湖泊的综合防洪能力；提高区域大中城市排水设计标准，减轻城市渍涝灾害的影响；建设跨流域调水工程，实现多流域水资源的优化配置和利用。加强不同层级暴雨和洪水监测预警工程建设，进一步重视黄土高原地区的水土保持工作。

加强区域水资源保护。围绕黄河和长江上游及支流，西北内陆河的河川径流、高山湖泊、冰川积雪及地下水等，合理布局建设水源涵养型生态保护区域。

提高水资源利用率，建立节水型社会。科学规划和分步实施人工增雨（雪）工程、地表和地下水资源控制工程和跨流域调水工程，以及三江源、甘南黄河上游重要水源补区、祁连山区的生态功能区保护与建设工程。制定区域水资源规划，明晰用水权和水资源使用权指标；建立与水资源优化配置相适应的节水工程和水利工程体系；实行用水权有偿转让，引导水资源实现以节水、高效为目标的优化配置。

（四）生态

实施区域生态环境的恢复治理工程，建设西部生态屏障。 有计划地保护和恢复重建退化草地生态系统、高原湿地生态系统以及天然林资源。实施退耕还林、退牧还草等生态环境保护与建设工程，遏制生态环境进一步恶化的态势。加强"三北"防护林建设、野生动植物保护及自然保护区建设、湿地保护与恢复等一系列重大工程的实施，使得生态退化趋势得到遏制，水源涵养功能初步恢复。注重沙化治理、水土保持等生态环境建设工程。

开展生态环境调查、评估。 开展区域生态环境资源调查以及生态功能区划，建立区域生态环境资源数据库，编制生态环境监测、评估规划和标准，开展生态环境的实时监测、评估。

加强气候变化对生态环境影响研究。 加强气候变化对生态环境脆弱性、湿地生物多样性、湿地碳汇功能影响的研究，加强极端气候事件对生态环境影响的研究。

（五）能源

大力发展清洁能源。 加强风能、太阳能资源评估和开发利用，进一步提高风能、太阳能发电技术水平，支持风能、太阳能利用工程建设，提高风能、太阳能利用率；合理开发水能、生物能资源，实现多种能源互补，减轻对煤、石油等化石能源的依赖度。

强化自然灾害下的能源安全保障服务。 开展能源工程气候风险评估和可行性论证，健全多部门的协调机制。针对可能影响能源安全、能源生产、能源输送的自然灾害，建立能源气象灾害监测预警预报平台，制定相应的气象灾害应急预案。

（六）人体健康

加强气候变化对人类疾病和传播影响的研究。重点加强高温、暴雨洪涝、干旱、沙尘等气象灾害对人类敏感疾病和流行疫情的影响研究，建立疾病气象条件监测和潜势预报预警系统，开展医疗气象预报服务。

开展气候变化对人体健康影响的科普宣传与培训。通过电视、广播、报纸和网络等媒体广泛宣传气候变化对人体健康的影响，提高社会各界对气候变化的重视以及公众自我保护意识。

附录：重要概念

IPCC：世界气象组织及联合国环境规划署于 1988 年成立了政府间气候变化专门委员会（Intergovernmental Panel on Climate Change，IPCC）。

气候：指长时期内（月、季、年、数年、数十年或数百年以上）天气的平均或统计状况，通常由某一时期的平均值、距平值以及极值表征。

气候变化：指不同时间段气候平均值和距平值两者之一或两者都出现统计意义上的显著变化。这种变化越大，表明气候变化的幅度也越大，气候状态也越不稳定。

基准年：1971—2000 年。

标准气候平均值：按照世界气象组织（WMO）的规定，取气象要素最近三个整年代的平均值或统计值作为该要素的气候平均值。本书以 1971—2000 年气候资料平均值为标准气候平均值，也称常年值。

距平：指某一要素旬、月、季、年平均值与 1971—2000 年同时段平均值的差值。

距平百分率：指距平值与标准气候平均值的百分比。

站点平均值：指单个站点气候要素值的月、季、年平均值。

区域平均值：西北区域降水分布不均匀，东西差异大。因此将站点资料格点化，计算其均值，根据区域站点的空间分布情况，采用 Kriging 插值法进行空间插值法计算区域平均降水量。

极端降水事件：根据国家气候中心极端事件阈值方法，取气候标准期（1971—2000 年）每年日降水量的极大值和次大值，形成一个共 60 个数的序列。对获得的 60 个值进行排序，选取第 3 大值作为极端日降水的阈值，当日降水量大于或等于该阈值则称该站出现了极端日降水。

极端高（低）温事件：根据国家气候中心极端事件阈值方法，取气候标准期（1971—2000 年）每年日最高（低）气温的极大（小）值和次大（小）值，形成一个共 60 个数的序列。对获得的 60 个值进行排序，选取第 3 大（小）值作为极端最高（低）气温的阈值，当日最高（低）气温高于或等于该阈值，则称该站出现极端高（低）温事件。

高温日数：指日最高气温 ≥35℃ 的日数。

降水日数：指日降雨量≥0.1mm 的日数。

降雨强度：指年总降水量除以年降水日数，即降水日数的平均降雨量。

降水等级：分为小雨、中雨、大雨、暴雨、大暴雨

   小雨：日降雨量为 0.1～9.9mm

   中雨：日降雨量为 10.0～24.9mm

   大雨：日降雨量为 25.0～49.9mm

   暴雨：日降雨量为 50.0～99.9mm

   大暴雨及以上：日降雨量达到 100.0mm 及以上

沙尘暴日：指一天中凡出现能见度<1km 沙尘暴天气现象时统计为一个沙尘暴日。（如果一日中有 2 站出现沙尘暴，沙尘暴日数计为 2 站日，以此类推。）

大风日：凡出现瞬时风速达到或超过 17.0m/s（目测估计风力达到或超过 8 级）的当天作为一个大风日统计。

冰雹日：一天中凡出现冰雹现象时统计为一个冰雹日。（如果一日中有 2 站出现冰雹，冰雹日数计为 2 站日，以此类推。）

暴雨日数：指日降水量≥50mm 日数。

雪灾：凡出现日降水量≥0.1mm 的降雪，统计为一个降雪日。当年 10 月到次年 5 月，草原牧区积雪深度≥5cm 且连续积雪日数≥7 天，统计为一次草原牧区雪灾过程。

干热风：在 6—7 月任意期间同时达到：若每天日最高气温≥30.0℃；14 时相对湿度≤30%；每天 3～4 次定时观测中有一次以上的偏东风或 14 时为静风；日降水量为≤0.0mm。一日中有 5 站以上达到干热风指标为区域性干热风。

年干旱评价：采用中华人民共和国国家标准《气象干旱等级》（GB/T20481—2006）中推荐使用的综合气象干旱指数 CI。当评价年是否发生干旱事件时，所评价年内必须至少出现一次干旱过程，并且累计干旱持续时间超过所评价时段的 1/4 时，则认为该年发生干旱事件，其干旱强度由年内 CI 值为轻旱以上干旱等级之和确定。年的干旱频率为干旱年数占总统计年数的百分比。

ppm：干空气中每百万（10^6）个气体分子所含的该种气体分子数。

ppb：干空气中每十亿（10^9）个气体分子所含的该种气体分子数。

第一篇　科学基础

第1章 绪 论

1.1 全球变暖的事实及原因

1.1.1 全球变暖的事实

目前观测到的全球气候变化的主要事实是全球平均气温和海温升高、大范围的积雪和积冰融化以及全球平均海平面上升。全球地表观测资料表明，全球气候呈现以变暖为主要特征的显著变化。最近12年（1995—2006年）中有11年位列1995年以来最暖，近50年平均增暖速率几乎是近100多年来的两倍。观测表明，全球海洋平均温度增加已延伸到至少3000m深度，这引起了海水膨胀，海平面上升。另外，南北半球的山地冰川和积雪总体上都已退缩，整个20世纪海平面上升估计为0.17m。近百年来，北极平均温度几乎以两倍于全球平均速率的速度升高。

在全球气候变暖的背景下，我国近百年的气候也发生了明显的变化。地表平均气温明显增加，升温幅度比同期全球平均值略强。增温主要发生在冬季和春季，夏季气温变化不明显。北方和青藏高原增温比其他地区显著，西南地区出现降温现象，春季和夏季降温尤为突出。气温上升，气候生长期明显增长，青藏高原和北方地区增长更多。近100年和近50年年降水量变化趋势不显著，但年代际波动较大。近50年日照时间、水面蒸发量、近地面平均风速、总云量均呈显著减少趋势。极端气候事件变化方面，近50年来平均炎热日数呈现先下降后增加趋势，近20多年上升较明显。1950年以来，平均霜冻日数减少10d左右，这与日最低气温比日最高气温增暖更明显的事实相一致。近50年来寒潮事件频数显著下降。东南沿海地区台风造成的降雨量也有减少现象。北方包括沙尘暴在内的沙尘天气事件出现频率总体呈下降趋势。

1.1.2　全球变暖的原因

引起气候变化的原因可以分成自然原因与人为原因两大类。前者包括太阳辐射的变化、火山活动等；后者包括人类燃烧化石燃料以及毁林引起的大气中温室气体浓度的增加，大气中气溶胶浓度的变化，土地利用和陆面覆盖的变化等。

目前，科学家认为太阳辐射的变化不可能是引起现代全球气候变暖的主要原因。最新的科学结论，温室效应很可能是近50年来地球表面温度明显上升的主要原因。

人类活动引起地球大气中温室气体、气溶胶含量以及云量的变化。工业化时期（1750年）以来，人类活动对气候总的影响表现在使气候变暖。这个时期，人类对气候的影响已经远远超过了自然过程（如太阳变化和火山喷发）变化导致的影响。

从西方工业革命开始到现在，全球大气中二氧化碳、甲烷和氧化亚氮的浓度都显著升高。有确切的证据表明，这些增长主要源于交通、取暖、发电等人类活动中化石燃料的燃烧。由二氧化碳引起的温室效应增加占目前温室效应增加的2/3。

目前，温室气体浓度增加率与人类排放的变化率之间有着很好的一致性，并且这在大气几千年的历史中是未曾出现过的。过去100年中，温室气体浓度迅速增长在近42万年的历史上是没有出现过的，而且很有可能在过去2000万年内都未曾有过。然而，由于自然和人为排放中涉及许多生物地球化学过程的不确定性，目前还不能很好地认识人类活动对这些气体贡献的确切量级。

为了证明近50年的气候变化是人类活动引起的，科学家将气候模式的模拟结果与近百年的观测事实进行了比较。他们发现，单考虑气候变化的自然波动或单考虑人类活动的影响均不能很好地模拟过去的气候变化，但同时考虑两者的作用，则可以比较好地模拟出近100年的气候演变，从而能够证明近50年的全球气候变化主要是人类活动引起的。

1.2　国内外气候变化评估情况介绍

气候变化是国际社会普遍关心的重大全球性问题。气候变化既是环境问题，也是发展问题，但归根结底是发展问题。政府间气候变化专门委员会（IPCC）对气候变化的科学认识、气候变化的影响以及适应和减缓气候变化的可能对策进行评估。1990年、1995年、2001年和2007年，IPCC相继完成了四次评估报告[1]。2007年政府间气候变化专门委员会（IPCC）发布了第四次全球气候变化的科学评估报告。这些报告形成的最主要的结论是，由人类活动导致温室气体排放是近50年来引起全球气候变暖的主要原因。这一结论为国际社会应对气候变化和为《联合国气候变化框架公约》的谈判提供了重要的科学基础，产生了重大影响。同时也反映了当前国际科学界在气候变化问题上的认识水平，是国际社会认识和了解气候变化问题的主要科学依据，也是国际社会应对气候变化和各国制定可持续发展战略的重要决策参考依据。一些发达国家也开展了专门的国家级气候变化评估报告的工作。我国政府对气候变化的影响高度重视，2006 年 12 月 26 日，由科学技术部和中国气象局等 12 个部门组织编制和发布了我国第一部《气候变化国家评估报告》，为我国编制《中国应对气候变化国家方案》，部署应对气候变化各项工作提供了科学依据。该报告系统总结了我国在气候变化方面的科学研究成果，全面评估了在全球气候变化背景下中国近百年来的气候变化观测事实及其影响，预测了 21 世纪的气候变化趋势，综合分析、评价了气候变化及相关国际公约对我国生态、环境、经济和社会发展可能带来的影响，提出了我国应对全球气候变化的立场和原则主张以及相关政策。为满足新形势下我国应对气候变化内政外交的需求，2008 年 12 月 28 日，由科学技术部、中国气象局和中国科学院联合牵头组织的第二次《气候变化国家评估报告》（以下简称《国家报告》）编写工作启动仪式在京举行，已于 2010 年完成。第二次评估报告将在第一次报告的基础上进行拓展，内容由中国气候变化的历史和未来趋势、气候变化的影响与适应、减缓气候变化的社会经济影响评价、全球气候变化有关评估方法的评估以及我国应对气候变化的政策措施、采取的行动及成效 5 个部分组成。

毋庸置疑，《国家报告》为制定和实施应对气候变化的国家战略和对策、支持国家在气候变化领域的国际活动、指导气候变化的科学研究和技术创新、促进经济和社会的可持续发展提供了科学的技术支撑，并且对国际、外交、环境及社会经济发展产生了重大影响。然而，我国幅员辽阔，地形地貌千差万别，经济特点和发展水平又不尽相同。而《国家报告》是立足全国、放眼全球，不可能也不应具体到各个区域。故从区域的角度看《国家报告》则显得有所缺失和不足。因此开展区域性气候变化评估是《国家报告》的重要补充。与《国家报告》相比，区域性气候变化评估要考虑气候变化在区域尺度的复杂性与不缺定性，仔细分析和认识区域性气候变化并进行科学的归因并对各种应对措施在区域尺度的作用做全面客观地评估。

根据中国气象局的指示精神，2009 年以来各区域中心相继开展了区域气候变化评估报告的编写工作。

1.3 西北区域开展气候变化影响评估的重要性

我国地处欧亚大陆东部，南北跨度很大，东临太平洋，西部有世界最高的青藏高原，各个地区对气候变化的响应差异大，需要针对关键脆弱地区开展区域尺度上气候变化及其影响、脆弱性、适应性评估。

西北区域处在中国自然区划中的东部季风区、西北干旱区、青藏高原区三大自然区的过渡地带，是长江、黄河、澜沧江的发源地，横跨内陆河和外流河两大流域。本区内、外流域分界线大致北起贺兰山经祁连山、日月山、巴颜喀拉山至唐古拉山，在分水岭以北为内陆河水系，以南为外流河水系。最重要的秦岭—淮河地理南北分界线，西起甘肃南部，经陕西南部到河南西部。由南向北包含了热带季风气候、温带季风气候、温带大陆性（干旱）气候和高原高寒气候四大类型。西北是全国唯一包含三大高原、三大自然区、三江源、两大内外流域、内外流域分界线和南北分界线和四大气候类型的区域。西北区域地质地貌及生态系统复杂多样，又处于天气气候复杂多变的地域。气候变化和这些因素交织在一起，使得西北区域经济，特别是城市群经济社会发展面临着多重挑战。受全球及区域尺度气候变化影响，区域经济社会已表现出高度的敏感性。随着城市化进程的进一步加快，区域对气候变化的脆弱性加剧。为更有力地维护西北区域自然生态环境及经济和社会可持续发展，迫切需要给出一个客观、翔实且具有前瞻性的区域气候变化科学评估。

1.4　报告编写原则和特点

2009 年 7 月，西北区域气象中心组织区域内陕西、甘肃、青海、宁夏四省（区）气象部门编写《西北区域气候变化评估报告》。本报告由两部分组成：第一篇科学基础。主要阐述基本气象要素变化的事实，高影响天气气候事件，气候变化归因分析，西北区域气候变化预估；第二篇气候变化的影响与适应。主要阐述气候变化的影响与评估，气候变化对农业、生态系统、水资源、畜牧业、能源、人体健康和旅游业、重大工程以及气候变化影响和适应的不确定性。本报告的特点是突出地方气候特征、科学问题和地方服务等重点，以"着眼局地、考虑全球"为视角，针对重点领域和区域，试图回答与全球气候变化和区域气候变化相关的重点科学问题。

《西北区域气候变化评估报告》的编制工作，在很大程度上弥补了《国家评估报告》的有共性但缺少个性、有整体但缺少局部、有原则但缺少举措、面广而不深的缺点；建立西北区域科学应对气候变化措施的基础，为区域性社会和经济的发展以及近年来各级政府大力推行节能减排措施的气候效应提供科学依据；对近年来西北区域气候变化领域科研成果进行一次综合和总结，从中提炼出重要科学结论，为西北区域气候变化影响、适应和减缓对策提供了科学支撑，加强了西北区域应对气候变化的能力；为各级政府制定国民经济和社会发展长期规划提供重要参考依据，指导西北区域经济发展、社会进步和环境保护三者协调发展。

第2章 基本气象要素变化的事实

2.1 资料说明

2.1.1 资料来源

本报告采用各种气象资料（20~20h）为西北区域陕西、甘肃、青海、宁夏四省（区）信息中心收集整理的141个气象站点的1961—2010年的历年各月平均气温、平均最高气温和平均最低气温，降水量、风、相对湿度、日照时数、云量以及张掖、兰州、银川、西安、安康、囊谦气象观测站的降水量、气温资料，其中风速由于仪器更换1970年前后的资料不连续，文中采用1971—2010年的资料。其站点分布见图2-1。

瓦里关大气 CO_2 现场连续监测于1994年11月开始，大气 CH_4 现场连续监测于1994年9月开始，期间由于房屋维修、仪器故障等原因，资料中断较多，给连续分析带来一定困难。而瓦里关大气 CO_2、CH_4、CO 等成分的瓶采样监测于1990年8月开始，每周采样一对，样品寄往美国 NOAA/CMDL 进行分析，分析结果定期由全球温室气体资料中心（WMO/WDCGG）公布，数据连续性较好。因此，本次分析的温室气体（CO_2、CH_4）资料采用瓶采样资料。

2.1.2 计算方法

2.1.2.1 资料统计方法

降水、气温、干旱、沙尘暴、冰雹、暴雨、高温、雷暴、连阴雨、低温冻害、干热风的统计方法均采用中国气象局《全国气候影响评价》的标准。

2.1.2.2 资料处理方法

收集了西北区域217个气象站点的气温资料，首先剔除了资料长度（1961—2010

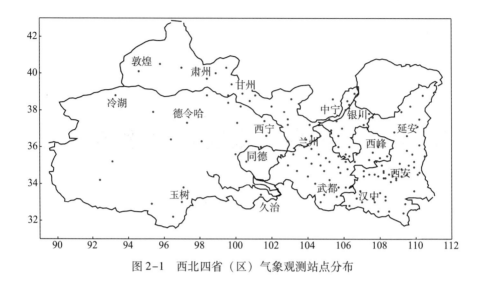

图2-1　西北四省（区）气象观测站点分布

年）不够50年的站点，使用了标准正态均一性检验法（SNHT），对其余站点的年平均气温资料进行了"均一性"检测，并剔除了没有通过检验的站点。最后选取了141个气象站点的气象要素观测资料来统计分析西北区域的气候变化特征。利用1961—2010年的年平均气温、年平均最高气温和年平均最低气温，进行区域算术平均得出西北区域的年平均气温、年平均最高气温和年平均最低气温距平的时间序列。西北区域降水分布不均匀，东西差异大。因此将站点资料格点化，计算其均值，根据区域站点的空间分布情况，采用Kriging插值法进行空间插值法计算区域平均年降水量。

2.1.2.3　资料划分标准

本报告中以1971—2000年30年的平均值作为基准平均值。年为1—12月，春季为3—5月，夏季为6—8月，秋季为9—11月，冬季为当年12月至次年2月。日降水量0.1~9.9mm为小雨，10.0~24.9mm为中雨，25.0~49.9mm为大雨，≥50.0mm为暴雨。根据气候区划的指标以及地理特征，选取5个不同气候区的代表站：干旱区选张掖、银川，半干旱区选兰州，半湿润区选西安，湿润区选安康，高寒区选囊谦。

2.1.2.4　资料计算方法

（1）要素变化趋势采用线性趋势法：将气候要素表示成时间t的线性函数$y=at+b$，其中a、b为经验系数。用最小二乘法通过实际资料计算出a和b，其中a表示线性函数的斜率，也就是气象要素的线性趋势，a为正值表示增加趋势，为负值表示减少趋势，绝对值很小、接近零时表示无明显变化趋势。

（2）月地面蒸发量由高桥浩一郎[2]经验公式（1979年）计算。

$$E = \frac{3100R}{3100 + 1.8R^2\exp\left(-\dfrac{34.4T}{235 + T}\right)}$$

（2-1）

其中 R 为月降水总量，T 为月平均温度。该公式是经验公式[2-3]，但在物理上考虑了两个影响实际蒸发量的最主要因子，并有实际观测资料作依据，该方案进行验证，认为该公式不失为当前计算蒸散量的一个较好方法。

2.1.2.5　极端天气气候事件监测指标

采用排位法计算，对某一指标历史序列从小到大进行排位，定义序列第95百分位值为极端多事件，第5百分位值为极端少事件。具体计算方法为：取气候标准期（目前为1971—2000年，以后根据中国气象局规定替换）内每年某一指标（如日降水量、日最高气温、日最低气温）的极值和次极值，得到一个包含60个样本的序列；对序列从小到大进行排序，第3个值为发生偏少（小）极端事件阈值，小于该阈值的事件为极端偏少（小）事件；第58个值为偏多（大）极端事件阈值，大于该阈值的事件为极端偏多（大）事件。如果某事件在气候标准期内有较多的缺测或没有出现，该站点就不参加计算。

2.2　气温

2.2.1　年平均气温变化特征

西北四省（区）年平均气温为8.3℃。由图2-2可见，年平均气温自1961年以来呈持续上升趋势，每10年增温0.27℃，近半个世纪以来升高了1.4℃。2006年是近50年来最暖的年份，平均气温为9.7℃，比常年同期偏高1.4℃；1967年是近50年来最冷的年份，平均气温为7.4℃，比常年同期偏低1.0℃。从1987年后上升幅度逐渐加大，特别1996年以后，年均气温呈快速上升，比30年气温平均值高出0.4~1.4℃，增温幅度之大是近半个世纪来没有过的。

年平均气温表现为全区一致的增加趋势（图2-3，附图3），全区气候倾向率均为正值。年平均气温气候倾向率大于0.3℃/10a的区域位于青海、甘肃河西走廊、陇中北部、陇东和宁夏。其他地方气候倾向率在0.1~0.3℃/10a之间变化。

从20世纪60年代至21世纪初，平均气温上升幅度逐渐加大，尤其是进入90年代后，上升速率明显增大。20世纪90年代比60、70和80年代分别上升了0.6℃、0.5℃和0.5℃；21世纪初（2001—2010年）比20世纪90年代又上升了0.5℃，为近50年来最暖的时期（表2-1）。

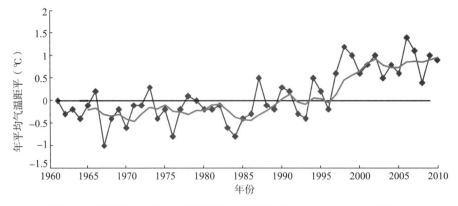

图 2-2　西北四省（区）地面年平均气温距平变化曲线（1961—2010 年）

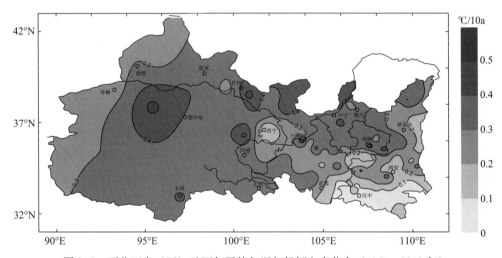

图 2-3　西北四省（区）地面年平均气温气候倾向率分布（1961—2010 年）

表 2-1　西北四省（区）地面平均气温的年代际变化（1961—2010 年）

时间	1961—1970	1971—1980	1981—1990	1991—2000	2001—2010
平均气温（℃）	8.0	8.1	8.1	8.6	9.1

　　由 UF 曲线看见，自 20 世纪 80 年代以来，年平均气温有一明显的增暖趋势。2000 年以后这种增暖趋势超过 0.001 显著性水平（$u_{0.001} = \pm 2.56$），表明气温上升趋势十分显著。根据 UF 和 UB 曲线交点位置，可以确定年平均气温 20 世纪 90 年代的增暖是一突变现象，突变发生在 1996 年，见图 2-4。

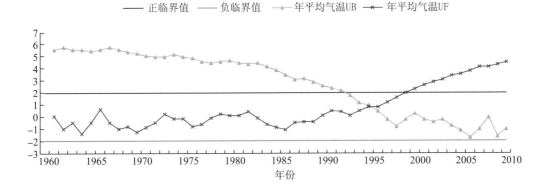

图 2-4　西北四省（区）地面年平均气温序列 Mann-Kendall 统计量曲线

2.2.2　季平均气温变化特征

季节气温的变化呈现出一致的上升趋势，但是上升幅度有所不同。

冬季平均气温自 1961 年以来呈明显上升趋势（图 2-5），每 10 年增温 0.42℃，远远高于其他季节的增温幅度，近半个世纪以来升高了 2.1℃。1964 年和 1977 年的冬季是近 50 年来最寒冷的冬季，比常年同期偏低 1.7℃；1999 年冬季是近 50 年来最温暖的冬季，比常年同期偏高 2.0℃。冬季气温呈现直线上升趋势，但上升速率趋势更快，上升幅度更大，冬季变暖的趋势非常显著。

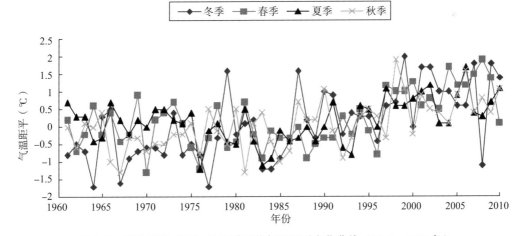

图 2-5　西北四省（区）地面季平均气温距平变化曲线（1961—2010 年）

春季平均气温自1961年以来呈持续上升趋势（图2-6，附图4），每10年增温0.27℃，近半个世纪以来气温升高了1.4℃。2008年春季是近50年来最暖的春季，比常年同期偏高1.9℃；1970年春季是近50年来最冷的春季，比常年同期偏低1.3℃。

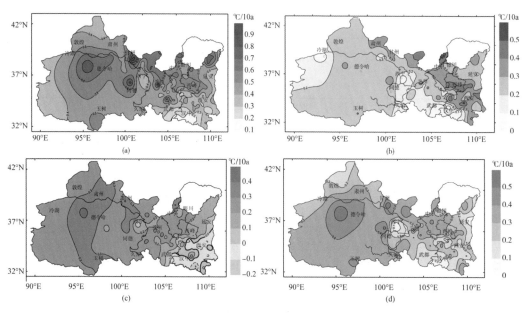

图2-6　西北四省（区）地面季节平均气温气候倾向率分布

（1961—2010年，a：冬季，b：春季，c：夏季，d：秋季）

夏季平均气温自1961年以来呈持续上升趋势（图2-6），每10年增温0.15℃，近半个世纪以来气温升高了0.8℃。2006年夏季是近50年来最炎热的夏季，比常年同期偏高1.6℃；1976年夏季是近50年来最凉快的夏季，比常年同期偏低1.2℃。

秋季平均气温自1961年以来呈持续上升趋势（图2-6），每10年增温0.27℃，近半个世纪以来气温升高了1.4℃。1998年秋季是近50年来最热的秋季，比常年同期偏高1.9℃；1967年和1981年秋季是近50年来最凉的秋季，比常年同期偏低1.3℃。

季节气温均呈现出一致的增温趋势，冬季气温的升幅明显高于其他三个季节。冬季气温变化表现为全区一致增加趋势，1961—2010年气温每10年增加0.10～0.75℃。青海西部、甘肃河西部分地方和陕北北部冬季气温增幅略高于其他地方。四个季节中，夏季气温的增幅略小于其他几个季节，而且在夏季陕南部分地方气温还略有降低。

2.2.3　年平均最高气温变化特征

由图 2-7 可见，年最高气温自 1961 年以来呈持续上升趋势，每 10 年增温 0.27℃，近半个世纪以来气温升高了 1.4℃。2006 年是最高的年份，为 16.5℃，比同期偏高 1.4℃；1967 年和 1984 年是最冷的年份，为 14.0℃，比同期偏低 1.0℃。可以看出从 1987 年后呈现出明显的上升趋势，特别是 1997 年以后，呈快速上升趋势，平均值高出 0.4~1.4℃，增温幅度之大是近半个世纪来没有过的。

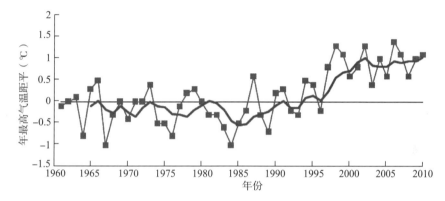

图 2-7　西北四省（区）年平均最高气温距平变化曲线（1961—2010 年）

年平均最高气温表现为全区一致增加趋势（图 2-8，附图 5），全区气候倾向率均为正值。气候倾向率大于 0.3℃/10a 的区域位于青海、甘肃河西走廊、陇中北部、陇东和陕北。其他地方气候倾向率在 0.1~0.3℃/10a 之间变化。

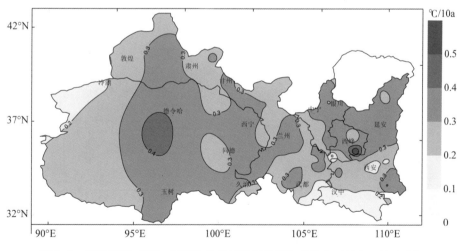

图 2-8　西北四省（区）年平均最高气温气候倾向率分布（1961—2010 年）

2.2.4 年平均最低气温变化特征

由图 2-9 可见，年最低气温自 1961 年以来呈持续上升趋势，每 10 年增温 0.32℃，近半个世纪以来气温升高了 1.6℃。2006 年是最高的年份，为 4.2℃，比同期偏高 1.4℃；1962 年、1967 年和 1970 年是最低的年份，为 2.1℃，比同期偏低 0.7℃。

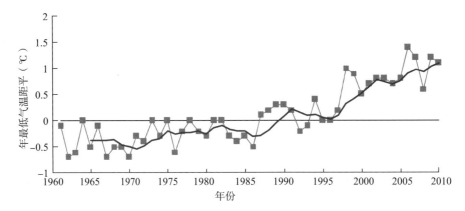

图 2-9　西北四省（区）年平均最低气温距平变化曲线（1961—2010 年）

年平均最低气温表现为全区一致的增加趋势（图 2-10，附图 6），最低气温的气候倾向率明显大于年平均气温和平均最高气温。年平均最低气温的气候倾向率大于 0.4℃/10a 的区域位于青海海西、甘肃河西走廊西部。其他地方在 0.1～0.3℃/10a 之间。

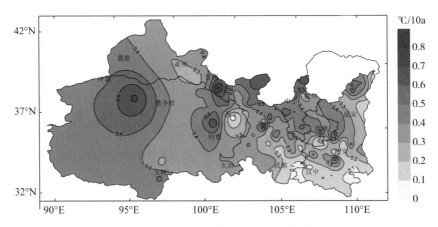

图 2-10　西北四省（区）年平均最低气温气候倾向率分布（1961—2010 年）

2.2.5　积温变化特征

大于零摄氏度积温的变化表现为全区一致增加趋势（图2-11，附图7），全区气候倾向率均为正值。气候倾向率大于80℃/10a的区域位于宁夏和陕西关中地区，其他地方在10～80℃/10a之间。

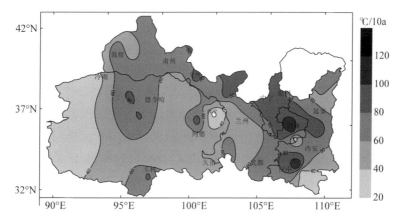

图 2-11　西北四省（区）≥0℃积温气候倾向率分布（1961—2010 年）

≥5℃积温的变化表现为全区的一致增加趋势（图2-12，附图8），全区气候倾向率均为正值，但增幅小于0℃积温的增幅。≥5℃积温的气候倾向率大于60℃/10a的区域位于宁夏、甘肃陇东和陕西关中地区，其他地方在20～60℃/10a之间。

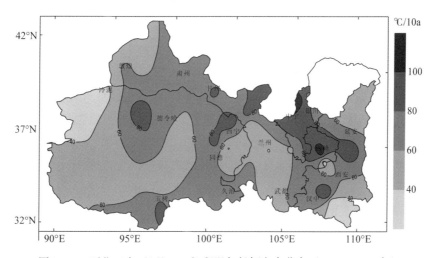

图 2-12　西北四省（区）≥5℃积温气候倾向率分布（1961—2010 年）

≥10℃积温的变化表现为全区的一致增加趋势（图2-13，附图9），全区气候倾向率均为正值。青海大部、甘肃大部、宁夏和陕西西部的≥10℃积温的气候倾向率＞60℃/10a，其他地方在30～60℃/10a之间。

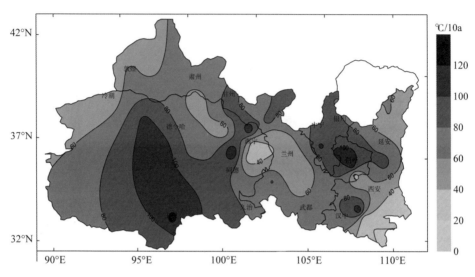

图2-13 西北四省（区）≥10℃积温气候倾向率分布（1961—2010年）

2.3 降水

2.3.1 区域降水量变化特征

2.3.1.1 年降水量变化特征

西北四省降水量区域性变化差异较大（图2-14，附图10）。以黄河沿线为界，黄河以西降水量呈增多趋势，黄河以东呈减少趋势，并且减少的幅度明显高于增加的幅度；每10年增加变率在10mm以上的在青海中部、甘肃河西中部，最大中心在青海的德令哈，每10年增加变率为25.1mm；而黄河以东减少的变率在10mm以上，陕南达到40mm，减少变率最大中心在陕西南部的宁强，为53.6mm。

降水量的年代际变化十分显著（图2-15），20世纪60、80年代降水偏多，70、90年代明显减少，21世纪以来呈增加趋势。1987—2010年比1961—1986年年平均降水量增多的地方有青海的海西、甘肃河西中部，增加20～40mm；而甘肃的河东、宁夏、陕西年降水量偏少20～40mm，关中、陇南以南偏少40mm以上，陕南西部、陇南东南部偏少，在80～130mm之间（图2-16，附图11）。

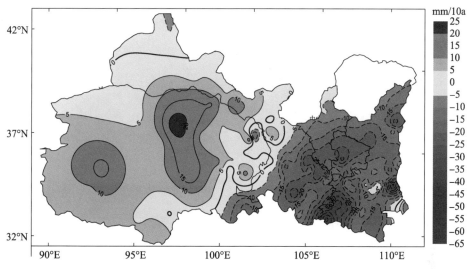

图2-14 西北四省（区）年降水变化倾向率分布（1961—2010年）

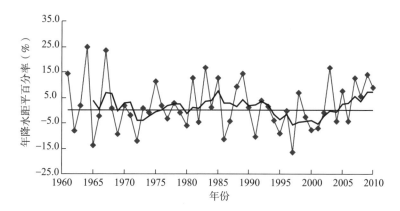

图2-15 西北四省（区）年降水距平百分率历年变化（1961—2010年）

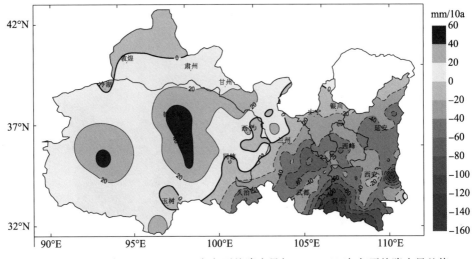

图2-16　西北四省(区)1987—2010年年平均降水量与1961—1986年年平均降水量差值

2.3.1.2　季降水量变化特征

冬季降水总体呈增加趋势（图2-17），每10年增加8.3%。1962—1988年间，除1964年、1972年、1975年、1976年和1978年偏多外，冬季降水偏少或正常；1989年增至历史次高，降水偏多7成以上，1990年以后阶梯式持续下降，1999年下降至历史最低，偏少43%，2000年和2001年上升明显，此后缓慢上升，2008年上升至历史最高。冬季降水量在区域上表现整体偏多趋势（图2-18，附图12），幅度在0.5~2.5mm之间变化。青海南部、关中、陕南变化幅度相对较大，1.5~3.5mm之间。

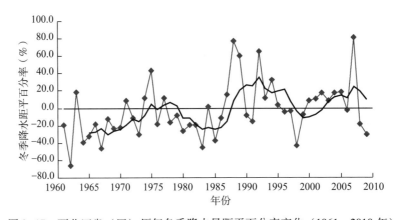

图2-17　西北四省（区）历年冬季降水量距平百分率变化（1961—2010年）

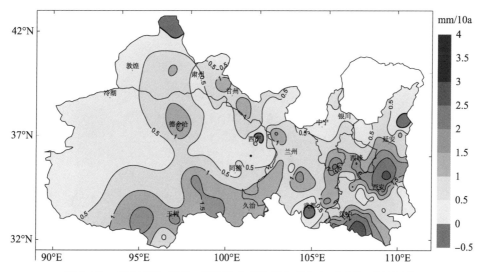

图 2-18 西北四省（区）冬季降水变化倾向率分布（1961—2010 年）

春季降水总体略减少（图 2-19），每 10 年减少 0.2%。20 世纪 60 年代前期变化幅度大，1964 年增至历史最高，此后开始下降，1968—1978 年下降幅度小，主要在平均值附近波动，1983—1993 年降水处于偏多的趋势。1994 年以后除 1998 年和 2002 年降水偏多外，降水呈偏少趋势。但 2009—2010 年明显增多，2009 年为 1999 年以来最多。

春季降水在区域上变化趋势不一致（图 2-20，附图 13），以黄河为界，黄河以西降水增多，增加比较多的地方在青海南部，为 3～9mm；黄河以东降水减少，为 3～20mm，其中关中减少的幅度最大在 15mm 以上。降水减少的幅度明显比增加的幅度大一倍以上。

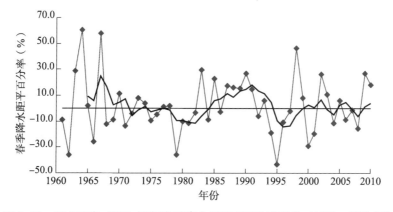

图 2-19 西北四省（区）历年春季降水量距平百分率变化（1961—2010 年）

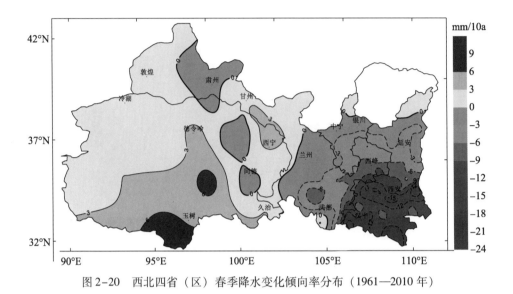

图 2-20 西北四省（区）春季降水变化倾向率分布（1961—2010 年）

夏季降水总体略偏多（图 2-21），每 10 年增加 0.9%。20 世纪 60—70 年代中期降水偏少，70 年代后期至 90 年代前期降水基本呈偏多趋势，1994 年以后除 1998 降水偏多外，降水呈偏少趋势，1997 年为历史最少，偏少 21%，2003 年开始波动上升。

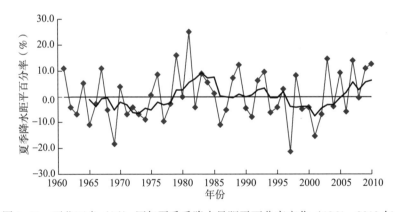

图 2-21 西北四省（区）历年夏季季降水量距平百分率变化（1961—2010 年）

夏季降水变化趋势不一致（图 2-22，附图 14），以黄河为分界线，黄河以西降水增多，但陕西关中、陕南降水增多；青海黄河源头、甘肃河东、宁夏河套等地降水减少。增加和减少的幅度相当，在 5～20mm。

秋季降水总体偏少（图 2-23），每 10 年偏少 3.4%。20 世纪 60—80 年代中期、21 世纪以来降水偏多；80 年代中期至 90 年代末降水基本呈偏少趋势。

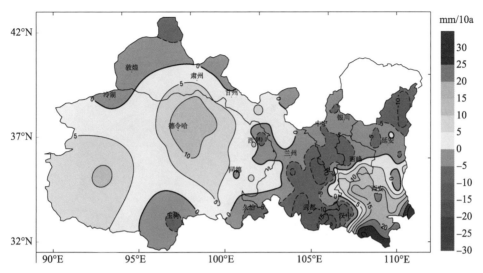

图 2-22　西北四省（区）夏季降水变化倾向率分布（1961—2010 年）

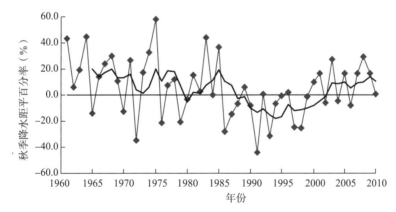

图 2-23　西北四省（区）历年秋季季降水量距平百分率变化（1961—2010 年）

　　秋季降水整体变化趋势不一致（图 2-24，附图 15），但与春季降水变化趋势一致。以黄河为界，黄河以西降水增多，黄河以东降水减少，减少的幅度明显比增加的幅度大得多。降水增加一般在 1～4mm. 降水减少大部分在 5～20mm，其中陕南减少的幅度最大，在 20～35mm。

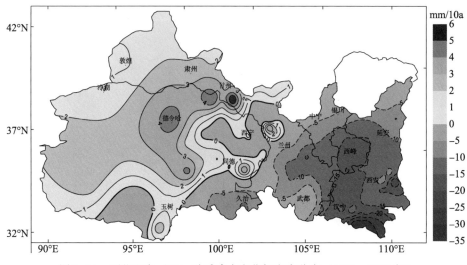

图 2-24　西北四省（区）秋季降水变化倾向率分布（1961—2010 年）

2.3.2　不同气候区降水变化特征

西北区域地域广阔，地形复杂，降水量空间分布差异大，为了解各地降水的气候变化情况，选取 5 个不同气候区的代表站（干旱区选张掖、银川，半干旱区选兰州，半湿润区选西安，湿润区选安康，高寒湿润区选囊谦）分析降水量、降水日数和降水强度的年际变化。

2.3.2.1　干旱区

张掖年降水量呈波动式上升趋势，每 10 年增加 4.3mm。年降水量从 20 世纪 60 年代开始平稳上升，80 年代初期达到最高，1983 年年降水量达到 214.3mm，1985 年达最低为 71.6mm，此后缓慢上升到 90 年代前期，2005 年后阶梯式上升，2007 年达历史新高，降水量为 216.3mm。年降水强度变化不明显，从 20 世纪 60 年代开始平稳上升，70 年代中期至 80 年代中期雨强增强，1976 年雨强最强，90 年代后总体趋于平稳状态。年降水日数呈波动式上升趋势，每 10 年增加 1.0 天。波峰期在 20 世纪 60 年代中期、70 年代中后期至 80 年代前期、90 年代前期，近 5 年明显上升；2007 年降水日数达到 73d，为 50 年来降水日数最多（图 2-25）。

张掖小雨日数、雨量和雨强呈增加趋势。小雨日数每 10 年增加 0.4d，雨量每 10 年增加 2mm，强度略有增强；20 世纪 60 年代至 90 年代小雨日数、雨量和雨强变化不明显，近 20 年变化幅度比较大，特别是小雨日数、雨量明显增多。中雨日数、雨量和雨强均呈减少趋势。中雨日数每 10 年减少 0.1d，雨量每 10 年减少 0.5mm，雨强减弱

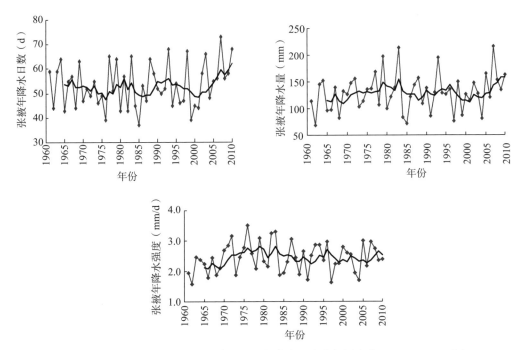

图 2-25 张掖年降水日数、年降水量、年降水强度的年际变化（1961—2010 年）

0.3mm/d。中雨日数、雨量最多出现在 20 世纪 70 年代末 80 年代初，强度在 60 年代中期至 70 年代中期、80 年代末 90 年代初比较强。大雨日数、雨量和雨强呈增加趋势。20 世纪 60 年代前期、70 年代前期、90 年代后期至 21 世纪初无大雨出现。但近几年有所上升。

银川年降水量总趋势呈波动式下降，每 10 年减少 5.0mm。峰值区主要在 20 世纪 60 年代、70 年代中后期、90 年代前期和 21 世纪初。年降水强度总趋势呈波动式下降。20 世纪 60 年代中期至 70 年代中期降水强度最弱，70 年代中后期降水强度有所增强，80 年代强度减弱，90 年代强度增强后缓慢减弱，2005 年达到最低点。年降水日数呈减少趋势。每 10 年减少 0.8d。年降水日数 20 世纪 60 年代至 70 年代变化幅度比较大，80 年代处于低谷状态，此后缓慢上升，80 年代中后期平稳下降，90 年代以后总趋势变化不明显（图 2-26）。

银川小雨日数、雨量和雨强呈减少趋势，小雨日数每 10 年减少 0.5d，雨量每 10 年减少 2.2mm。20 世纪 60 年代小雨日数变化明显，此后平缓下降；20 世纪 60、70 年代雨量变化幅度比较大，80、90 年代雨量变化不明显，但近几年明显下降；60、70 和 90 年代雨强增强，近 10 年小雨强度减弱。中雨日数、雨量和雨强都呈减少趋势。中雨日数每 10 年减少 0.2d，雨量每 10 年减少 3.5mm，雨强减少 0.2mm/d。中雨日数、雨

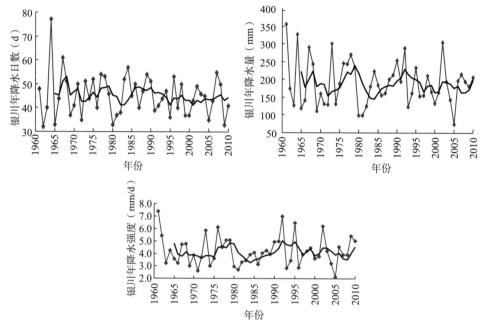

图 2-26　银川年降水日数、年降水量、年降水强度的年际变化（1961—2010 年）

量最多出现在 20 世纪 80 年代末至 90 年代初，强度在 21 世纪初比较强。中雨雨日数、中雨量在 20 世纪 90 年代中期开始下降明显。20 世纪 70 年代至 80 年代前期大雨日数少、大雨量少，雨强减弱；80 年代后期至今呈增加趋势，大雨日数增多、大雨量增大，雨强增强。

2.3.2.2　半干旱区

兰州年降水量呈下降趋势，每 10 年减少 12.1mm。20 世纪 60—70 年代末变化幅度大，出现一年多两年少的特点，到 1978 年降水量达到最多为 546.7mm，两年后直线下降，1980 年降水量减少到 189.2mm，此后 6 年连续攀升，但幅度不大，2003 年开始下降，到 2006 年达到最低 168.3mm。年降水强度变化不明显，但 21 世纪开始的 6 年强度持续变弱，2006 年达最弱，2007 年有所反弹，此后变弱。年降水日数呈阶梯式下降趋势，每 10 年减少 2.5d。20 世纪 60 年代至 70 年代降水日数偏多，80 年代至 90 年代初平稳下降，90 年代中期明显下降，1997 年达到最低，此后缓慢上升但未超过 80 年代末的日数（图 2-27）。

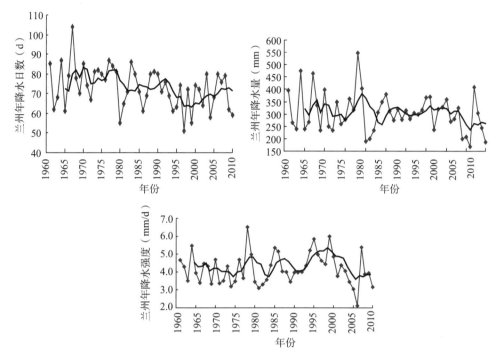

图2-27　兰州年降水日数、年降水量、年降水强度的年际变化（1961—2010年）

　　兰州小雨日数、雨量呈减少趋势，日数每10年减少1.5d，雨量每10年减少3.0mm，小雨强度总体趋势不明显。20世纪70年代小雨日数达到最多，此后阶梯式下降，90年代中后期降水日数最少，21世纪初降水日数有所回升。小雨量近20年处于偏少态势，小雨强度变化幅度比较大。中雨日数、雨量呈减少趋势，日数每10年减少0.3d，雨量每10年减少4.1mm，雨强变化不明显。中雨雨日数、中雨量20世纪90年代中期开始阶梯式下降。20世纪70—80年代大雨日数、雨量减少，雨强减弱；90年代后期至今大雨日数增多、雨量增大，雨强增强。

2.3.2.3　半湿润区

　　西安年降水量呈减少趋势，每10年减少6.5mm。20世纪90年代处于低谷时期，1995年达到最少。降水量最多的时期在20世纪80年代前期。年降水强度呈增强趋势，每10年增加0.2mm/d。近几年变化最明显，2003年强度最强。降水日数均呈减少趋势，每10年减少4.0d。年降水日数最大值出现在1964年，为138d，最小值出现在1995年，为59d（图2-28）。

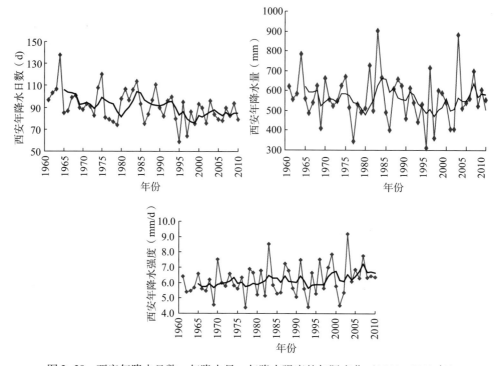

图 2-28　西安年降水日数、年降水量、年降水强度的年际变化（1961—2010 年）

西安小雨日数、雨量呈减少趋势，强度呈增加趋势。小雨日数每 10 年减少 3.3d，雨量每 10 年减少 5.1mm，雨强总体趋势不明显；小雨雨量阶梯式下降，20 世纪 90 年代中后期降水量最少，21 世纪初降水量有所回升。20 世纪 60 年代至 90 年代小雨强度变化不明显，但近 10 年降水强度有所增强。中雨日数、雨量和强度呈减少趋势。中雨日数每 10 年减少 0.2d，雨量每 10 年减少 4.5mm，雨强变化不明显。中雨日数、中雨量变化幅度大，20 世纪 80 年代末至 90 年代前期大雨日数、雨量减少，雨强减弱；90 年代末至今大雨日数增多、大雨量增大，雨强增强。

2.3.2.4　湿润区

安康年降水量呈增加趋势，每 10 年增加 11.6mm。从 20 世纪 60 年代开始波动式上升，到 80 年代达到最高之后缓慢下降，90 年代后期达到最低，21 世纪开始上升。降水量强度呈增强趋势，每 10 年增加 0.2mm/d。20 世纪 70 年代后期到 80 年代末强度增强，60 年代前期、90 年代末强度减弱，21 世纪初强度开始增强。年降水日数呈减少趋势，每 10 年减少 1.4d。20 世纪 60—70 年代降水日数变化比较平稳，80 年代前期明显增多，80 年代后期开始下降，到 90 年代后期达到最低，21 世纪初开始缓慢上升，但日数仍未超过80年代（图2-29）。

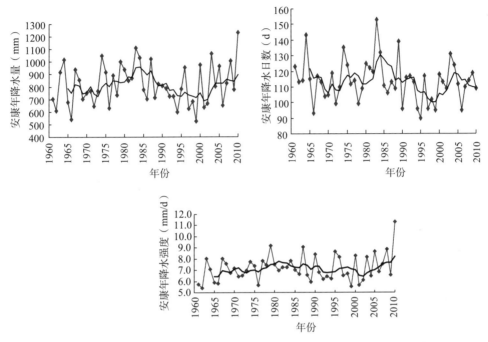

图2-29 安康年降水日数、年降水量、年降水强度的年际变化（1961—2010年）

安康小雨日数、雨量呈减少趋势。小雨日数每10年减少0.8d，小雨雨量每10年减少3.5mm；小雨日数最多出现在20世纪70年代中期至80年代，最少出现在90年代。小雨雨量在20世纪60、70年代变化不明显，80年代至今变化幅度大。小雨的强度总体趋势不明显。

中雨日数、雨量呈减少趋势。中雨日数每10年减少0.8d，中雨雨量每10年减少11.8mm，中雨雨强略有增强。中雨雨日数、中雨量变化20世纪90年代后期直线下降，21世纪初有所反弹但仍处于偏少态势。20世纪90年代前期大雨日数少、大雨量少，雨强弱；90年代末至今大雨日数增多、大雨量增大，但雨强不强。

2.3.2.5 高寒湿润区

囊谦年降水量呈增加的趋势，每10年增加9.8mm。20世纪60年代前期降水比较多，20世纪90年代前期降水比较少，70年代、80年代变化不明显，21世纪初明显上升。降水强度略有增加。20世纪70年代、90年代中期强度比较弱，80年代中后期、21世纪初强度增强。降水日数变化呈略增加趋势，每10年增加0.1d。最多的是1974年，为156d，1984年降水日数最少，为108d（图2-30）。

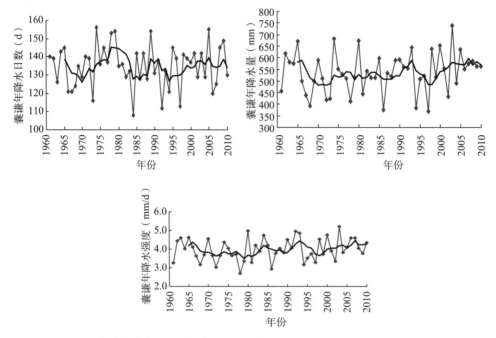

图2-30　囊谦年降水日数、年降水量、年降水强度的年际变化（1961—2010年）

囊谦小雨日数呈减少趋势，小雨雨量和雨强呈增加趋势。日数每10年减少0.2d，雨量每10年增加6.2mm；小雨日数最多出现在20世纪70年代中期，最少出现在80年代。小雨雨量缓慢增加，21世纪初达到最多。小雨强度总趋势稳步上升。中雨日数、雨量呈增加趋势。中雨日数每10年增加0.2d，雨量每10年增加2.9mm，雨强趋势变化不明显。中雨日数、雨量20世纪90年代阶梯式下降到最低点，21世纪初明显上升；雨强变化在20世纪80年代初至90年代初强度弱，21世纪初有所增强。20世纪70年代后期至90年代前期大雨日数少、大雨量少，雨强弱；90年代后期至今大雨日数变化不明显，但大雨量增大，雨强增强。

2.4　相对湿度

年平均相对湿度变化呈减少趋势，每10年减少0.33%（图2-31）。区域内大部分地方年平均相对湿度变化显示出减少趋势，年平均相对湿度每10年减少1.5%~0.2%。其中，甘肃的河西西部、青海柴达木盆地、西宁至兰州一带的黄河谷地带、陇南和陕南，年相对湿度变化为增加趋势，每10年增加0.2%~0.5%（图2-32，附图16）。

冬季平均相对湿度变化呈增加趋势，每10年增加0.62%。区域内大部分地方呈增

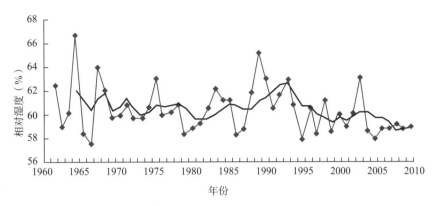

图 2-31 西北四省（区）年平均相对湿度的变化（1961—2010 年）

加趋势，每 10 年增加 0.2% ~ 2.0%。其中，青海西部、甘肃河西部分地方和陕北北部为减少趋势，每 10 年减少 1.0% ~ 0.2%。

春季平均相对湿度变化为减少趋势，每 10 年减少 0.9%。区域内大部分地方春季相对湿度的变化为减少趋势，每 10 年减少 2.5% ~ 0.2%。其中，青海和甘肃少数地方为增加趋势，每 10 年增加 0.5% 左右。

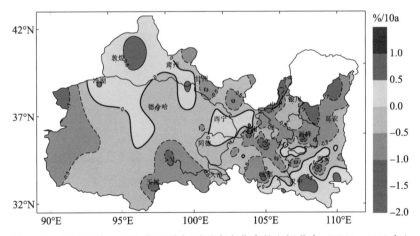

图 2-32 西北四省（区）年平均相对湿度变化率的空间分布（1961—2010 年）

夏季平均相对湿度变化呈减少趋势，每 10 年减少 0.02%。区域内相对湿度变化差异比较大，青海柴达木盆地、甘肃河西大部、宁夏中部和陕西中南部为增加趋势，每 10 年增加 0.2% ~ 1.5%。其余地方为减少趋势，每 10 年减少 1.5% ~ 0.2%。

秋季平均相对湿度变化呈减少趋势，每 10 年减少 0.5%。区域内相对湿度的差异比较大，青海柴达木盆地、甘肃河西大部、宁夏中部和陕西中南部为增加趋势，每10年增加0.2%~1.0%。其余地方为减少趋势，每10年减少1.5%~0.2%。

2.5 蒸发量

年平均陆面计算蒸发量变化呈微弱的增加趋势，每10年增加0.86mm（图2-33）。区域内东西差别比较大，西部呈增加趋势，东部呈减少趋势。其中青海和甘肃河西呈明显增加趋势，每10年增加2~16mm。甘肃河东、宁夏、陕西呈明显减少趋势，每10年减少2~12mm（图2-34，附图17）。

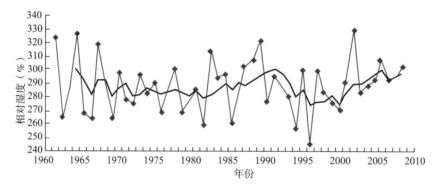

图2-33　西北四省（区）年平均计算陆面蒸发量的变化（1961—2010年）

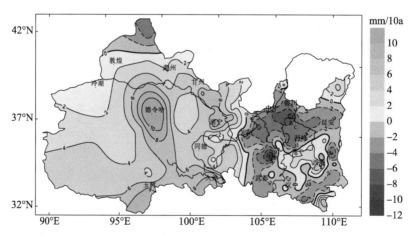

图2-34　西北四省（区）年陆面蒸发量变化率的空间分布（1961—2010年）

冬季计算陆面蒸发量变化呈一致增加趋势，每10年增加0.91mm。区域内各地增加速率有差异，其中青海大部、甘肃河西和陇中、陇南大部、宁夏、陕北每 10 年增加 0.1 ~ 1.0mm，甘肃陇东、陕西中南部每 10 年增加 1.0 ~ 2.0mm。

春季计算陆面蒸发量变化呈减少趋势，每 10 年减少 0.99mm。区域内各地变化差别比较大，其中青海、甘肃河西大部和甘南变化呈明显增加趋势，每 10 年增加 1 ~ 5mm。甘肃河东、宁夏、陕西变化呈明显减少趋势，每 10 年减少 1 ~ 8mm。

夏季计算陆面蒸发量变化呈增加趋势，每 10 年增加 1.82mm。区域内大部分地方的变化呈增加趋势，每 10 年增加 1 ~ 9mm。只有甘肃河西西部至青海西北部一带、甘肃陇中和陇南南部至陕西南部一带的小范围内呈减少趋势，每 10 年减少 1 ~ 7mm。

秋季计算陆面蒸发量变化呈减少趋势，每 10 年减少 0.64mm。区域内各地的差别比较明显，其中青海大部和甘肃河西变化呈明显增加趋势，每 10 年增加 1 ~ 4mm。青海格尔木和西宁、甘肃河东、宁夏、陕西的变化呈明显减少趋势，每 10 年减少 1 ~ 6mm。

2.6 日照

年平均日照时数变化呈减少趋势，每 10 年减少 17.9h（图 2-35）。区域内各地变化的差别比较大，其中青海南部、甘肃河西中东部和陇东、宁夏大部、陕北南部年日照时数变化呈明显增加趋势，每 10 年增加 10 ~ 30h。青海北部、甘肃河西西部和河东大部、宁夏北部、陕北北部和关中及陕南呈明显减少趋势，每 10 年减少 20 ~ 100h（图 2-36，附图 18）。

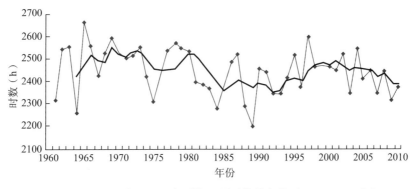

图 2-35　西北四省（区）年平均日照时数的变化（1961—2010 年）

冬季日照时数变化呈减少趋势，每 10 年减少 3.8h。区域内各地变化差别比较大，其中青海大部、甘肃河西和陇东、宁夏、陕北南部呈明显增加趋势，每 10 年增加 10 ~ 25h。青海西北部和东北部、甘肃河东大部、陕北北部和关中及陕南呈明显减少趋势，

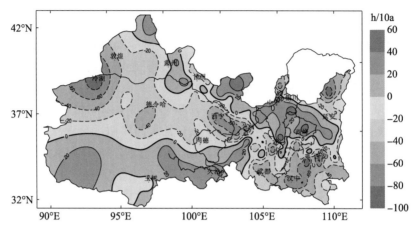

图 2-36　西北四省（区）年平均日照时数变化率的空间分布（1961—2010 年）

每 10 年减少 10～30h。

春季日照时数变化呈增加趋势，每 10 年增加 4.8h。区域内各地变化差别比较大，其中青海北部和甘肃河西西南部呈明显减少趋势，每 10 年减少 10h 左右。青海南部、甘肃大部、宁夏、陕西变化呈明显增加趋势，每 10 年增加 10～20h。

夏季日照时数变化呈减少趋势，每 10 年减少 14.9h。区域内各地变化差别比较大，其中青海南部至甘南高原、河西走廊中东部和宁夏中南部呈明显增加趋势，每 10 年增加 10～20h。青海中北部、祁连山、河西走廊西部和河东、宁夏北部、陕西变化呈明显减少趋势，每 10 年减少 10～50h。

秋季日照时数变化呈微弱的减少趋势，每 10 年减少 0.4h。区域内各地变化差别比较大，增加和减少的区域相间分布，其中青海中南部至甘南高原、河西走廊中东部和河东、宁夏中南部、陕北中南部呈明显增加趋势，每 10 年增加 10～20h。青海西北部和东部、河西走廊西部和陇南、宁夏北部、陕西中南部呈明显减少趋势，每 10 年减少 10～22h。

2.7　云

2.7.1　总云量

年平均总云量变化呈减少趋势，每 10 年减少 0.02 成（图 2-37）。区域变化局部表现出明显差别，其中青海都兰地区、甘肃河西走廊中东部和陇南东南部、宁夏北部和陕西的小部地方呈增加趋势，每 10 年增加 0.1～0.2 成。其余广大地区表现为减少趋

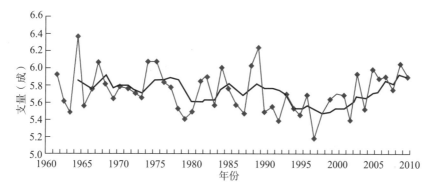

图2-37 西北四省（区）年平均总云量的变化（1961—2010年）

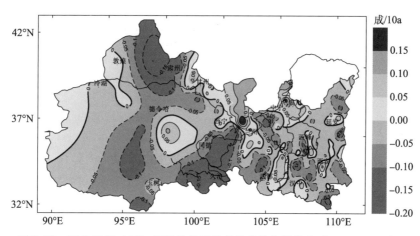

图2-38 西北四省（区）年平均总云量变化率的空间分布（1961—2010年）

势，每10年减少0.1~0.2成（图2-38，附图19）。

冬季平均总云量变化呈增加趋势，每10年增加0.07成。区域内变化局部表现出明显差别，其中青海大部、甘肃河西走廊西部为减少趋势，每10年增加0.1~0.2成。其余广大地区为增加趋势，每10年增加0.1~0.3成。

春季平均总云量变化为减少趋势，每10年减少0.06成。区域内变化局部表现出明显差别，其中青海东南地区、甘肃河西走廊东部和兰州市东南部、宁夏北部有些地方为增加趋势，每10年增加0.1~0.2成。其余广大地区为减少趋势，每10年减少0.1~0.3成。

夏季平均总云量变化为增加趋势，每10年增加0.02成。区域内变化地域之间表现出明显差别，其中青海西部和东南地区；甘肃河西走廊中东部、陇东大部、陇南东南部；宁夏东北部、陕西大部为增加趋势，每10年增加0.1~0.3成。青海南部和东南部、甘肃河西走廊西部、甘南和陇南大部、宁夏西南部、陕西关中和陕南的部分地方减少趋势，每10年减少0.1~0.2成。

秋季平均总云量变化为减少趋势，每10年减少0.07成。区域内变化局部表现出明显差别，其中青海西南部和中部地区、甘肃河西走廊东部、宁夏北部为增加趋势，每10年0.1成左右。其余广大地区为减少趋势，每10年减少0.1~0.2成。

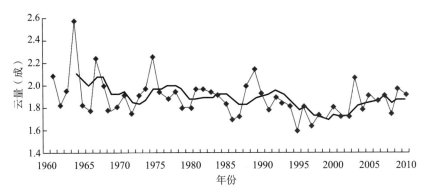

图2-39　西北四省（区）年平均低云量的变化（1961—2010年）

2.7.2　低云量

年平均低云量变化呈减少趋势，每10年减少0.04成（图2-39）。区域内变化表现出明显区域差别，青海大部、甘肃河西走廊中东部和河东大部、陕南西南部为增加趋势，每10年增加0.1~0.4成。青海西南部和东南部及东北部、甘肃河西走廊西部和陇东、宁夏、陕西为减少趋势，每10年减少0.1~0.6成（图2-40，附图20）。

冬季年平均低云量变化为增加趋势，每10年自己0.01成。区域内变化表现出明显差别，其中青海大部、甘肃河西走廊东部和河东大部、陕南西南部为增加趋势，每10年增加0.1~0.5成。青海西部和东南部及东北部、甘肃河西走廊中西部和陇东、宁夏和陕西大部为减少趋势，每10年减少0.1~0.4成。

春季平均低云量变化为减少趋势，每10年减少0.06成。区域内变化表现出明显差别，其中青海大部、甘肃河西中东部和河东大部为增加趋势，每10年增加0.2~0.5成。青海西部和东南部及东北部、甘肃河西走廊西北部和陇东、宁夏和陕西大部为减少趋势，每10年减少0.2~0.6成。

夏季平均低云量变化为减少趋势，每10年减少0.003成。区域内变化表现出明显差别，其中青海大部、甘肃河西中东部和河东大部、陕北的部分地方为增加趋势，每10年增加0.2~0.6成。青海南部、甘肃河西西北部和陇东、宁夏和陕西大部为减少趋势，每10年减少0.2~0.5成。

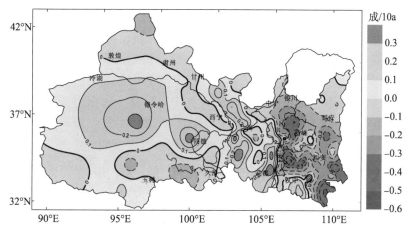

图 2-40　西北四省（区）年平均低云量变化率的空间分布（1961—2010 年）

秋季平均低云量变化为减小趋势，每 10 年减少 0.094 成。区域内变化表现出明显差别，其中青海大部、甘肃河西东部和河东大部、陕南西南部为增加趋势，每 10 年增加 0.2 ~ 0.6 成。青海东南部和东北部、甘肃河西中西部和陇东、宁夏和陕西大部为减少趋势，每 10 年减少 0.2 ~ 0.8 成。

2.8　风

2.8.1　平均风速

年平均风速变化呈减小趋势，每 10 年减少 0.15m/s（图 2-41）。区域内大多数地方变化为减小趋势，每 10 年减少 0.1 ~ 0.8m/s。甘南高原南部、兰州和宁夏北部年平均风速变化不明显（图 2-42，附图 21）。

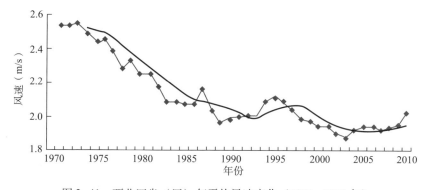

图 2-41　西北四省（区）年平均风速变化（1971—2010 年）

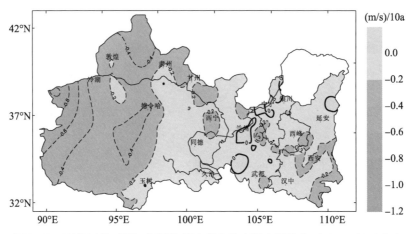

图 2-42　西北四省（区）年平均风速度变化率的空间分布（1971—2010 年）

冬季平均风速变化为减小趋势，每 10 年减小 0.12m/s。区域内大部地区变化为减少趋势，每 10 年减少 0.1~0.6m/s。陕北榆林、甘南高原南部、兰州和宁夏北部冬季平均风速变化不明显。

春季平均风速变化为减小趋势，每 10 年减小 0.18m/s。区域内大部地区变化为减少趋势，每 10 年减少 0.1~0.8m/s。陕北榆林、甘南高原南部、兰州和宁夏北部变化不明显。

夏季平均风速变化为减小趋势，每 10 年减小 0.16m/s。区域内大部地区变化为减少趋势，每 10 年减少 0.1~0.8m/s。陕北榆林、甘南高原南部、兰州和宁夏北部变化不明显。

秋季平均风速变化为减小趋势，每 10 年减小 0.13m/s。区域内大部地区变化为减少趋势，每 10 年减少 0.1~0.8m/s。陕北榆林、甘南高原南部、兰州和宁夏北部变化不明显。

2.8.2　大风日数

年平均大风日数变化呈减少趋势，每 10 年减少 3.32d（图 2-43）。区域内大部地方总体呈减少趋势，河西西部和东部、青海中部每 10 年减少 6.0~30.0d，其余大部地方每 10 年减少 1.0~6.0d，其中陕西榆林和安康、宁夏中宁和银川等地没有明显变化（图 2-44，附图 22）。

冬季平均大风日数变化呈减小趋势，每 10 年减少 0.52d。区域内大部地方变化呈减少趋势，每 10 年减少 0.2~1.8d。其中兰州至天水、汉中和安康一带，陕西的西安和榆林，宁夏的中宁和银川没有明显变化。

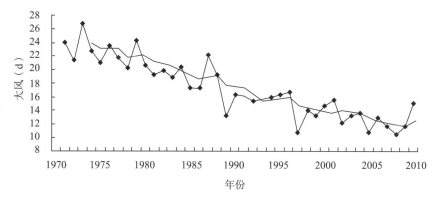

图 2-43 年西北四省（区）年平均大风日数的变化（1971—2010 年）

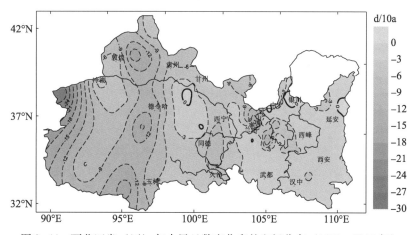

图 2-44 西北四省（区）年大风日数变化率的空间分布（1971—2010 年）

春季平均大风日数变化呈减小趋势，每 10 年减少 1.2d。区域内大部地方变化呈减少趋势，每 10 年减少 0.2 ~ 5.0d。其中甘肃的武威和兰州至天水、陕西的汉中、安康和榆林东部，宁夏的中宁至银川一带东部，没有明显变化。

夏季平均大风日数变化呈减小趋势，每 10 年减少 1.1d。区域内大部地方变化呈减少趋势，每 10 年减少 0.2 ~ 3.8d。其中延安西部、汉中和安康，宁夏的中宁和银川夏季没有明显变化。

秋季平均大风日数变化呈减小趋势，每 10 年减少 0.47d。区域内大部地方呈减少趋势，每 10 年减少 0.1 ~ 1.5d。其中延安东部、青海湖周边、兰州、天水、武都、汉中和安康一带，宁夏的中宁和银川没有明显变化。

2.9 大气成分

中国瓦里关全球大气本底站 1991 年 8 月至 2010 年 12 月监测的温室气体（CO_2、CH_4、O_3总量、近地面 O_3）及黑碳气溶胶结果表明，瓦里关地区大气中 CO_2浓度明显呈逐年增加的趋势，年平均增长率约为 $1.83\mu mol \cdot mol^{-1} \cdot a^{-1}$，且具有明显的季节变化；大气中 CH_4浓度也呈逐年上升的趋势；大气中 O_3总量表现为复杂的年际变化和稳定的下降趋势；地面 O_3浓度具有明显的季节变化且呈缓慢的上升趋势；黑碳气溶胶浓度在近十年中有明显增长，线性拟合得到的增长率为每年均增加约 $18ng \cdot m^{-3}$。

2.9.1 二氧化碳

图 2-45 是 1991—2010 年瓦里关大气 CO_2月平均浓度的变化，图 2-46 是大气 CO_2浓度的年平均值及趋势，图 2-47 为中国瓦里关与美国 Mauna Loa 全球本底站大气 CO_2浓度年增长率的变化。瓦里关大气 CO_2浓度持续增加，年平均值呈线性增长，从 1991年的 $355.73\mu mol \cdot mol^{-1}$ 增长至 2010 年的 $390.00\mu mol \cdot mol^{-1}$，平均增长率约为 $1.83\mu mol \cdot mol^{-1} \cdot a^{-1}$，大体反映了北半球中高纬度地区平均状况，与美国 Mauna Loa全球本底站的年增长率变化基本一致[4-7]。

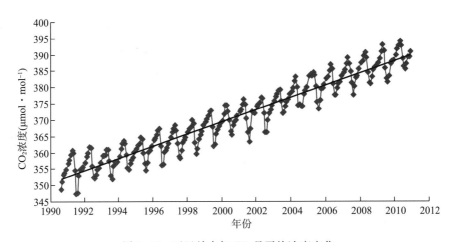

图 2-45 瓦里关大气 CO_2月平均浓度变化

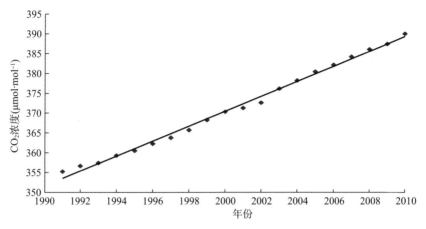

图 2-46　瓦里关大气 CO_2 浓度年平均值及趋势（1991—2010 年）

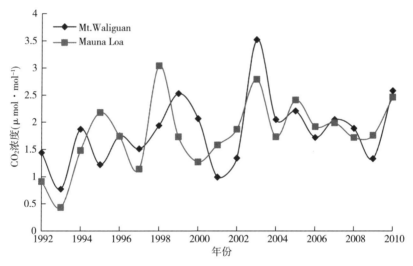

图 2-47　中国瓦里关与美国 Mauna Loa 全球本底站大气 CO_2 浓度年增长率的变化

2.9.2　甲烷

图 2-48 是 1991 年 5 月至 2010 年 12 月瓦里关大气 CH_4 本底浓度的月平均变化，图 2-49 是 1992—2010 年瓦里关大气 CH_4 浓度年平均值及趋势。可以看出，除个别年份外，瓦里关大气 CH_4 浓度的年平均值几乎呈线性增长，从 1992 年的 1787.36 nmol·mol^{-1} 增长至 2010 年的 1858.57 nmol·mol^{-1}，年平均增长率约为 3.99 nmol·mol^{-1}·a^{-1}，但不同年份有很大差异，其中，1993 年、1997 年、2001 年、2002 年、2005 年、2006 年出

现了负增长，其余年份为正增长，增长范围在-7.09 ~ 14.06nmol·mol⁻¹之间，其增长趋势与60°N ~ 30°N 平均状况基本相符，但各年的增长率波动与全球平均状况并不完全一致[8-10]。

图 2-50 是 1992—2010 年瓦里关大气 CH_4 浓度多年平均月变化。瓦里关大气 CH_4 浓度具有准周期性季节变化，不同年份的季节变化有一定的差异，多年平均季节变化的极大值出现在 6—9 月，极小值出现在 1 月和 11 月），平均季节振幅约为 12.52nmol·mol⁻¹，与北半球中高纬度地区季节变化的相位和季节振幅的平均水平并不相符[7]。

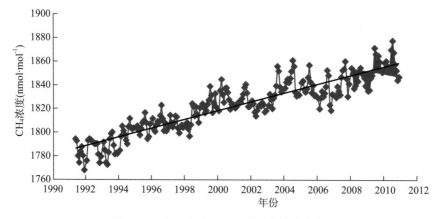

图 2-48　瓦里关大气 CH_4 月平均浓度变化

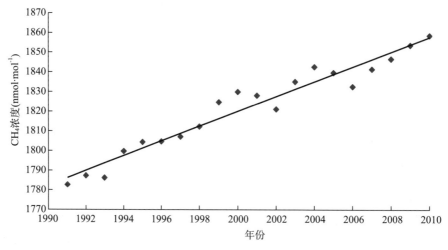

图 2-49　瓦里关大气 CH_4 浓度年平均值及趋势

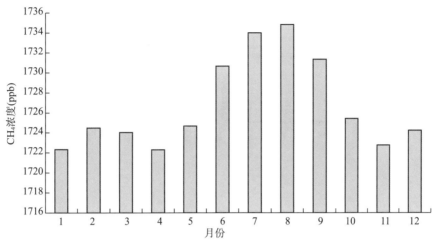

图 2-50　瓦里关大气 CH$_4$ 浓度多年平均月变化

2.9.3　臭氧

2.9.3.1　臭氧总量

布鲁尔（Brewer）臭氧光谱仪利用太阳辐射 UV 波段 5 个波长的测量，实现对大气臭氧总量的观测，这 5 个波段是：306.3nm、310.5nm、313.0nm、316.8nm 和 320.0nm。通过 5 个波段辐射的准确测量，并根据臭氧在这些波长的吸收系数，确定一个理想的数学组合方程，以消除大气气溶胶的影响，最后获取臭氧和二氧化硫的总量。此外，Brewer 臭氧光谱仪还可进行 UVB（290～325nm）光谱观测，在瓦里关进行臭氧总量观测的是 Brewer#054 仪器，该仪器定期（一般为两年一次）由 WMO 标准传递仪器 Brewer#017 实施标定。

Brewer#054 仪器自 1991 年 9 月（第 240 天）起在瓦里关附近的青海共和县气象站（36.267°N，100.617°E；海拔 2700m）开始观测；1993 年 8 月 3 日，由共和县迁移至瓦里关（36.287°N，100.898°E；海拔 3616m）；1998 年 6—10 月曾移至西藏拉萨进行短期观测。

瓦里关地区大气 O$_3$ 总量表现为复杂的年际变化和稳定的下降趋势（如图 2-51），这与北半球中高纬度地区观测到的平流层 O$_3$ 减少的趋势相吻合[8,11]，气候向率为 -0.50DU/a。其具体表现为：该地区的大气 O$_3$ 总量存在明显的季节变化规律，最高值出现在每年冬末春初的 2、3 月，最低值出现在秋季的 9、10 月；大气 O$_3$ 月总量在 240.74～335.91DU 范围内波动，季节变化的平均幅度为 59.5DU；年平均大气 O$_3$ 总量的变化较小，2000—2010 年平均 O$_3$ 总量为 293.19DU。

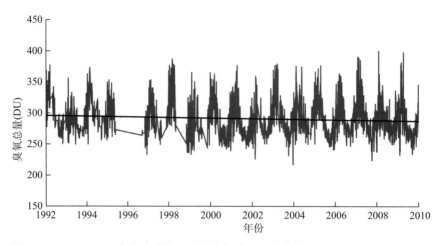

图 2-51　Brewer#054 臭氧光谱仪观测的臭氧总量月平均值的变化 (1991—2010 年)

2.9.3.2　近地面臭氧

通过分析 1994 年 8 月至 2010 年 12 月瓦里关地区近地面 O_3 浓度资料，可以看出：瓦里关地区近地面 O_3 浓度水平较高，历年平均为 49.81 nmol·mol^{-1}，有明显的季节变化，且呈缓慢的上升趋势[8,12]（图 2-52），1995—2010 年的年平均增长率为 0.15 nmol·mol^{-1}；春夏季地面 O_3 的浓度明显高于秋冬季，浓度最高值出现在每年的夏初，而最低值则出现在冬季的 12 月（图 2-53），季节变化的幅度为 17.51 nmol·mol^{-1}。

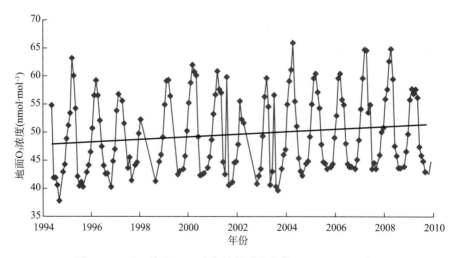

图 2-52　瓦里关地面 O_3 浓度的月平均变化 (1994—2010 年)

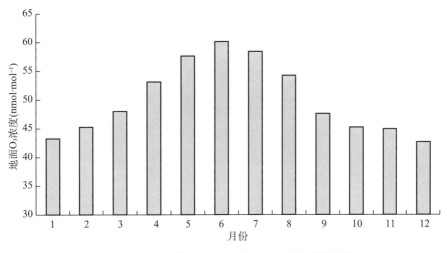

图 2-53 瓦里关近地面 O_3 浓度多年平均季节变化

2.9.4 黑碳气溶胶

图 2-54 为 2000 年 1 月至 2010 年 12 月瓦里关地区黑碳气溶胶浓度的月平均变化，图 2-55 为 2000 年 1 月至 2010 年 12 月瓦里关地区黑碳气溶胶浓度多年平均季节变化。可以看出，瓦里地区黑碳气溶胶浓度在近十年中有明显增长，线性拟合得到的增长率为每年平增加约 $18ng \cdot m^{-3}$，该地区春季黑碳气溶胶本底浓度相对于其他季节来说，不仅浓度偏高，而且逐年增加的趋势更加明显，该地区全年黑碳气溶胶浓度的增加主要

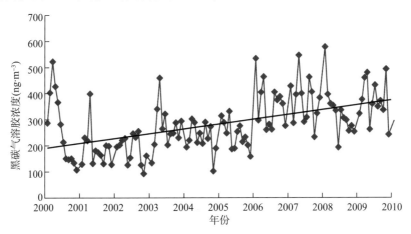

图 2-54 瓦里关 2000—2010 年黑碳气溶胶浓度的月平均变化

来源于春季的贡献。2000 年 1 月至 2010 年 12 月间的黑碳月平均浓度在 92.50 ~ 599.82ng·m^{-3}，年平均浓度为 298.46ng·m^{-3}。

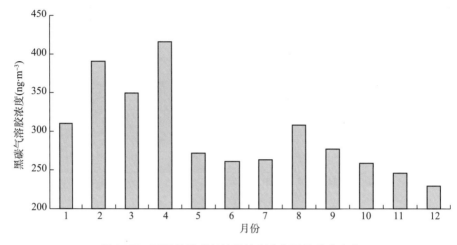

图 2-55　瓦里关黑碳气溶胶浓度多年平均季节变化

第3章 高影响天气气候事件

3.1 干旱

西北地处内陆，地势复杂，地形多样，远距海洋，暖湿气团不易到达，是典型的大陆性干旱半干旱气候。年降水量少，变率大，时空分布不均，气候干燥，干旱灾害是西北区域最主要的自然灾害之一，对农牧业生产和人民生活危害十分严重。

3.1.1 干旱气候变化特征

按照旱灾出现的频次，干旱灾害易发地区主要分布在陕西的陕北、渭北、关中东部和关中西部、安康和商洛两市，甘肃的河东，青海东部农业区（平安、乐都、民和、互助、化隆、循化6县），宁夏的盐（池）同（心）地区及固原市北部。这些地方广泛流传有"三年一小旱，十年一大旱"的说法，均表明了干旱灾害发生的频繁性，实际上西北区域年年都有干旱发生，只是发生的地点、范围和危害程度不同而已[13-16]。

在全球气候变暖的背景下，1961—2010年干旱灾害呈增加趋势，尤其进入20世纪90年代以来，降水量持续偏少，气温持续偏高，导致干旱灾害频繁发生，重大干旱灾害事件发生范围呈扩大趋势，干旱频率呈增加趋势。据统计，1961—2010年大范围（3省或4省同旱）干旱共出现了17次，分别是1961年、1972年、1973年、1980年、1981年、1989年、1990年、1991年、1994年、1995年、1997年、1999年、2000年、2001年、2002年、2007年、2008年。其中1994年、1995年、1997年、2000年干旱范围最大（4省同时出现干旱），灾害最重。

在1961—1990年30年中大范围干旱出现7次，平均4年多出现一次；而1991—2008年18年出现10次，平均2年左右出现一次，大范围重大干旱气候事件出现频率呈加速之势。4次范围最大、危害最重的干旱灾害出现在这一时期，其中甘肃河东1994—2001年出现了以天水市为中心的河东连续8年干旱。大范围干旱灾害的年代际变化也呈现出增加趋势,20 世纪 60 年代出现 1 次、70 年代 2 次、80 年代 3 次、90 年代 7 次、2000—2010 年 4 次,大范围干旱在 20 世纪 90 年代出现频率最高。

西北区域由于地势复杂,地形多样,干旱的年代际变化各地有明显差异。陕西省大范围旱灾有减少现象,20 世纪 50 年代 7 次,60 年代 11 次,70 年代 12 次,80 年代 14 次,90 年代 9 次。甘肃省 90 年代以来春旱和春末夏初干旱发生频率比 80 年代明显增加,伏旱和秋旱发生频率 90 年代比 80 年代明显增多,进入 2000 年以来伏旱和秋旱的次数出现明显减少现象。青海省东部农业区 20 世纪 90 年代出现中旱的概率比 60 和 80 年代多,自 80 年代后期随气候变暖,春旱发生概率略有增多,并且中旱、大旱年比较多,发生间隔缩短。宁夏回族自治区干旱发生时间分为春旱、夏旱和秋旱各季节严重干旱的频次都有增加现象。

农业对于干旱最敏感,也最脆弱,受干旱影响最大。20 世纪 90 年代大旱不断发生,1994 年、1995 年、1997 年、1999 年和 2000 年接连出现 5 次大旱,20 世纪 90 年代西北地区平均每年受灾面积为 357 万 hm^2,其中陕西 166 万 hm^2、甘肃 124 万 hm^2、宁夏 22 万 hm^2、青海 18 万 hm^2。从各大旱年看,1994—1995 年,遭受几十年未遇的大旱袭击,受灾最严重的宁夏,夏粮较 1993 年减少 32%,陕西减产 17%,甘肃减产 10% 以上,青海牧区草产量减少 40%。1995 年干旱是仅次于 1929 年的一次特大干旱,使陕西、甘肃受旱面积达 213 万 hm^2 和 157 万 hm^2,再度造成粮食大幅度减产,陕西总产比大减产的 1994 年下降 3.3%,甘肃总产比 1994 年下降 21.44%。1997 年、1999 年和 2000 年大旱,受旱最重的是陕西、甘肃、宁夏和青海。陕甘两省 5 年平均受旱面积都在 360 万 hm^2 以上。此外,干旱的影响还涉及水资源、人类活动、生态环境、社会经济可持续发展等许多方面。而且,与干旱相关的沙尘暴是我国干旱、半干旱地区特有的一种天气现象,对我国工农业生产、交通运输和人民生活都带来极大危害。

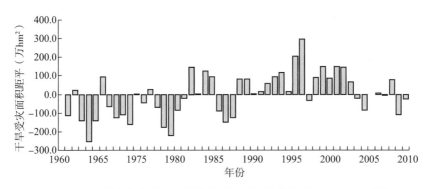

图 3-1　西北四省(区)干旱受灾面积距平的变化(1961—2010 年)

3.1.2　各省区干旱气候变化特征

3.1.2.1　陕西

陕西各地均有干旱发生，年干旱日数大体从南到北递增，陕北大部和关中中东部干旱日数较多，其中陕北北部及渭河一带的干旱日数比陕北南部多，泾河以东比以西地区多，陕南大部干旱日数较少，华山干旱日数最少，榆林最多，相差 103 天。干旱日数存在增加趋势：49 年中，1964 年干旱日数最少为 28 天，比平均值偏少 104 天，1995 年干旱日数最多，达 243 天，比平均值偏多 111 天；49 年中存在 5 个明显阶段：1961—1967 年基本在平均值附近波动；1968—1977 年处于干旱日数偏少期，干旱日数偏少年为 10 年，频率达到 90%；1978—1986 年基本在平均值附近波动；1987—1994 年存在波动增加趋势，并且年际间振幅较大；1995 年以来处于偏多期。值得注意的是，在 1950—1979 年 30 年间，出现重大旱灾 4 次，而 1980—2003 年的 24 年则出现 11 次。同时旱灾有明显加重趋势，1950—1980 年 30 年中以轻旱为主，占 60%，1980 年以来的 24 年以中旱、重旱灾为主，占 70.83%。在 1985—1987 年、1994—1997 年及 1999—2002 年出现了连年干旱，表明在全球气候变暖的 1980 年以来，陕西省旱灾发生频率明显加快，强度明显加大，持续时间延长。

3.1.2.2　甘肃

近 50 年来干旱灾害呈增加趋势，从年代际变化来看，20 世纪 50 年代和 60 年代干旱灾害比较少，20 世纪 90 年代以来重大干旱灾害事件发生频率显现快速增加之势，干旱对农业危害加大，受灾面积急剧扩大，旱灾造成粮食减产不断增加。尤其甘肃河东 1994—2001 年出现了以天水市为中心的连续 8 年干旱，对农业生产和人民生活造成了严重影响。1961 年以来严重旱年有 16 年，即 1962 年、1971—1973 年、1981—1982 年、1987 年、1991—1992 年、1994—1995 年、1997 年、2000 年、2001 年、2005 年、2006 年、2007 年。40 年来（1971—2010 年）干旱受灾面积在 100 万 hm^2。其中 20 世纪 90 年代以来有 10 年，严重干旱发生频率、受灾范围、危害程度都在增加。

3.1.2.3　青海

依据东部农业区 1961—2000 年资料干旱分级指标分析，春季出现过五次明显的区域性大旱，平均每 8 年发生一次，两次大旱年之间最短间隔 1 年，最长间隔 15 年。出现严重的大旱年是 1962 年、1980 年、1995 年、1999 年和 2000 年。而大旱年 1980 年、1995 年的前后年都有春旱出现，大旱年 1962 年的前一年也有春旱出现，1999 和 2000 年连续两年出现大旱年，这种连续出现大旱的现象也是有器测记录以来少有的。另一种现象是 20 世纪 90 年代以来，出现大旱的概率增大了。历史上出现中旱年是 1961 年、1966 年、1968 年、1971 年、1975—1977 年、1979 年、1981—1982 年、1989 年、1994

年和 1996 年，出现轻旱年是 1965 年、1978 年、1986 年和 1991 年。部分县出现轻旱年是 1963 年、1969 年、1972—1974 年、1983—1984 年、1988 年、1990 年和 1992—1993 年。1961—2000 年间，东部农业区出现旱（包括局部旱、轻旱、中旱和大旱）的概率为 82.5%，与农谚"十年九旱"的说法基本吻合。20 世纪 90 年代出现中旱的概率比 60、80 年代多。可以看出，自 20 世纪 80 年代后期随着气候变暖，春旱发生概率略有增多，中旱、大旱年比较多，且发生大旱的间隔缩短。

3.1.2.4　宁夏

20 世纪 70 年代中期以来进入旱段。1949 年以来连旱 8 年出现 1 次（1969—1976 年），连旱 5 年以上 2 次（1979—1983 年，含 8 年 1 次），连旱 4 年以上 3 次（1960—1963 年，另含 5 年以上 2 次）。从干旱发生时间看，可分为春、夏、秋及各个季节的连旱等类型（冬旱不考虑）。近 50 年共发生春旱 43 年，夏旱 37 年，秋旱 28 年，干旱主要以春旱为主；季节连旱以春夏连旱多达 22 年，夏秋连旱 17 年，春夏秋连旱 14 年。影响最大的季节连旱应属秋春夏连旱（或连续干旱 2～3 年），受旱严重的地区干旱持续 300 天以上。不同时段出现旱情的年份不相同，发生春旱比较严重的 3 年依次是 1995 年、2000 年和 1997 年；严重的夏旱依次是 1965 年、1975 年和 1997 年；严重的秋旱依次是 1997 年、1972 年和 1963 年；严重的春夏连旱依次是 1962 年、1982 年和 1980 年；严重的夏秋连旱依次是 1991 年、1966 年和 1982 年；严重的春夏秋连旱依次是 1957 年、1974 年和 1980 年。春旱发生频率高，秋旱发生频率较低。

3.1.3　1961—2010 年极端气象干旱事件

本报告以气象观测的年季降水量确定年季极端气象干旱事件。在 1951—2010 年期间，计算西北区域共 250 站年季降水量距平百分率的平均，按从负到正，由少到多排列，在 59 年中 10% 的范围内确定为年季极端气象干旱事件。

3.1.3.1　极端干旱年排序

近 60 年来的极端干旱年依次为：1997 年、1986 年、1972 年、1991 年、1957 年、1995 年。春季极端干旱年依次为：1995 年、1962 年、2000 年、1979 年、2001 年、1953 年。特别指出的是 1994—1997 年连续 4 年春季干旱。夏季极端干旱年依次为：1997 年、1969 年、1974 年、2001 年、1965 年、1963 年。秋季极端干旱年依次为：1956 年、1991 年、1972 年、1986 年、1998 年、1957 年。

3.1.3.2　5 个典型极端干旱年

（1）第一个极端干旱年。

1997 年是第一个极端干旱年。年降水量距平百分率为 -24%，旱区中心位于西北东部（图 3-2）。冬春夏秋连续 4 个季度降水量均为负距平。夏季是第一个最严重干旱季。季降水量距平百分率为-30%；秋季是第七个严重干旱季，季降水量距平百分率为-31%，出现了夏秋连旱。1997年从5—12月，除11月外，月降水量距平百分率均为负值。夏季以6月最少，月降水量距平百分率为-54%；秋季以10月最少，月降水量距平百分率为-66%，兰州等37站无降水，占全部站数的15%。

1997年春季，西北东部一些地区出现阶段性春旱，主要少雨时段为4月下旬至5月下旬，陕西、宁夏等省区部分地区出现程度不同的旱象。其中以陕西省春旱为重，4~5月降水量普遍偏少5~8成，达干旱或大旱标准。

夏季，西北大部地区出现少雨高温天气，发生了新中国成立以来少见的严重夏旱。初夏，降雨偏少。陕西榆林、渭南，甘肃敦煌、定西、平凉，宁夏银川、固原，7月北方降水持续偏少，比常年偏少5~9成。8月，西北东部、降水仍偏少5成以上，旱情持续或发展。从6—8月降水量来看，大部地区为150~300mm，比常年同期偏少2~4成。陕西中部、甘肃东部偏少5~7成。西北的夏旱持续到9月上旬。从9~11月的降水量来看，大部比常年偏少3~5成，陇中、宁夏等地偏少5~7成。

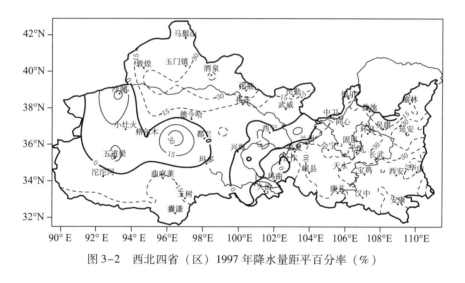

图3-2 西北四省（区）1997年降水量距平百分率（%）

（2）第二个极端干旱年。

1986年是第二个极端干旱年。年降水量距平百分率为-17%（图3-3），四个季度降水量距平百分率均小于-10%，其中秋季干旱最严重，季降水量距平百分率为-36%，是第四个极端干旱年。出现了全年干旱，这是1986年干旱的一个显著特点。当年除6月和12月降水量为正距平，其他10个月降水量为负距平。其中1月降水量距平百分率为-77%，4月为-32%，9月为-42%。

1986年春季，四省区降水距平百分率为-13%，3月下旬至5月上旬，宁夏大部、甘肃中部旱情重；降水距平百分率为-65%～-90%。夏季全区降水距平百分率为-10%，7月中旬至8月，甘肃陇东和中部降水距平百分率为-60%～-70%。8月下旬至10月上旬，陕北、陇东、宁夏南部旱情重；降水距平百分率为-65%～-80%。

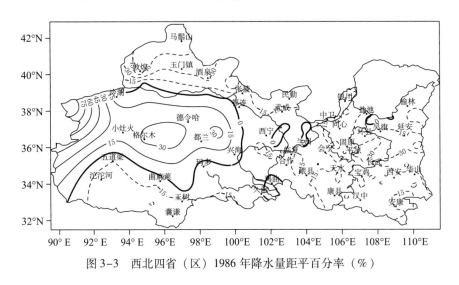

图3-3　西北四省（区）1986年降水量距平百分率（%）

（3）第三个极端干旱年。

1972年是第三个极端干旱年。年降水量距平百分率为-15%（图3-4），夏秋季干

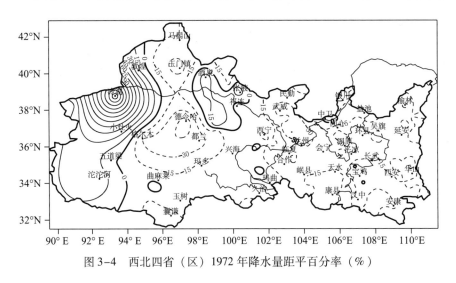

图3-4　西北四省（区）1972年降水量距平百分率（%）

旱十分严重，夏季降水量距平百分率为-13%，秋季降水量距平百分率为-42%，也是第三个秋季极端干旱年。1972从5—10月连续6个月降水量为负距平，在9和10月降

水量距平百分率低达–50%以下，12月降水量距平百分率仍低达–25%，部分地区出现冬旱。在10月河西走廊和青海西北部有19站滴雨未下，可见旱情之严重。晚春夏秋连旱是本年干旱的一个显著特点。

　　陕西、宁夏大部地区先后出现春旱。入夏后，上述大部地区仍持续少雨，春夏连旱，旱情严重。甘肃也出现了夏旱。宁夏大部、甘肃的东部和中部、陕西北部、青海中部年降水量较常年偏少2～4成。7月中旬末以后，部分地区的旱情缓和，但陕西、甘肃等地的雨水仍偏少，又出现秋冬连旱。

　　（4）第四个极端干旱年。

　　1991年是第四个极端干旱年。年降水量距平百分率为–14%（图3–5），其中秋季是第一个最严重干旱年，季降水量距平百分率为–45%。夏季降水量距平百分率为–22%，当年从7—11月出现连续5个月降水量负距平。夏秋连旱。降水量距平百分率7月为–34%，8月为–20%、9月为–44%、10月为–38%、11月为–48%。其中以11月旱情最严重，近30%的站一个月无降水。

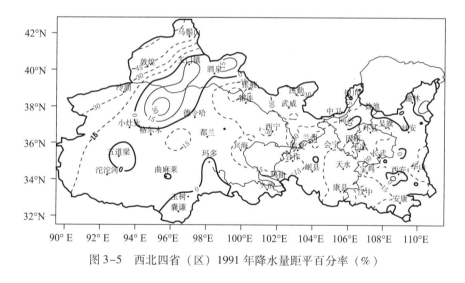

图3–5　西北四省（区）1991年降水量距平百分率（%）

　　四省区6月出现干旱，尔后持续高温少雨，形成夏秋连旱。甘肃省6月中、下旬至8月中旬近60天大部地区降雨量比常年偏少5～9成，造成农业普遍受旱。陕西省大部7月至8月中旬降水量偏少4～7成，关中、渭北、陕北、陕南等地旱情较重，其中关中地区30cm土层含水量为7%～11%，干土层厚普遍超过10cm。宁夏南部山区自6月中旬开始少雨，7—10月降水量比常年偏少3～6成，而且气温偏高，7月中旬开始日最高气温在30℃以上的状况持续了10多天。高温少雨，土壤水分蒸发量大，旱地土壤干土层达10～20cm，有的厚达40cm以上。

陕、甘、宁冬麦区秋旱非常严重。陕西省至 11 月下旬全省受旱面积 93.3 万 hm^2，严重受旱 46.6 万 hm^2，有 13.3 万 hm^2 出苗不好；12 月上旬，关中、商洛、安康等地受旱面积已发展到 113.3 万 hm^2。甘肃省 10 月上旬受旱面积 66.6 万 hm^2，有 10 万 hm^2 无法播种。到 11 月上旬，冬麦播种 80 万 hm^2，只占计划的 50%；12 月上旬受旱面积已增至 133.3 万 hm^2。陇东、陇南旱情最重。宁夏回族自治区计划播种 5.3 万 hm^2 小麦，到 10 月上旬仅播种 50%；11 月上旬完成计划的 82%，余下近 20% 因旱无法播种，已播的小麦出苗不齐。

（5）第六个极端干旱年。

1995 年是第六个极端干旱年。年降水量距平百分率为-12%（图 3-6），其中春季也是第一个最严重干旱年，季降水量距平百分率为-53%。甘肃的鼎新，宁夏北部的惠农、贺兰和陶乐站整个春季滴雨未下。春季三个月的月降水量距平百分率均在-30% 以下，其中 3 月为-33%，4 月为-31%，5 月为-69%，干旱最严重，宁夏北部、河西走廊和青海西北部共有 12 站滴雨未下。

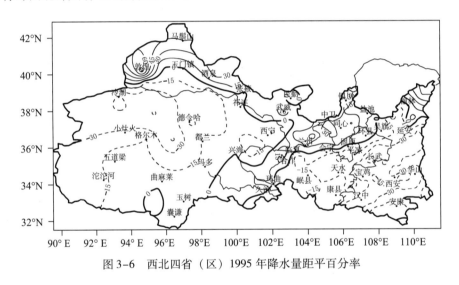

图 3-6　西北四省（区）1995 年降水量距平百分率

1994 年 9—12 月，西北区大部分地区降水偏少 1~6 成。从 1994 年 9 月至 1995 年 7 月上旬，各地基本上无>5mm 的降水日，旱期长达 10 个月不等，直到 1995 年 7 月中旬才出现大范围的>10mm 的降水过程。

1995 年年降水量，西北东部偏少 2~4 成。1995 年上半年降水总量，除青海个别站点外，其余地区均偏少 2~8 成，其中东经 110 度以东的甘肃、宁夏、青海、陕西等省区大多偏少 4~8 成。陕、甘两省前冬以来降水持续偏少，不少地方 1 月至 7 月上旬降水量为 1949 年以来同期的最少值，发生了冬春夏连旱，旱情最为严重。11 月以后，西北东部的部分地区又出现了较明显旱象。本年干旱具有持续时间长、覆盖面积广、旱情程度重的特点。

干旱造成的影响越来越深远。干旱出现的频率显著增加，整体暖干化趋势越来越明显，干旱受灾面积呈急剧扩张趋势，旱灾造成的粮食减产不断增加，对农业的危害也在加大。干旱不仅使农作物减产，也使林草植被缺水枯死。湖泊水位下降，面积缩小，甚至干涸。河流径流量有减小的趋势；沙漠和沙漠化土地面积明显扩展。如何根据西北地区的气候和地理条件退耕还林还草，大力保护天然林和草地等自然资源，保持水土，防治荒漠化，推广生态农业，已成为西北地区近期和未来生态环境建设的基本任务。

3.2　沙尘暴

3.2.1　沙尘暴气候变化特征

西北区域年沙尘暴日数总体呈减少趋势[17]。20世纪60—80年代中期沙尘暴发生日数较多，80年代中期后沙尘暴发生日数开始减少，90年代以后明显减少，特别是近6年尤为明显（图3-7）。沙尘暴发生频次在每年20次以上的地区主要分布在甘肃的民勤，频率在每年10次以上的地区主要分布在甘肃河西走廊、青海西部。沙尘暴天气严重影响地区主要集中在敦煌以东的河西走廊、宁夏同心以北、陕北榆林等地。

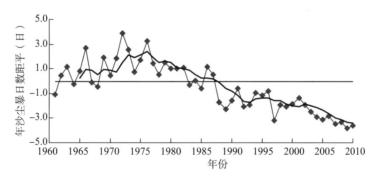

图3-7　西北四省（区）年沙尘暴日数距平年际变化（1961—2010年）

各月沙尘暴发生频次以4月最多，5月次之，10月最少，其中柴达木盆地3月发生频次最高。各季沙尘暴发生频次看，春季最多，河西走廊夏季次多，柴达木盆地以冬季次多，河西走廊、柴达木盆地秋季最少。

3.2.2　各省沙尘暴气候变化特征

3.2.2.1　陕西

陕西省沙尘暴在 1961—1983 年期间出现明显的增加趋势，平均值为 109 站次，且年际变率大。沙尘暴最多的 1983 年为 161 站次，最少的 1964 年为 41 站次。从 1984 年开始出现明显的减少趋势，从 1984—2009 年期间平均值为 27 站次，整体维持较低的变化趋势，其中 2000 年出现一个小的峰值，为 56 站次。

3.2.2.2　甘肃

甘肃省沙尘暴日数呈一致减少趋势，1960—1984 年相对较多时期，1985—2007 年相对持续偏少时期。沙尘暴日数虽然 1985 年以来呈持续减少趋势，但沙尘暴危害程度却在加大，范围在扩大。如 1989 年、1990 年、1993 年、1996 年、1997 年、2000 年、2002 年沙尘暴都给国民经济建设和人民生命财产安全造成的损失和危害都比常年严重。

3.2.2.3　青海

青海省沙尘暴发生日数呈显著下降趋势，1961—2008 年每 10 年减少 0.1 天。柴达木盆地西北部、祁连山北端、果洛、黄南等部分地区沙尘暴呈减少趋势。进入 21 世纪以来沙尘暴的影响日趋不明显。

3.2.2.4　宁夏

宁夏沙尘暴总趋势是减少的[18-20]，1984 年前后沙尘暴日数发生了较明显转折，1984 年以前是多发时期，之后进入少发时期。20 世纪 60、70 年代是多发时期，70 年代相对 60 年代略有减少，80 年代继续减少，90 年代明显减少，2000 年以后相对 90 年代略有减少，1969 年发生天数最多，1997、2003 年最少均为 0.2d。

3.3　冰雹

3.3.1　冰雹气候变化特征

冰雹具有极强的局地性特点，气象站点的资料虽然不能完全反映县城内冰雹次数，但由于它常年不间断的观测，能客观反映冰雹总体分布和变化特点。根据 1961—2010 年冰雹日数资料分析计算，平均年冰雹日数呈持续减少趋势（图 3-8），1970—1989 年是冰雹偏多时段，这一时期只有 1975 年和 1980 年偏少的，其余年份基本上是偏多，1990 年以来呈持续偏少趋势，特别是 2003 年以来平均年冰雹日数偏少，在 1d 以上。

年平均降雹日数高频区分别是青藏高原中部和祁连山[21]。青藏高原中部多雹带中心轴线自青海的沱沱河向东经玛多至久治，这条多雹带与夏季高原中部 5000m 上的横切变对应。祁连山多雹带中心轴线在祁连山东南部。降雹日数总的分布特征是高原和山区降雹多，河谷、盆地和沙漠降雹少。雹区多呈带状分布，多雹中心一般位于东西走向山脉的南坡，南北走向的东坡。

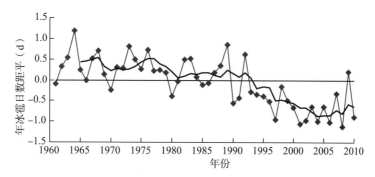

图 3-8　西北四省（区）年冰雹日数距平年际变化（1961—2010 年）

降雹总日数出现在 5—9 月，概率为 93%。尤以 6 月最盛，占日总数 25%，7、8 月分别为 22% 和 17%。降雹多发于夏半年，与夏半年日照强烈、地表增温明显、对流不稳定加强，容易发生热对流天气是密切关联的。

3.3.2　各省冰雹气候变化特征

3.3.2.1　陕西

陕西省年冰雹日数变化为减少趋势。冰雹日数具有北多南少，高原和高山多于平原和盆地的特点。陕北年冰雹日数为 1~2.5d，其中府谷、子长、黄龙、宜君等为强中心，渭北和陕南东部部分地区为 0.5~1.0d 左右，关中南部和秦岭以南为少发区，在 1d 以下。

3.3.2.2　甘肃

甘肃省冰雹仅次于干旱气象灾害，每年在作物生长季节都有发生。1961—2010 年冰雹日数呈明显减少趋势，1960—1964 年为冰雹偏少时期，1965—1985 年为相对偏多时期，1986—2010 年为持续偏少时期。1986 年以来虽然持续偏少，但冰雹对农业的危害程度却在增加、受灾面积在扩大。甘南高原和祁连山东段是冰雹最多区，年平均冰雹日数为 6~12d。祁连山东段的乌鞘岭是第二个多冰雹地区，为 3~7d。临夏和定西两市州和陇东的六盘山地区也是一个冰雹较多地区，为 2~4d。祁连山中、西段地区为 1~3d。省内其余地方小于 2d。冰雹日数平均为 1.6d，最多年 1973 年为 3.7d，最少年 1998 年和 2003 年为 0.6d。

3. 3. 2. 3 青海

青海省 1961—2008 年年冰雹日数呈明显减少趋势。进入 21 世纪以来速减少，全省年冰雹日数从 20 世纪 90 年代的 6.5d 减少到 5.0d，比历年平均值减少了 2.9d。主要农业区年冰雹日数则由 4.0d 减少到 2.1d，较历年平均值减少 2.7d。

3. 3. 2. 4 宁夏

宁夏的冰雹呈现波动下降趋势。南部山区冰雹占全区冰雹总次数的 62%，但从 20 世纪 90 年代以来减少明显，目前仍维持历史较低水平，1997 年和 2001 年仅出现了 7 站·次，为历史最小值。引黄灌区及中部干旱带冰雹次数相对较少且变化不明显。1960 年代以来，不同年代遭受冰雹灾害的范围和强度差异较大。20 世纪 60 年代平均每年有 2 个县（市）遭受冰雹影响，70 年代至 90 年代上升到 3 个县（市），2001 年后平均每年达到 5 个县（市）。

3. 4 暴雨

3. 4. 1 暴雨气候变化特征

西北区域是我国年雨量最少的地区，也是各种降雨日数最少的地区。除了陕西省南部，其他地方日雨量大于等于 50mm 的年平均日数小于 1d。暴雨日数自东南向西北减少，河西是最少地方。其次是从兰州西南方到祁连山区有一条相对多的暴雨地带。

20 世纪 70—80 年代中后期是暴雨多发阶段，之后到 90 年代中期是少发阶段，90 年代中后期到 2010 年出现明显波动。7、8 月、汛期和全年暴雨发生次数的共同特点是波动变化，有增有减，总体变化不明显（图 3-9）。

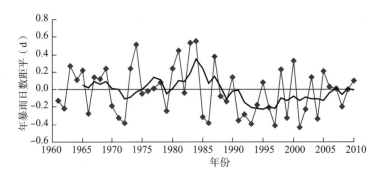

图 3-9 西北四省（区）年暴雨日数距平年际变化（1961—2010 年）

研究表明，20 世纪 60—80 年代，降水距平百分率基本在高于气候平均值的正距平范围内波动，但在 1990 年降到低于气候平均值。对极端降水事件进行对比分析可知，1990 年前异常降水面积百分率均值为 22.7%，1990 年后均值为 17.2%，经 T 检验，1990 年之前与之后该值没有显著性差异，显著性概率为 0.08。1995 年前异常降水面积百分率均值为 21.6%，1995 年后的均值为 18.7%，T 检验置信水平为 0.01，表明 1995 年前与后该值没有显著性差异，显著性概率为 0.46。当年降水量距平百分率下降为近 40 年中低值时，暴雨次数面积百分率并没有明显的下降，特别是在 1997 年发生了大旱的情况下，异常降水的面积百分率也没有明显下降。表明在降水少（干旱）的时期，极端降水事件并没有减少，相对而言，还有所增加[22]。

3.4.2　各省暴雨气候变化特征

3.4.2.1　陕西

陕西省暴雨站次在陕北东北部小范围地区、关中盆地东部地区及陕南中东部部分地区呈增加趋势，其他地区均减少，陕北和关中大部分地区减少不明显，陕南西部地区暴雨站次的减少幅度最大，达 0.21 站次/10 年以上。

1961—2010 年大雨以上日数在 20 世纪 70—80 年代发生频率较高，90 年代发生频率偏低，2000 年以来极端强降水事件在强度和频次上明显增大。2000 年以来连续出现暴雨日降水量突破建站以来的日最大降水量的极端暴雨事件明显增多，平均每年有 2.5d 的暴雨突破历史日最大降水量，其中 2007 年有 4d 暴雨突破历史日最大降水量，2007 年 8 月 9 日暴雨天气中，有 7 站同时突破了历史最大日降水记录，礼泉站超过了日最大降水量约 2.5 倍。与 1990—1999 年（10 年共 14 次，年均为 1.4 次）比较出现明显的增多趋势。2010 年 7 月 16—19 日、22—25 日两次罕见的暴雨天气中，有 4 天 10 站突破了历史最大日降水记录。

3.4.2.2　甘肃

暴雨是甘肃省不可忽视的自然灾害，暴雨分布趋势为自南向北、自东向西逐渐减少，山区多于平地，南部和东部山区多于中部和西部山区，迎风面多于背风面。陇南市东南部主要包括两当、徽县、成县、康县是暴雨最多发生区，年平均暴雨日数为 1.6~2.0d；陇东和天水市的张家川、清水和北道等县（区）是暴雨一般发生区，为 0.8~1.6d；临夏、定西、甘南三市（州），陇南市的礼县、西和、武都、文县，天水市的甘谷、秦安、武山、秦城等县（区）及兰州、榆中是暴雨少发生区，为 0.1~0.8d；河西五市、白银市及兰州市的永登、皋兰基本无暴雨区，但也有部分县（区）曾出现过暴雨，平均 40 年一遇。祁连山一带夏季也有大雨出现，造成山洪爆发。1960—1981 年为相对多暴雨期；1982—1995 年为相对少暴雨期，1996—2007 年为相对多暴雨期。2007 年 7 月 24 日，泾川县出现暴雨天气，过程雨量达到 143mm，是该县

1957年以来最强降水。此次暴雨使县城主要街道水流成河，最深积水达1m以上，部分地方发生了泥石流。

3.4.2.3 青海

青海省暴雨发生次数无明显变化，但存在较明显的阶段性变化。20世纪60、70年代全省暴雨平均每年发生30~34站次，80年代暴雨平均每年发生25站次，90年代暴雨平均每年发生34站次，21世纪以来暴雨平均每年发生35次，表明20世纪90年代以来暴雨发生次数明显增多，东部农业区尤为明显。1961—2004年10分钟、1小时平均最大降水的强度明显增大。两者最大降水量90年代平均值明显大于80年代，其中10分钟最大降水量1980—1991年平均为6mm，1992—2004年平均为7.1mm。1小时最大降水量1980—1991年平均为11.1mm，1992—2004年平均为14.1mm，平均增加3mm[23]。

3.4.2.4 宁夏

宁夏年暴雨日数呈现增加趋势，总的来看20世纪60—70年代暴雨日数为下降趋势，其后增加；暴雨的频数在20世纪90年代增加了18.9%，在21世纪初的5年增加了51.9%。1986年以后，6月、7月、9月暴雨日数都明显增加，特别是7月，增加了2d，年合计增加了4.7d；年和夏季白天暴雨日数分别增多了1.5d和1.3d，夜间暴雨日分别减少了1d和0.7d；各月白天暴雨日数都增多，夜间6和7月也增多，但8月减少了1.9d[24]。

暴雨年平均日数为12d，出现在4—10月。7—8月占全年的75%。6月的暴雨日数由20世纪60—70年代的不足1d增加到21世纪初的5d，7月的暴雨日数由20世纪90年代的6.2d下降为21世纪初的3.3d。8月暴雨日数60年代为6d，以后30年变化不大，但2001—2004年增加到7.8d，21世纪初9月暴雨日数较上世纪增加2天。总的来看20世纪60—70年代暴雨日数为下降趋势，其后增加，特别是21世纪前4年暴雨日数达18.5d，比前40年的平均增加了7.2d。暴雨发生频次自东南地区向西北区域逐渐减少，南部山区明显多于北部地区；高发中心位于南部山区的六盘山东南麓迎风坡的泾源地区，北部地区的贺兰山东麓迎风坡、银川西北部地区和石嘴山中南部地区为一个相对高发中心；六盘山南麓迎风坡和贺兰山东麓迎风坡地区的暴雨发生次数明显多于背风坡地区，位于六盘山北麓背风坡的西吉地区及位于贺兰山西麓背风坡的石炭井地区，暴雨发生次数远少于相毗邻的地区[25]。

3.5 高温

西北区域四省区夏季高温日数相对于全国两个高温日数多发区的新疆地区和东南

部地区来说，其高温日数相对较少，但对工农业生产、交通、电力、建筑等行业及人民群众的生活造成一定的影响，特别是出现持续时间较长的高温天气时，增大蒸发量，引发干旱或加剧干旱程度，影响极大[26]。

3.5.1 高温气候变化特征

极端高温发生频率、范围和持续时间总体都呈上升趋势。≥35℃的高温日数20世纪70年代中期至90年代前期高温日偏少，60年代中期至70年代中期、90年代中期后高温日偏多，并且以90年代中期后偏多的幅度最大（图3-10）。最多地区位于陕西省的关中和陕南地区以及甘肃省河西走廊西部的安（西）敦（煌）盆地，年高温日数平均可达10~20d，其他地区均小于5d[14,27-28]。

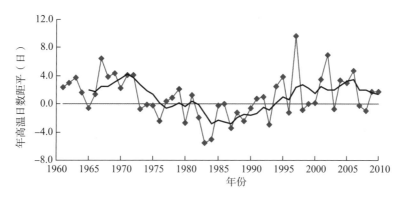

图3-10 西北四省（区）年高温日数距平年际变化（1961—2010年）

3.5.2 各省高温气候变化特征

3.5.2.1 陕西

陕西最大高温中心位于安康的白河以及关中平原的长安和华县，高温极值43.4℃出现在长安[29]；20世纪90年代中期以后，高温日数呈上升趋势，高温酷热天气显著增多。1997年、2002年、2006年是近50年来高温日数最多的3个年份。2006年全省有47站突破30年年极端最高气温极值，2006年6月13—19日西安有4d日最高气温达37℃以上，安康有5d日最高气温达到38℃以上。17日全省40多个气象站日最高气温达到38℃以上，30多个气象站日最高气温达到40℃以上，西安日最高气温达到42.9℃，突破了1998年6月21日的41.8℃最高气温纪录；长安和华县日最高气温达到43.3℃，16—18日宝鸡市出现持续高温天气，连续3天在39℃以上，18日高达41.7℃。2007年夏季关中大部、陕南大部有10—20d，陕南中部局部地区20—30d的日最高气温大于 35.0℃ 的高温天气。

3.5.2.2 甘肃

甘肃安西年极端最高气温为 42.8℃，出现在 1952 年 7 月 16 日，为甘肃省最高气温之冠。在 20 世纪 40 年代，安西极端最高气温曾达 45.1℃（1944 年 7 月 13 日），为近 80 年极值。安敦盆地 1964 年 7 月 25 至 8 月 6 日，连续 13 天日最高气温 ≥35℃，创甘肃省高温日数持续最长纪录。安敦盆地位于疏勒河下游，地势较低，绿洲周围沙漠戈壁广布，夏季降水稀少，蒸发却很大，气候非常干燥，加之晴天多，太阳辐射强烈，加剧了地表和空气增温，使得极端最高气温高达 40℃ 以上[30]。河东高温范围扩展最为明显，在平均气温增高的背景下，夏季异常高温出现的范围也明显扩大。2006 年 7 月甘肃 23 站出现高温天气，其中 7 月 19 日有 13 站出现高温天气，主要出现在陇东和陇南的部分地方。出现高温日数最多的站为武都、文县两站均为 15d，武都 7 月 25—31 日出现连续高温，敦煌 7 月 30—31 日的最高气温分别达 38.2℃ 和 38.3℃。

3.5.2.3 青海

青海三江源地区（黄河源区、长江源区以及澜沧江源区）极端高温事件发生频次呈显著增多趋势，气候倾向率高达 35.5 次/10 年，达到 0.001 信度的显著性水平。1987 年为极端高温事件发生频次由少向多的转变年份，此前逐年减少，而此后呈显著增加趋势。就平均增幅大小而言，依次为澜沧江源区、长江源区和黄河源区。三江源地区极端高温事件发生频次的升幅，自北向南、由东向西、随海拔高度的降低而增大[31]。

3.5.2.4 宁夏

1991—2004 年的最高气温 >32℃ 的日数距平百分率，相对于 1961—1990 年平均值增加了 45% ~ 163%。1986 年后 30 ~ 32℃ 范围的最高气温日数较 1986 年前增加了 3.2d，35 ~ 36℃ 的高温日数都出现在 1997 年以后，几乎每年有 6 ~ 8 个站出现高温天气。最高气温在 35 ~ 36℃ 日数增加的显著性概率为 3.3%[32]。

年平均出现高温为 2.2d、8 站次。高温天气呈不连续分布，没有明显的规律。同心和大武口站地势较低且观测站位于城市里，高温日数最多，分别达 47d 和 41d。在 1961—2000 年中，有 15 年全区没有出现 36.0℃ 以上的高温天气；出现高温日数最多的年份为 1971 年的 14d；高温天气最早出现在 1981 年 5 月 7 日；最迟为 1998 年 9 月 8 日；高温天气的极值出现在 1999 年 7 月 28 日的大武口站，为 39.1℃[33]。35 ~ 36℃ 高温日数大多都出现在 1997 年以后，几乎每年有 6—8 个站出现这样的高温天气。最高气温在 35 ~ 36℃ 日数增加的显著性概率为 3.3%[32]。

3.6 雷暴

3.6.1 雷暴气候变化特征

西北区域境内有青藏高原、黄土高原和蒙新高原，还有盆地、沙漠、戈壁等，地形地貌比较复杂，是多山地和地表生态环境脆弱地区，也是对气候变化响应比较敏感的地区，雷暴灾害发生也比较频繁。西北地区雷暴呈减少趋势[34~35]，分析1961—2005年雷暴日数发现，年际和年代际变化都具有明显减少趋势[36]。20世纪60—70年代大部分地方雷暴日数比平均值偏多，60年代偏多3~8d，少数地方偏少1~8d；70年代大部地方偏多1~5d，偏多幅度比60年代明显小；80年代有多有少；90年代大部地方偏少3~8d，少数地方偏多1~2d；进入21世纪雷暴日数比平均值偏少的幅度比90年代更大，2001—2005年各地偏少了3~19d。

3.6.2 各省雷暴气候变化特征

3.6.2.1 陕西

陕西雷暴分布区域性十分明显，陕北黄土高原和陕南秦巴山地雷暴多，关中平原少。雷暴发生时段主要集中在夏季6—8月，为62%~77.3%；从空间分布看，1961—2010年全省年平均雷暴日数的高值区分布在陕北和秦岭以南的区域，平均日数在25~40d之间，关中地区为相对的低值区，在10~25d之间。1961—2010年雷暴日数减少趋势明显，每10年减少2.0d，且年际变率较大，20世纪60年代是雷暴多发期，70年代次之，其中1977年平均雷暴日数为32d，是最多的一年，此后逐年减少，20世纪80年代雷暴明显减少[37]，80年代达到最低点，80年代末90年代初略有增多。虽然2002年出现了27d雷暴，但2001、2002、2003年雷暴仍然处于较少时期。其中关中平原减少趋势比较明显，陕北略有增加，陕南秦巴山区近年来雷暴历经了20世纪60年代末至70年代初、90年代的多雷暴期和60年代初、70年代中后期的少雷暴期[38]的变化。

3.6.2.2 甘肃

甘肃省年平均雷暴日数在6~66d之间，甘南藏族自治州是全省雷暴最多的地区，年平均雷暴站数在45~66站之间，其次是祁连山东段的乌鞘岭平均为40d，河西西部最少，为6~15站。夏季是全年雷暴最多的季节，其中7月雷暴日数达到峰值，8月开始逐渐减少；其次是春季，春季气候逐渐变暖，天气多变，雷暴日数猛增；再次是秋季，全省雷暴日数急剧减少；冬季雷暴日数最少，一般不会有雷暴出现。甘南藏族自治州各站年雷暴日数均呈下降趋势[39]，其中玛曲下降趋势最明显，每10年减少7.6d，特别是 20 世纪 90 年代中期后，下降趋势更明显。但甘南各地雷暴初终间日数的变化并不明显。白银市雷暴出现频次趋于减少[40]，雷暴初日北部平原呈推迟趋势，倾向率为每 10 年 2.7d；南部山区在其平均期（4 月 20 日）附近上下摆动。雷暴终日北部平原呈提前趋势，倾向率为每 10 年减少 2.6d；南部山区呈抛物线变化趋势，先升后降。雷暴初、终日稳定性变化呈南部山区较北部平原稳定，雷暴初日较终日稳定。

3.6.2.3 青海

青海省年平均雷暴日数随时间呈减少趋势[41]。雷暴年变化大致可分为 2 个主要阶段，1961—1989 年相对多发期，1990—2007 年相对少发期。根据变化幅度可分为 4 个时段：1961—1968 年为最多期，1969—1989 年和 1990—1999 年为相对稳定期，2000—2007 年为最少期。年雷暴日数多的台站减少的趋势越明显，雷暴日数最少的柴达木盆地中部变化不明显，盆地中部还有略为增加的趋势。青南地区东南及南部地区的沱沱河等站，环湖地区的刚察等站，东部地区的大通等站减少趋势较大，个别台站如茫崖、大柴旦、格尔木，诺木洪、西宁等地的雷暴日数略有增加。在雷暴较常发生的 4—10 月，各月的雷暴日数均呈不同程度的下降趋势，夏季最为明显，6 月最显著，每 10 年下降 0.66d，其次为 8 月每 10 年下降 0.54d。春季较秋季下降明显。

3.6.2.4 宁夏

宁夏年雷暴日分布等值线从南部的六盘山区、北部的石嘴山市向宁夏中部逐渐（黄河冲积平原）递减。石嘴山市及盐池、同心以南年平均雷暴日超过了 18d，有两个雷暴发生中心，一个位于六盘山山区的泾源一带，另一个位于麻黄山一带，年平均雷暴日均超过了 30d，其中麻黄山出现雷暴日最多，年均雷暴日达到了 33d，泾源年均雷暴日为 31.4d，而沿黄河一线的灌区平川地带为雷暴少发区，年均雷暴日均小于 18d，发生雷暴最少的位于吴忠、青铜峡一带，年均雷暴日不到 15d，形成"山地多、川区少、南北多、中部少"的地域分布特征[42]。

宁夏 1961—2005 年资料发现，年平均雷暴日为 86.62d[42]。从年代变化来看，20 世纪 60 年代是雷暴相对频发期，平均每年出现 92 个雷暴日，高于平均水平 6.1%；70—90 年代，平均每年分别出现雷暴日 87.9d、87.7d、85.2d，基本保持在平均水平左右；2000—2005 年平均每年出现 77.2d 雷暴日，低于平均水平 10.9%。说明雷暴发生有逐年代减少趋势。雷暴日数年际差异较大。全区年平均雷暴日最多年份是最少年份的近 2 倍，雷暴日最多在 1967 年，为 118d，1973 年次之，为 113d；雷暴日最少的为 1972、2004 年，分别为 65d、66d。从线性趋势看，年均雷暴过程气候倾向率为平均每 10 年减少 24 次，1968 年年均雷暴过程次数最多，达到 34 次，而 2005 年最少，仅为 11.7 次，最多年与最少年相差 2.9 倍[43]。

3.7　连阴雨

3.7.1　连阴雨气候变化特征

连阴雨是指过程降水总量≥15mm（允许其中一天微量或无降水，日平均总云量≥8成），定为一次连阴雨过程。西北区域连阴雨过程总体呈下降趋势，从20世纪80年代以来，连阴雨次数显著减少[44-46]。连阴雨天气主要发生在夏、秋季节，出现最多的是甘肃东部和南部、陕西关中和陕南地区，且影响最为严重的是发生在这些地区的秋季绵绵阴雨，也即华西秋雨。

近年来华西秋雨总体呈现非常明显的下降趋势[47]，20世纪60—70年代初期为多雨期，70年代中期到20世纪末为少雨期，从2000年开始，出现华西秋雨偏多的态势[47-48]，特别是2003年，黄河流域遭遇十几年来最为严重的"华西秋雨"天气，黄河干支流相继发生较大洪水。受此影响，渭河自8月底以来接连出现5次洪峰过程；而发生在2007年9月26—10月14日的陕、甘、宁等地的连阴雨过程，平均持续降水日数达历史之最。

3.7.2　各省连阴雨气候变化特征

3.7.2.1　陕西

1961—2010年陕西省年降水量呈波动减少趋势，连阴雨对年降水量的贡献率也呈减少趋势。减少幅度西部大于东部，其中关中西部是全省减少最明显的区域，减幅达每10年4.8%以上，关中地区也是全省减少幅度最大的地区，减幅在每10年3%～5.4%；陕南西部减幅是每10年2.4%～3.6%，东部低于每10年2.4%；陕北地区连阴雨对年降水量的贡献率减幅是每10年4.2%～1.8%，且从南到北、从西到东减少。暴雨对连阴雨过程降水量的贡献率区域特征明显，主要呈现西部减少东部增加的趋势。陕南西部暴雨对连阴雨过程降水量的贡献率减少幅度最大，为每10年0～4.5%，东部地区主要以增加为主，暴雨对连阴雨过程雨量的贡献增加；关中河谷平原以北铜川一带贡献率增加，其他地区贡献率减少；陕北东北部贡献率增加，其他地区亦减少。陕北和关中地区的变化幅度较小。

3.7.2.2　甘肃

甘肃省连阴雨分布的特点是自西北向东南呈台阶状增加[44]，连阴雨相对比较多的地区为甘南地区、陇南东部和陇东东部地区，年平均5～8次，现连阴雨次数最多的站是甘南藏族自治州玛曲站，年平均7.8次；在甘肃中部—天水—武都一带相对形成一个南北向的少连阴雨带，年平均 2～4 次，河西西部地区较少，大部分站年平均次数不到一次，敦煌、安西以西几乎没有连阴雨。夏季区域性连阴雨过程最多，秋季次之，春季和冬季最少。区域性连阴雨的年代际变化特征表明：春季区域性连阴雨次数从 20 世纪 70—90 年代变化不大，但夏秋季连阴雨次数，70 年代明显偏多，80 年代之后总体次数减少幅度较大，呈显著减少趋势。

3.7.2.3 宁夏

宁夏连阴雨平均每站为 4.8 次，自北向南逐渐增加，惠农出现最少，年平均为 2.0 次，隆德最多为 12.3 次。从季节看，夏季出现最多，占总数的 41.8%，其次是秋季，占 27.2%，冬季最少，仅占 8.4%。1961 年以来宁夏连阴雨（雪）过程总体呈下降趋势，尤其连续 5～7d 的过程显著下降。冬季连阴雨（雪）过程以每 10 年 1.4 站次的速率上升，上升趋势显著，且 20 世纪 80 年代中期以后，变率明显增大；年及其他季节呈下降趋势，年下降速率为每 10 年 3.8 站次，春、秋季下降速率相当，但下降趋势均不显著，自 90 年代以来，春季连阴雨（雪）过程明显偏少，1993 年以来的 17 年中，仅有 1998 年、2002 年偏多。进入 21 世纪虽然连阴雨（雪）过程总体偏少，但比 90 年代明显增加，其中冬季各级别的次数均增加，而秋季 4d 以下、8d 以上的连阴雨（雪）过程也增多，特别是 8d 以上的连阴雨（雪）过程，年、冬季、秋季均为各年代之首，尤其秋季平均每年偏多 2.2 站次。

宁夏连阴雨（雪）过程降水量及持续时间均呈下降趋势，进入 21 世纪明显回升，1989 年以来的 20 年来，仅有 5 年连阴雨（雪）持续时间超过平均值，其中有 4 年出现在 2001 年以后。连阴雨（雪）过程平均降水量自 1980 年以来的 29 年中仅有 10 年降水偏多，其中 5 年出现在 1999 年以后。且 8d 以上连阴雨（雪）过程、降水量达暴雨以上的连阴雨过程均较 80—90 年代明显增加，尤其 10d 以上的过程总数、降水量在 50.0～99.9mm 的连阴雨过程所占比例均达到各年代之最[45]。

3.8 低温冻害

低温冻害是气温从 0℃以上骤降到 0℃以下，或冬季或早春一段时间低于多年平均值，造成植物伤亡和经济损失，交通和电讯中断等社会影响。包括霜冻害、冻害、积雪、冻雨、结冰等 5 种，西北区域主要以霜冻害为主。

3.8.1 霜冻害

西北区域年霜冻日数平均值为 189.3d，1967 年霜冻日数最多，为 200.3d，2001 年霜冻日数最少，为 174.7d，1996 年以来，年霜冻日数明显少于多年平均值。霜冻初日逐渐推迟，终霜日期逐渐提前，无霜期延长。其中，青海省2001—2008年与20世纪60、70年代相比，柴达木盆地农业区霜冻初日推后21d和6d，终日提前21d和11d，无霜冻期平均延长23d；湟水谷地霜冻初日推后13d和9d，终日提前19d和17d，无霜冻期平均延长19d。宁夏中部干旱带霜冻初日推迟趋势较其他地区明显，引黄灌区、中部干旱带和南部山区分别推迟4d、7d和3d；终霜日分别提前12d、10d和10d；无霜期分别延长16d、17d和13d。宁夏各地霜冻频次呈明显的下降趋势，其气候倾向率为-21站次/10年。几个相对高值均出现在20世纪80年代中期以前，发生霜冻较少的几个低值均出现在20世纪90年代末到2000年代，年发生霜冻次数均少于100站次[49]。

3.8.2 冻害

冻害一般指冬作物和果树、林木等在越冬期间遇到0℃以下（甚至在-20℃以下）或剧烈变温天气引起植株体冰冻或丧失一切生理活力，造成植株死亡或部分死亡的现象。西北区域受冻害严重的主要作物是冬小麦。冬小麦发生严重冻害的区域为陇东、陕北为中心的黄土高原冻害区，这些地区冬季极端最低温度常低于-1.5～-20℃以下；低温持续时间长，降雪少，冷空气活动频繁、常常发生不同程度的冻害。陇东近30年来发生较大面积越冬死亡的有11次，平均3年1次；陕北和渭北等地冻害较轻。由于冬季气候变暖，冬小麦冻害很少发生。

3.8.3 寒潮

寒潮是西北区域冬半年主要的灾害性天气。寒潮带来大风强降温、暴风雪以及冻雨等天气，给国民经济和人民生命财产造成严重损失。陕西省从1962—2009年总共出现79次寒潮，其中陕北长城沿线风沙区和渭北东部地区总共出现50～80次左右，陕北北部、关中中部和东部部分地区50次以上，陕北南部、关中大部、陕南大部在30～50次，陕北少部分、关中个别站、陕南西部少于30次，寒潮出现最少的陕南西南部15次以下。这种分布可能与地理条件（纬度、海拔高度、地貌等）和冷空气的路径有直接关系。

3.8.4 雪灾

雪灾主要发生在青海、甘肃南部的牧业区，其中青海牧业区尤为频繁。据统计，1961—2009年青海主要牧业区雪灾出现站次呈显著增多趋势，增多率为0.81站次/10年。1961—1997年雪灾年平均出现频次为5站次，而1998—2009年平均为5.1站次。在1998年气候变暖以来，冬季降雪量增加，雪灾年平均出现的站次也较1961—1997年增加了0.1站次。近年来雪灾频次增多和程度加重给农牧业生产造成了严重危害。如2008年1月、2月出现了大范围、长时间降雪、降温的低温连阴雪天气，最高气温长时间维持在0℃以下，积雪难以融化，形成了历史上罕见的雪灾。

3.9 干热风

河西走廊强干热风过程主要出现在6月、7月出现次数较少。干热风出现频率是10年6遇，其中强干热风10年2遇，中干热风10年4遇，甘肃麦区几乎年年都有干热风出现，只是强弱程度有所差异，且年际间强弱交替出现，干热风危害最大的地区为沙漠沿线及景泰、靖远、民勤等[50]；1961—2006年资料分析，以1964年、1975年、1988年和1991年干热风危害最严重，1961—1975年为干热风相对较多时期，1976—1989年为相对较少时期，1990—2006年为迅速增多时期[50]。

宁夏河套平原因贺兰山的屏障作用，干热风也较多，主要出现在6月中旬、下旬和7月上旬，出现频率分别为29%、33%、35%，60年代以来平均每站每年出现干热风1.3次，最多年份2004年，为5.1次。从干热风发生日数的年代际变化看，1961—1970年平均每站每年出现0.92次，1971—1980年出现0.7次，1981—1990年出现0.7次；1991—2000年出现1.8次，2001年以后平均每年出现2.8次，自20世纪90年代以后呈显著增多趋势，且重干热风出现的站数较20世纪90年代以前（平均每年2.1个站）明显增加，每年达到4.5站，说明河套地区重干热风发生区域在逐步扩大[51]。

青海柴达木盆地干热风对气候变化的响应也有相同情况，主要发生在7月下旬和8月上旬，此期间集中了该地区全部干热风的90%以上，在气候变暖背景下该地区干热风出现次数随年际变化有所增加，其中20世纪80年代增加幅度较大，比多年平均值高出14.6天，90年代除少部分地区干热风出现天数较80年代有所增加外，其余地区均不同程度地减少或无变化。21世纪初随着春、夏季平均气温明显增加，年平均干热风日数与20世纪90年代相比明显增多。近年来，柴达木盆地西南部重度干热风灾害日数也呈增加趋势[52]。

总之，西北区域干热风呈显著增多趋势且重干热风出现的站数明显增加，部分地区重干热风发生区域逐步扩大。

3.10 极端天气气候事件变化

3.10.1 极端降水天气气候事件

近50年来年极端降水事件发生频次有明显增加趋势（图3-11）。20世纪60、80、90年代前期降水极端事件偏少，70、90年代至21世纪初降水极端事件增多。50年中，20世纪60年代青海、宁夏极端事件偏多，甘肃、陕西偏少；70年代宁夏、甘肃偏多，青海偏少，陕西由少变多，80—90 年代前期青海、宁夏、甘肃偏少；陕西呈单调上升趋势，70 年代中期发生调整，由偏少到偏多。90 年代后期至 21 世纪初各省降水极端事件增多[53]。

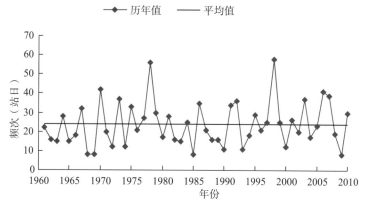

图 3-11　西北四省（区）极端降水事件频次变化（1961—2010 年）

3.10.2　极端高温天气气候事件

近 50 年来年极端高温事件日数呈增加趋势（图 3-12）。20 世纪 70 年代中期至 90 年代前期极端高温事件偏少，60 年代中期至 70 年代中期、90 年代中期至 21 世纪初极端高温事件偏多，特别是近 15 年明显增多。其中，青海、宁夏 20 世纪 60—70 年代末、陕西 60—70 年代中期、甘肃 60 年代中期至 70 年代中期极端高温事件偏多；80 年代至 90 年代前期青海、宁夏、甘肃、陕西极端高温事件偏少，90 年代中期至 21 世纪初极端高温事件偏多[32]。

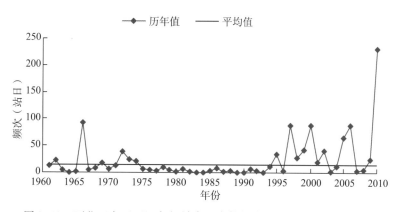

图 3-12　西北四省（区）年极端高温事件频次变化（1961—2010 年）

3.10.3 极端低温天气气候事件

50 年来年极端低温事件日数呈减少趋势（图 3-13）20 世纪 60 年代中期至 70 年代后期极端低温事件日数偏多。80 年代以来呈偏少的态势，在此期间出现了 1991 年、2001 年、2008 年范围比较大，极端低温事件日数比较多的事件。

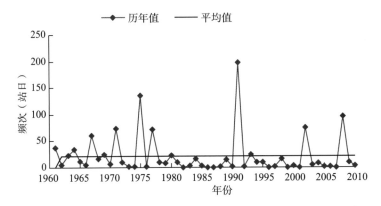

图 3-13 西北四省（区）年极端低温事件频次变化（1961—2010 年）

第 4 章　西北区域气候变化的归因分析

4.1　大气环流异常与西北区域气候变化

4.1.1　大气环流异常与气温变化

虽然气候变化的原因很多[54]，但大气环流异常无疑是气候变化的重要原因。研究表明，气温变化与 500hPa 大气环流特征量有着较好的对应关系，20 世纪 80 年代中期以前，北半球极涡面积偏大，极地到贝加尔湖附近冷空气东移南下，在内蒙古附近堆积，亚洲西风带经向环流占优势、东亚大槽位置总体偏西、西太平洋副热带高压偏弱，使得气温呈偏低态势。20 世纪 80 年代中期以后，北半球极涡面积偏小，乌拉尔山冷低压强度偏弱，亚洲北部的冷空气主体偏北，亚洲纬向环流增强，经向环流减弱，东亚大槽位置总体偏东、西太平洋副热带高压偏强，气流的南北交换减弱，导致气温呈明显偏高趋势[55,56]。

4.1.2　大气环流异常与降水变化

研究表明，近 50 年来，降水量偏多时，500hPa 乌拉尔山阻塞高压强，青藏高压弱，纬向环流指数偏弱。中纬度位势高度场为东高西低，即华北为高压，河西为低槽，处于此高压的后部，西南气流加强。西太平洋副热带高压位置偏西偏北，南支槽深，西北区域为太平洋副热带高压外围的偏南气流控制，带来西太平洋和孟加拉湾的水汽，有利降水[57-62]。

4.2　青藏高原热状况与西北区域气候变化

陶诗言先生指出：西北异常干旱最强的一个信号是青藏高原下垫面的热状况。在高原地面偏暖年，高原地面热源强，高原上的上升运动加强，其北侧对流层低层流向高原的辐合上升运动发展，整层为上升运动，所以高原北侧为湿年；在高原地面偏冷年，高原地面热源弱，高原上空的上升运动也弱，高原北侧盛行较强下沉运动，主旱。也就是说高原的热力影响是西北干旱形成的重要原因之一[63,64]。

在高原北侧地区，干旱年的平均反气旋涡度强，正常年次之，湿润年较弱，典型干旱年的平均反气旋涡度最强，即高原北侧地区的干旱程度大体上与该地区低层的反气旋涡度成正比。当高原地形强迫绕流等动力作用更强时，有利于高原北侧地区低层负涡度加强，盛行高压活动，也有利于低层辐散下沉运动的发展，因而干旱少雨；反之则为湿润年[65]。

4.2.1 青藏高原地面加热场强度

高原温度与南亚高压脊线位置有好的对应关系，即高原温度高，南亚高压偏北；高原温度低，南亚高压偏南。高原温度与500hPa超长波振幅在冬季有较好的负相关，即冬季高原温度低，则东亚槽深，新疆脊强，东亚中纬北风强，反之亦然[66]。李栋梁研究结果认为，当1月高原地面加热场偏强时，6月东亚地区即有"南正北负"（零线在50°N），北风弱西风强，同时又有"西正东负"（零线在100°E），东亚槽深，新疆脊强，成为典型的干旱环流特征。反之，当1月高原地面加热场偏弱时，6月东亚地区中北部西风弱，同时东亚中南部由于东亚槽浅，新疆脊弱，气流平直，成为典型的"东正西负"的多雨环流形势[67]。

4.2.2 青藏高原季风

当1月高原冬季风强（弱）时，西北区的黄河以东地区年降水多（少），其余地方降水少（多）。高原冬季风与西北区夏季月降水遥相关关系显著。6月高原季风指数对西北夏季月降水量的相关也是显著的。其主要表现为，当6月高原季风异常偏强时，同期多雨区主要分布在青海东南部；7月青海降水偏多；8月除河西西部降水偏多外，西北大部分地方以干旱为主。7月高原季风偏强时，同期西北大部降水偏多[68-73]。

4.2.3 青藏高原积雪

高原春季积雪场对西北地区夏季降水场具有较显著影响。当春季积雪场呈现全区性偏多（少），特别是喜马拉雅山区、唐古拉山区和念青唐古拉山区均偏多（少）时，将会使得西北地区夏季降水呈现自西向东偏多（少）—偏少（多）—偏多（少）的分布形式[74]。冬季青藏高原积雪偏多时，夏季西北地区东南部、河西走廊降水偏多，河套附近和青海南部地区降水偏少；冬季青藏高原中东部地区积雪大于西部时，夏季西北地区除河套附近降水偏少外，其余地区降水偏多[75,76]。

4.3　厄尔尼诺事件与西北区域气候变化

厄尔尼诺事件尽管发生在赤道东太平洋海区，但是，这个海区 SST 异常可以引起西太平洋及我国东部中纬度 500hPa 高度的负距平区的形成。这可能与西北干旱流型[77-81]存在着某种联系。青藏高原东侧的西北东部地区是整个西北区域对 ENSO 响应最强烈的区域[82,83]。在厄尔尼诺发展年，新疆脊偏弱，印缅槽偏深，夏秋季这些地方降水异常偏少，易发生干旱，次年则降水偏多[84-86]。在拉尼娜年夏季，除了西北东部地区以外，青海高原的降水也异常偏多。降水的这种反向异常变化在 8 月表现得尤为突出。西北东部地区相反，西北区域的这种东西反向的异常分布型态是其夏季降水异常的一种主要的空间分布特征。对于气温来说，厄尔尼诺事件发展年夏季，河套、青海高原、陕西的秦岭以北气温偏高[84]，其中河套的偏高主要出现在 8 月、6 月，青海高原的偏高主要出现在 7 月、6 月；厄尔尼诺事件次年的气温异常与拉尼娜年相似，但拉尼娜年较厄尔尼诺事件次年的异常更加明显，表现在河套、青海高原显著偏低。

从 1970—1997 年平均情况来看，在西北地区东部农业区内，厄尔尼诺当年降水偏少，次年降水偏多的相关是存在的。上述相关具有清楚的年代际变化，即 20 世纪 80 年代最显著，70 年代此相关尚可，但 90 年代此相关很弱。厄尔尼诺当年与前一年西北地区东部降水量的差值也具有清楚的年代际变化[76]。

4.4　西北区域城市效应与气温变化

西北区域各城市对气温变化（1961—2000 年）的城市效应范围在 -0.41 ~ 0.69℃以内，平均城市效应为 0.02℃。大城市的城市效应贡献率为 28% 左右，中等城市为 12% 左右，而小城市则为 5% 左右，其差异非常显著，且不同时期的城市效应也有很大不同。大城市的城市效应最强且稳定，中等城市次之，小城市最不稳定，易随温度的自然变化而变化[87]。城市热岛效应冬季比夏季明显，夜间比白天明显[88]。由于西北地区城市化发展较晚，城市所占面积相对比较小，所以城市化对于该地区温度变化的影响比我国东部地区要小一些。

第5章 西北区域 21 世纪气候变化趋势预估

5.1 预估数据来源

未来 100 年预估数据来源于 2009 年 11 月中国气象局对外发布的《中国地区气候变化预估数据集 2.0》，这是中国气象局气候变化中心对参与 IPCC AR4 的 20 多个不同分辨率的全球气候系统模式的模拟结果经过插值降尺度计算，将其统一到同一分辨率（1°×1°）下，对其在东亚地区的模拟效果进行检验，利用加权平均的方法方法进行多模式集合，制作成一套 1901—2100 年月平均资料《中国地区气候变化预估数据集 2.0》，提供给从事气候变化影响研究的科研人员使用。这套数据集包含的主要是月平均数据，即全球气候模式平均温度和降水集合平均值数据。

5.2 地面气温变化趋势预估

根据 IPCC 第四次评估报告中所用的 20 多个不同分辨率的全球气候系统模式的预估结果（A1B 温室气体排放情景下）综合分析得出，到 2100 年，西北区域的年平均气温总体将呈现出一致的上升态势，增温幅度在 0.6 ~ 3.9℃之间（图 5-1），其中 2020 年西北区域气温将增加 0.6℃，2040 年气温将上升 1.5℃，而到 21 世纪末西北区域气温增幅将可能达到 4.0℃。

预估数据分析得到，西北区域四个季节的气温也呈现一致增加趋势，其中冬季升温最为明显，幅度在 0.2 ~ 4.8℃之间，其次是春季升温 0.3 ~ 4.4℃，秋季 0.8 ~ 4.2℃，而夏季升幅相对最小，为 0.3 ~ 4.0℃（图 5-2）。

根据 IPCC 第四次评估报告中所用的 20 多个不同分辨率的全球气候系统模式的预估结果（A1B 温室气体排放情景下）综合分析得出，预计到 2020 年，西北区域各地气温均有所升高，增温幅度在 0.5 ~ 0.9℃之间，其中甘肃河西走廊和青海部分地方增温

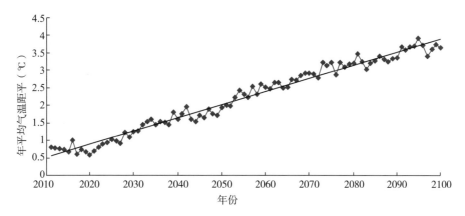

图 5-1 在 SRES A1B 情景下，模拟的西北四省（区）21 世纪年平均气温变化

（基准年：1980—1999 年）

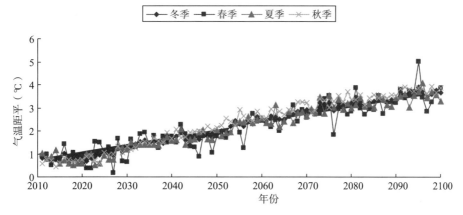

图 5-2 在 SRES A1B 情景下，模拟西北四省（区）21 世纪季节平均气温变化

（基准年：1980—1999 年）

幅度略高于其他地方（图 5-3，附图 23）。

在 A1B 情景下，预计 21 世纪前期，西北区域各地四个季节的气温也呈现一致的升温趋势。冬季增温幅度明显高于其他三个季节，增温幅度为 0.4～1.5℃，甘肃河西走廊西北部、甘肃天水、陇东和宁夏、陕北的冬季气温升幅高于 1℃；其次是春季，增温幅度为 0.4～1.2℃，其中青海大部增温幅度略高于其他地方；夏季和秋季气温增幅在 0.5～1.0℃和 0.4～1.1℃之间，甘肃和青海北部升幅高于其他地方，而秋季大部分地方气温增幅小于 0.8℃（图 5-4，附图 24）。

预计到 2050 年，西北区域各地气温依旧呈现增温态势，增温幅度在 1.3～2.1℃之间，其中西部增温略高于东部（图 5-5，附图 25）。

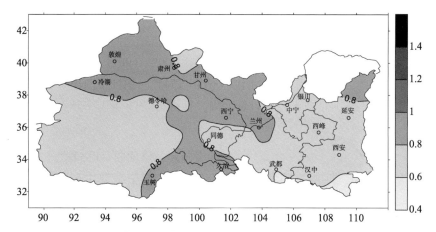

图5-3　在SRES A1B 情景下，模拟西北四省（区）21 世纪初期（2011—2020 年）
年平均气温距平分布

（单位：℃，基准年：1980—1999 年）

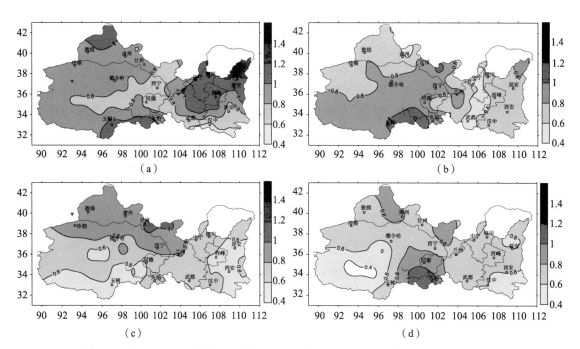

图5-4　在SRES A1B 情景下，模拟西北四省（区）21 世纪初期（2011—2020 年）
季平均气温距平分布

（单位：℃，基准年：1980—1999 年，a：冬季；b：春季；c：夏季；d：秋季）

在A1B 情景下，预计21 世纪中期，四个季节气温呈现一致升温趋势。冬季增温幅度明

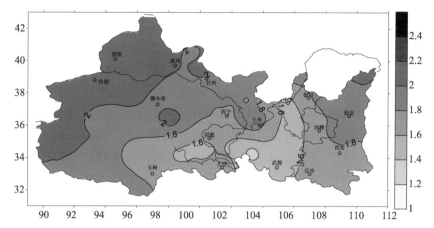

图 5-5　在 SRES A1B 情景下，模拟西北四省（区）21 世纪中期（2041—2050 年）年平均气温距平分布

（单位：℃，基准年：1980—1999 年）

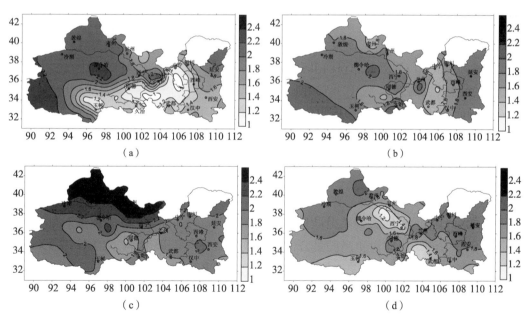

图 5-6　在 SRES A1B 情景下，模拟西北四省（区）21 世纪中期（2041—2050 年）季平均气温距平分布

（单位：℃，基准年：1980—1999 年，a：冬季；b：春季；c：夏季；d：秋季）

显高于其他三个季节，增温幅度为 0.9~2.3℃，其中甘肃河西走廊西部、青海西部和陕北北部冬季气温升幅高于 2℃；其次是夏季，增温幅度为 1.7~2.4℃，其中西北区西部的气温升

幅高于其他地方；春季和秋季的气温增幅在 1.7~2.0℃ 和 1.5~1.9℃ 之间，春季甘肃西部和青海大部气温升幅高于其他地方，秋季大部分地方气温增幅小于 1.6℃（图 5-6，附图 26）。

5.3 降水量变化趋势预估

5.3.1 降水时间演变趋势分析

根据 IPCC 第四次评估报告中所用的 20 多个不同分辨率的全球气候系统模式的预估结果（A1B 温室气体排放情景下）综合分析得出，到 2100 年，西北区域的年降水总体将呈现出增多态势，幅度在 -11%~26% 之间（图 5-7），其中 2011—2020 年降水略有增加，仅有 2%，2031—2040 年降水距平百分率将上升 10%，而到 21 世纪末降水增幅将可能达到 16%。

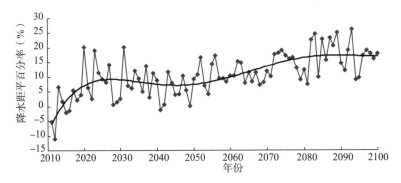

图 5-7 在 SRES A1B 情景下，模拟西北四省（区）21 世纪年降水距平百分率的变化

（基准年：1980—1999 年）

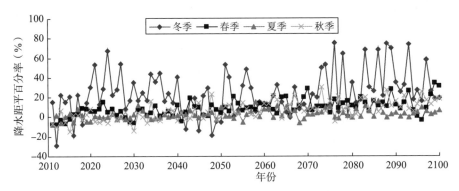

图 5-8 在 SRES A1B 情景下，模拟西北四省（区）21 世纪季节降水距平百分率的变化

（基准年：1980—1999 年）

　　预估数据分析得到，四个季节平均降水总体呈现出微弱的增多趋势，但是增加幅度却各有不同（图5-8），其中夏季降水变化幅度最小，为-8%～16%；冬季降水变化幅度较大，为-29%～75%；春季和秋季降水变化幅度分别为-8%～34%和-15%～31%。

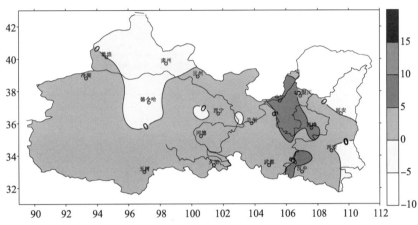

图5-9　在SRES A1B情景下，模拟西北四省（区）21世纪初期（2011—2020年）年降水距平百分率分布

（单位:%，基准年:1980—1999年）

5.3.2　降水空间分布变化趋势

　　A1B排放情景下，预计21世纪初期（2011—2020年），西北区域各地年降水变化不大，除青海中北部、甘肃河西西部、陕北、陕南东部的年降水略有下降外，其余地方降水均呈现出微弱的增加趋势，增加幅度0.1%～7%（图5-9，附图27）。预计到了21世纪中期（2041—2050年），年降水均呈现出增多趋势，增加幅度为0.5%～14%（图5-10，附图28）。

　　在A1B情景下，预计21世纪初期，西北区域各地四个季节降水变化差异较大，有的地方增加，有的地方减少。冬季降水距平百分率增加明显高于其他三个季节，青海东部、甘肃陇东、宁夏和陕南大部降水距平百分率增加明显，增加幅度为10%～20%，而在青海玉树地区降水略有减少，减少幅度为5%～10%。春、夏季和秋季的降水呈现出减少和增加并存的趋势。春季降水距平百分率有的地方增加，有的地方减少，其中青海西部、甘肃定西、天水、陇南和陇东、宁夏南部以及陕西关中地方的降水有所增多，增加幅度在10%以内，其余地方的春季降水在21世纪初期有所减少。夏季青海南部、宁夏大部以及陕北局地和陕南局地的降水有所增多，增加幅度在10%以内，其余地方降水在21世纪初期均有所减少。秋季降水的变化分布又发生了变化，除青海大

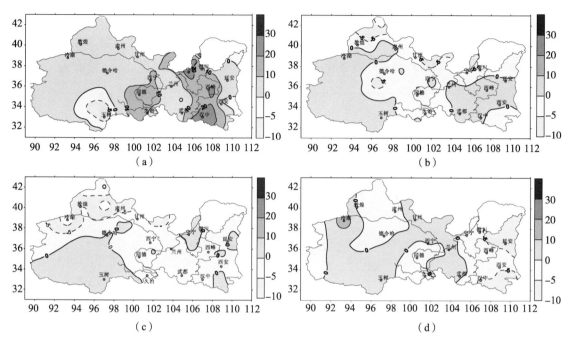

图 5-10 在 SRES A1B 情景下,模拟西北四省(区)21世纪初期(2011—2020年)季降水距平百分率分布
[单位:%,基准年:1980—1999 年,(a)冬季;(b)春季;(c)夏季;(d)秋季]

部、甘肃河西中、东部和河东的降水略有增多外,其余地方的降水呈减少趋势。

预计到 21 世纪中期（2041—2050 年），西北区域年降水均呈增多趋势，增加幅度为 0.5% ~14%（图 5-11，附图 29）。

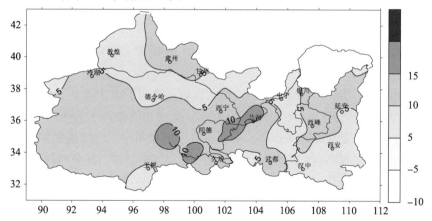

图 5-11 在 SRES A1B 情景下，模拟西北四省（区）21 世纪中期（2041—2050 年）
年降水距平百分率分布

（单位:%，基准年:1980—1999 年）

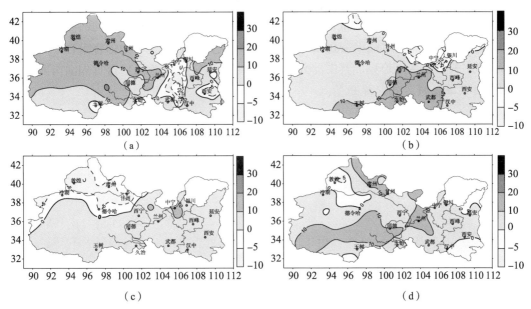

图 5-12　在 SRES A1B 情景下，模拟西北四省（区）21 世纪中期（2041—2050 年）
季降水距平百分率分布

[单位:%，基准年：1980—1999 年，(a) 冬季；(b) 春季；(c) 夏季；(d) 秋季]

在 A1B 情景下，预计 21 世纪中期，四个季节的降水大部分地方呈现出一致的
增多趋势，但增加幅度不大（图 5-12，附图 30）。冬季降水距平百分率增加明显
高于其他三个季节，除甘肃定西、天水和宁夏大部的降水有所减少外，其他地方
呈增多趋势，增加幅度为 10%～20%。春季，仅仅在甘肃河西西北部、民勤县和
宁夏北部这些地方的降水略有减少，其他地方均有所增加，其中青海东部和甘肃
河东的降水增加幅度在 10%～20%。夏季，青海北部和甘肃河西西部的降水减少
5%～10%，其他地方增加 5%～10%。秋季降水均呈增多趋势，仅在甘肃河西西
部、陕北北部和陕南的部分地方降水略有减少。

5.4　极端天气气候事件变化趋势预估

21 世纪我国气候将继续明显变暖，日最高和最低气温都将上升，冬季极冷期可能
缩短，夏季炎热期可能延长，极端高温、热浪、干旱等愈发频繁。西北区域未来夏季
日数将增加一倍以上，暖夜日数增幅达 5 倍左右，冰冻日数呈减少趋势。高温热浪呈
增加趋势，寒潮呈减少趋势。

　　未来西北区域的湿日数、连续湿期长度、连续干期长度都将增加，区域内除西部地区外，大部分地方大于 20mm 的降水日数将增加，其中青藏高原和西北部分地区增幅达 100%。未来单日降水强度变化与年总降水量变化趋势基本一致，呈减弱趋势，大于 10mm 降水日数呈增加趋势，其中部分地方的增幅可能超过 100%。未来大于 50mm 降水日数在西北区域以减少为主[89]。

第二篇　影响与适应

第6章 气候变化对农业的影响与适应

6.1 观测到的气候变化对农业的影响

6.1.1 气候变化对农业的总体影响

6.1.1.1 气候变化对农作物的影响特征

（1）气候暖干化对作物的影响是多方面的、复杂的、且利弊并重。

对灌溉区作物而言，总体来说利多弊少。气候变暖，温度升高，光照充足，又有灌溉条件，极有利于发挥作物喜光温、耐水肥的强项，更有利于发展喜温的具有特色的价格比高的优质作物种植，可充分利用气候变暖带来的发展机遇。

对于雨养旱作区作物而言，总体来说弊远大于利，气候暖干化，蒸发量加大，土壤水分不足，进一步降低了作物气候生态适应性不耐干旱的弱项，对作物生产带来了一系列不利的影响。

（2）气候暖干化使作物生长发育速度发生明显的变化。

气候暖干化使春播作物提早播种，苗期生长发育速度加快，营养生长阶段提前，生殖生长阶段和全生育期延长。使秋作物发育期推迟，尤其生殖生长阶段和全生长期延长。使越冬作物推迟播种，冬前生长发育速度推迟；越冬死亡率降低，种植风险减少；春初提前返青，生殖生长阶段提早，全生育期缩短。

（3）气候暖干化使作物适生区域和种植面积发生重大改变。

气候暖干化使喜温作物（玉米、水稻、谷子、糜子、棉花）、越冬作物（冬小麦、冬油菜）和喜凉作物（春小麦、马铃薯、胡麻）种植高度分别提高 $100 \sim 150\mathrm{m}$、$150 \sim 200\mathrm{m}$ 和 $100 \sim 200\mathrm{m}$，使水稻、玉米、冬小麦向更高纬度扩展，品种熟性向偏中晚熟高产品种发展。受热量条件影响较大的喜温作物和越冬作物以及高原地区的冷凉气候区的作物种植面积迅速扩大。在旱作区，对耐旱差的玉米、春小麦等作物种植面积将受到制约。因此，各地作物种植结构调整和布局将受到气候暖干化的影响。

（4）气候暖干化对作物气候产量产生重大影响。

从种植方式而言，对旱作农业区的作物气候产量影响最严重，其次是半旱作半灌溉农业区，对灌溉农业区的作物影响较少。从作物属性而言，对喜温作物水稻、玉米、棉花和越冬作物冬小麦、冬油菜有利于气候产量的提高；对喜凉作物的春小麦和马铃薯的气候产量将产生不利的影响。从作物耐旱能力而言，对耐旱性强的作物如谷子、糜子、马铃薯、胡麻等的产量影响较轻；但耐旱性差的作物如玉米、小麦、水稻等的产量将受到较大的影响[90]。

6.1.1.2　气候变化对农作物病虫害的危害特征

（1）病虫种类增多、地域范围扩大。

气候变暖和作物带移动使农作物病虫害的地域分布发生变化，向高纬度、高海拔地区扩展延伸，发生面积逐年扩大，危害范围扩大，危害程度加重。由于种植业结构调整，农业物资贸易日益频繁以及人为因素的影响，导致病虫适应性改变，使一些次要害虫上升为主要害虫，病虫种类增多。

（2）越冬界线北移、时间提早发生、受害程度加重。

暖冬造成大部分虫卵和菌源安全越冬，成活率提高、基数增加，次年病菌虫源初始量增大，病虫提早爆发。气温升高使某些病虫越冬界线北移，导致一些地区出现新的病虫，原来过渡带有可能成为病虫的稳定发生区。使迁入期提前、危害期延长，对农作物危害加重。受极端气候事件等因素影响，作物长势及受害补偿能力减弱；暖冬使病虫害基数或初发生来源急剧增加，给病虫害发生蔓延创造有利条件；化学农药长期使用，病虫害产生抗药性，加上农业高度集约化种植，作物品种单一，给病虫害流行爆发创造了物质条件，使受害程度加重。

（3）生长季节延长、繁殖代数增加、种群增长加快。

昆虫新陈代谢率或发育速率和温度成正比，气候变暖害虫发育速率加快，发育时间缩短，种群增长率加快，害虫在短时间内达到猖獗水平。作物生长季节延长，昆虫在春、夏、秋三季繁衍的代数增加，危害时间延长。

（4）病毒病增加，易发大流行。

高温有利于病毒在寄主体内繁殖。马铃薯结薯期遇上高温，导致马铃薯病毒病严重发生。小麦黄矮病是由蚜虫传播的病毒病，该小麦黄矮病大流行与暖冬、关键生长季节气温偏高和干旱少雨有关，有利于蚜卵越冬孵化和发育繁殖。

（5）寄主、害虫、天敌种群间生态系统发生了变化，害虫得到迅速繁殖。

气候变暖严重影响物种间的相互作用，原有的寄生方式变得紊乱、生态系统遭到破坏，扰乱了原先自然控制下害虫、捕食者、寄主等种群间关系，害虫暂时得不到天敌的控制而迅速繁殖，就会出现害虫暴发，进而改变生物防治的效果。气传病害的病原菌孢子随气流、风、农事操作、远距离运输等到达新的区域，如果该区域温暖的气候条件适合其生存，再加上遇到适宜的寄主植物后，病害就会迅速扩展[91]。

6.1.2　对粮食作物的影响

6.1.2.1　冬小麦

（1）对生长发育的影响。

冬小麦播种期 20 世纪 90 年代以后比 80 年代推后 4～8d，冬前发育期推迟，春初提前返青，营养生长期提前 4～7d，生殖生长阶段提早 5d 左右，全生育期缩短 6～9d（表 6-1）[92]。这种变化具有地域性，陇东缩短最多约 10d 左右，陇东南最少为 1～5d。冬小麦苗期受温度和降水量的共同作用，但以温度影响为主；而营养生长期以后则主要受降水量的影响[93]。与 20 世纪 90 年代之前相比较，从 1990 年以后开始，陕西冬小麦生育期间≥0℃的积温增加 135℃，全省冬小麦生育期平均减少了 5d，积温和生育期变化最大的地区在陕北南部、关中西部、安康与商洛交接地带。在最适宜种植冬小麦的关中陕南浅山早熟区，20 世纪 90 年代以后生育期平均减少了 5d。

表 6-1　20 世纪 80 年代与 90 年代冬春小麦生育期（日/月）比较

地点	作物	年代	播种	出苗	越冬	返青	拔节	抽穗	开花	乳熟	成熟	全生育期（d）
西峰	冬小麦	1980's	16/9	25/9	22/12	15/3	28/4	20/	28/5	15/6	5/7	292
		1990's	20/9	3/10	24/12	8/3	26/4	15/5	23/5	14/6	30/6	283
（旱作区）与80年代比（d）			+4	+8	+2	-7	-2	-5	-5	-1	-5	-9
武威	春小麦	1980's	20/3	10/4			17/5	6/6	14/6	6/7	20/7	122
		1990's	18/3	10/4			16/5	3/6	13/6	8/7	19/7	123
（灌溉区）与80年代比（d）			2	0			-1	-3	-1	+2	-1	+

（2）对死亡率和面积的影响。

冬小麦越冬死亡率与≤0℃负积温呈负相关，达-0.523，通过 0.01 的显著性水平。≤0℃负积温逐渐减少，冬小麦越冬死亡率大大降低，种植风险减少。因此，各地扩大了冬性稍弱但丰产性较好的品种，产量有所提高。气候变暖使冬小麦种植北界向北扩展 50～100km（图 6-1），不但西伸明显，而且从海拔高度 1800～1900m 向 2000～2100m 扩展，种植区海拔高度提高 200m 左右，种植面积[92]扩大 10%～20%。宁夏冬小麦20世纪90年代向北扩展120km，南移至海拔约2000m的隆德一带，海拔高度上升了600~800m，而2001年以后全区各地气候条件均已适宜冬小麦种植，种植面积迅速扩大。在1961—1985年气温偏低时期，陕西省延安以北冬小麦越冬期积温大都在-500℃以下，从1985年开始，-500℃的等温线消失，只在榆林附近保留了小范围的-450~-500℃之间的温度区域。因此，按照越冬期负积温-500℃的等值线为冬小麦种植北界的标准，即陕西省内冬小麦集中种植北界呈北移的趋势。

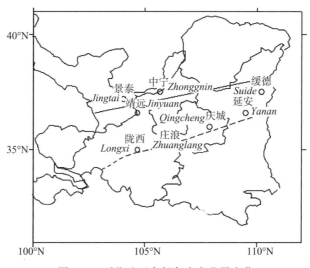

图6-1　西北地区东部冬小麦北界变化

（3）对产量的影响。

暖冬和初春气温升高，对冬小麦生长和产量形成利弊并重。它给麦田病、虫孢子越冬滋生提供有利的气象条件；易产生土壤干旱，不利麦苗生长发育；部分年份导致小麦春化作用不彻底，小穗发育不良，不孕小穗增多；但开花期延长，花前营养生长时间充分，结实率增加。气候变化对产量的影响呈周期性变化，5a周期最显著，12a周期次之。旱作区冬小麦气候产量主要受降水量的影响，与秋春季降水量呈正相关，显著水平超过0.1。20世纪80年代气候产量变化较平稳，平均为55.7kg/hm²，20世纪90年代干旱严重，气候产量振幅变化剧烈，平均为-216.7kg/hm²，其中2000年大旱年为-2264.6kg/hm²，20世纪90年代比80年代气候产量下降125.7%。

6.1.2.2　春小麦

（1）对生长发育的影响。

由于春季气温偏高，回春早，20世纪90年代春小麦播种期比80年代提早2~7d。生长季略有提前，全生育期缩短1~2d，籽粒形成期最明显，约3d[92]（表6-1）。春小麦生育速度对气候变暖响应较其他作物最不敏感。经计算，旱作区春小麦生长期与温度呈负相关，但与降水量呈极显著正相关，降水量每减少 10mm，生长期缩短约 0.8d，降水是主要影响因素，春小麦苗期和籽粒形成期的发育速度主要受温度影响最大，而营养生育期则主要是水分的影响[92]。气候变暖使宁夏灌区春小麦由 3 月上旬播种普遍提早到 2 月下旬，收获期由 7 月中旬提早到 7 月上旬中期。

（2）对种植区域和面积的影响。

随着气候变暖变干，西北地区春小麦适宜区域和面积有所减少。宁夏春小麦适宜种植区主要在引黄灌区的卫宁平原、银川平原、银川以南地区以及海原南部至西吉北部的山区、固原南部、隆德、泾源、彭阳等地，占全区总面积的 24.95%。春小麦次适宜种植区主要分布在宁夏引黄灌区银川以北地区及宁夏中南部的同心县东南部、盐池县南部小部分地区、海原南部、固原北部及西吉大部分地区，占全区总面积的 23.23%。宁夏北部非灌溉区域及中部干旱带不适宜种植春小麦，占全区总面积的 51.82%，该区域面积进一步扩大。气候变暖使甘肃省春小麦适宜种植区高度提高 100~200m，种植上限高度达 2800m，但气候暖干化，全省春小麦种植面积减少 20%~30%，尤其旱作区中部地区减少较多[92]。

（3）对生理特性的影响。

春小麦幼穗分化期要求适宜的低温，有利于穗分化期延长，幼穗发育充分。经研究，这时气温与结实小穗数关系密切，当气温为 9~12℃ 时结实小穗数明显增多。拔节至抽穗期 ≥0℃ 积温与穗粒数相关显著，积温多穗粒数增加。灌浆期要求温度偏低，在 16~19℃ 时有利于灌浆进程，灌浆时间长，籽粒饱满，粒重增加。气候变暖，有利于穗粒数增多，但对小穗数和粒重增加不利。

宁夏引黄灌区 1989—2008 年春小麦各发育期平均气温与 1961—1988 年相比，升高 0.2~1.1℃。观测表明，灌区春小麦晴天净光合速率日变化呈现双峰曲线，两个峰值分别出现在上午 9 时和下午 16 时，中午出现明显的光合"午休"现象。春小麦营养生长阶段大于 0℃ 积温与叶干重显著负相关。在全生育期及生殖生长阶段，平均最高、最低温度与干物质积累量成负相关，气温升高对产量产生负面影响。气温升高加快了春小麦的生理发育速度，发育期缩短，进而影响干物质的积累，尤其是随着春季气温明显升高，春小麦幼穗分化时间缩短，对形成大穗、增加穗粒数产生较大影响。气候变暖使小麦热干风发生时间提早，灌浆中后期发生概率增大，对春小麦籽粒灌浆不利。

（4）对产量的影响。

河西灌区春小麦产量与 ≥0℃ 积温呈显著正相关，相关系数为 0.65，显著性水平超过 0.01。1991—2000 年气候产量比 1986—1990 年增加 10%~79%。敦煌春小麦产量近年显著增加，平均为 8.8g/m²。旱作区春小麦产量与土壤水分相关密切，播种期、拔节孕穗期、灌浆期的 100cm 深土壤蓄水量与产量的相关系数分别为 0.661、0.709 和

0.783，通过 0.05 和 0.01 的信度检验，它们对产量的贡献具有重要作用。但拔节抽穗期增温对产量有极显著的负影响，气候暖干化使产量下降的速率明显，为 5.5g/m²。甘肃全省春小麦种植面积减少 10% ~ 20%，尤其旱作区中部地区减少较多。

宁夏引黄灌区 1989—2008 年平均气温与 1961—1988 年的平均气温相比，出苗期升高了 1.1℃，分蘖期升高了 0.2℃，拔节孕穗期升高了 0.4℃，抽穗开花期升高了 0.8℃，灌浆成熟期升高了 0.8℃。宁夏引黄灌区气温突变前后的平均气温距平，计算出 1961—1988 年的气温影响系数为 0.0269，1989—2004 年的气温影响系数为 0.0081，根据相应时段的实际平均单产计算出两个时段的气候产量分别为 84.8 和 39.8，由此计算出气候变暖对小麦单产的贡献率为-2.6%，表明气候变暖将使小麦产量下降。

6.1.2.3 玉米

（1）对生长发育的影响。

受气候变暖的影响，玉米播种期 20 世纪 90 年代比 80 年代提早 2d 左右。拔节前营养生长阶段生育速度改变不大，但生殖生长阶段延长，乳熟期最多达 6d，全生育期延长 6d 左右。旱作区玉米生育期受热量和降水共同作用，使得玉米各生育阶段提前，播种期提早 1 ~ 2d，营养生长阶段提早 4 ~ 5d，生殖生长阶段提早 6 ~ 7d，愈往后期生长速率加快，全生育期缩短 6d 左右[92]（表 6-2）。陕西夏玉米生育期间全省≥10℃ 积温有所增加，年平均增加 110℃，生育期平均减少 4d，其中关中东部、陕南南部和商洛东部增加较少，延安、关中西部、商洛西部增加明显。

表 6-2　20 世纪 80 年代与 90 年代玉米生育期（日/月）比较

地点	年代	播种	出苗	拔节	抽雄	吐丝	乳熟	成熟	全生育期（d）
武威	1980's	12/4	4/5	1/7	25/7	1/8	23/8	22/9	163
	1990's	10/4	2/5	29/6	29/7	2/8	29/8	26/9	169
（灌溉区）与 80 年代比(d)		- 2	- 2	- 2	+4	+1	+6	+4	+6
天水	1980's	19/4	4/5	28/6	18/6	24/7	20/8	15/9	149
	1990's	18/4	4/5	20/6	14/6	18/7	15/8	8/9	143
（旱作区）与 80 年代比(d)		- 1	0	- 8	- 4	- 6	- 5	- 7	- 6

（2）对种植区域、面积与品种的影响。

气候变暖，玉米适宜种植区向北纬扩展，向高海拔区延伸，向偏中晚熟高产品种发展。甘肃春播玉米适宜种植区高度提升150m左右，种植上限高度达1900m，最适高度为1200~1400m。河西地区玉米面积迅速扩大，达2.5倍，旱作区玉米面积扩大0.5~1倍[92]。

气候变暖使宁夏玉米播种期有所提早，增加了玉米生长发育时间，是玉米增产的主要原因之一。南部山区在20世纪80年代种植玉米很少，玉米难以正常成熟。随着气候变暖和地膜覆盖的大面积使用，加快了玉米的生长，全生育期热量已基本满足玉米对热量的需求，地膜玉米已成为山区各县主要秋粮作物，对山区各县粮食上台阶做出了主要贡献。气候变暖，热量资源增加，引黄灌区及彭阳东南部玉米高产区域明显扩大。但宁夏中部旱作区水分条件变差，玉米全生育期耗水量较多，决定该区域玉米适宜程度的主要因子是水分条件，热量条件不是限制因素。因此，中部旱地由不适宜玉米生长，变为不适宜种植区。

（3）对生物量的影响。

从1994年以来，甘肃陇东玉米拔节期植株高度逐年线性增加趋势明显，平均每年为4.42cm，说明玉米苗期春旱呈现逐年减轻趋势。陇东玉米叶面积指数变化主要受降水量的影响，尤其是七叶至抽雄期降水量，产量随叶面积指数增加而增加，抽雄期叶面积指数适宜范围为3~4。玉米单株干物重营养生长以前呈指数变化，受气温影响较小；进入生殖生长期后呈直线变化，受气温影响较大。年内变化表现为缓慢增长至快速增长趋势，抽雄普遍期增长速率最快。当降水和积温为正常气候年型，干物重累积速度快，变化均匀，产量高。干物重累积与七叶至抽穗期降水和拔节至抽雄期≥10℃积温呈密切正相关，其中降水量对干物重积累贡献最大，效益最高。1995年和1997年是严重干旱年，干物重累积最小。

（4）对产量的影响。

甘肃河西灌溉区重点产地凉州、甘州、肃州三地玉米气候产量变化主要受≥10℃积温影响，两者相关显著水平超过0.01，正相关系数为0.495~0.538。气象因素对实际产量的贡献率达52%~60%，超过社会因素对实际产量的贡献率，1992—2005年气候突变后的气候产量比1981—1991年突变前增加了124%~301%。河西适宜玉米种植的7个重点产区≥10℃积温平均增加127℃，使得玉米产量大幅度增加。旱作区玉米产量主要受降水量影响，气候产量与干旱程度变化相一致，相关系数为0.482，通过0.10水平检验。旱作区玉米气候产量与全生育期耗水量和拔节至乳熟期降水量分别达到正相关0.80和0.79，显著水平达到0.001。降水量愈少，愈干旱，玉米气候产量愈低。

宁夏灌区玉米产量与气象因子关系研究表明：七叶至拔节期平均相对湿度、抽雄至开花期平均最高气温、吐丝至乳熟期总日照、乳熟至成熟期平均气温、全生育期平均最高气温等气象因子对玉米干物质的积累及产量有较大影响。宁夏引黄灌区1994—2004年平均最高气温与1981—1993年相比，幼苗期升高了0.6℃，拔节孕穗期升高了

0.9℃，抽雄开花吐丝期升高了 0.5℃，灌浆成熟期升高了 0.6℃。气温升高对玉米增产起正效应。利用宁夏引黄灌区气温突变前后的平均气温距平，计算出 1981—1993 年的气温影响系数为 0.0329，1994—2004 年的气温影响系数为 0.0382，再根据相应时段的实际平均单产计算出两个时段的气候产量分别为 141.02 和 260.94，由此计算出气候变暖对玉米单产的贡献率为 4.47%，表明气候变暖将使玉米产量明显上升。

6.1.2.4　水稻

（1）对生长发育和品种面积区域的影响。

宁夏水稻是灌区主要秋作物，气候变暖使灌区水稻育秧期、插秧期提早，为栽培晚熟品种争取了时间。插秧稻已由 20 世纪 70 年代的中晚熟品种置换成以晚熟品种为主。旱直播稻也逐渐增多。但是，由于水稻品种的生育期延长，水稻遭受低温冷害的可能性并没有减少，近年来反而有所增加。因此，在考虑延长作物的生育期时，还应兼顾水稻低温冷害的不利影响，不能盲目扩种生育期过长的品种。根据水稻适宜生长的农业气象指标进行的区划显示，宁夏灌区各地均可种植水稻，卫宁平原西部地区由于紧临沙漠，昼夜温差大，水稻幼穗分化期受低温冷害危害的概率较大，属水稻次适宜种植区，占灌区总面积的 23.5%，其他地区均为水稻适宜种植区，产量高、品质优[94]。陕西水稻种植主要集中在陕南 32～38°N 范围内，一般把 ≥15℃ 持续日数作为水稻生育期。全省 ≥15℃ 的持续日数除了汉中、安康、商洛和关中的 15 个站次有减少趋势外，其余站次都有所增加，全省平均增加了 4d 左右，对水稻生长发育有利。

（2）对产量的影响。

对宁夏引黄灌区 10 个测站 1961—2004 年水稻生长发育期 5—9 月的气温进行分析，结果表明：宁夏引黄灌区水稻生长期的气候明显变暖。5—9 月日平均气温的突变发生在 1993 年，突变后的气温比突变前升高了 0.8℃。在 7 月下旬至 8 月中旬最大，此阶段气候变暖对水稻生产有利，6 月、9 月气候变暖对水稻生产有不利影响。气候变暖为高产品种的引进创造了条件，降低了水稻对温度变化的敏感性，使水稻单产变率减小，保证了水稻的高产稳产。气候变暖对宁夏引黄灌区水稻单产的贡献为 2.51%，表明气候变暖将使水稻产量提高[94]。

（3）对水稻低温冷害的影响。

随着气候变暖，生长季的气温均值增加，宁夏水稻低温冷害发生的区域和频次，均表现为明显减少的趋势，出现水稻低温冷害的概率在逐步减小，水稻种植的风险也随着降低。特别是 1994—2006 年的 13 年间，除中卫站外，仅个别站点在个别年份出现冷害。但 2007 年抽穗扬花期和灌浆初期灌区出现较重水稻低温冷害，中卫、中宁达重度孕穗期冷害指标，贺兰、灵武达到了中度孕穗期冷害指标，灌区其他地区为轻度至中度孕穗期低温冷害。因此，在气候变暖的情况下，随着大面积偏晚熟水稻品种的推广，低温冷害的发生强度并不一定会减少，低温冷害造成的减产损失，并没有减少[94]。

6.1.2.5 马铃薯

（1）对生长发育和面积的影响。

由于气候变暖，春季地温升高 2.2～2.5℃，使播种提前，出苗提早 13d，生长季延长。马铃薯适宜种植区高度提高 100～200m，使甘肃省马铃薯面积扩大，从 20 世纪 80 年代初 24.58 万 hm²，至今已经翻番。尤其中部地区面积迅速扩大。气候变暖，宁夏中部干旱带南部土壤水分秋季有所转好，虽然春夏季干旱趋于严重，但对耐旱的马铃薯来说，海原西南部、西吉仍属比较适宜区域。固原的中南部、隆德、泾源以及彭阳的大部分地区降水条件较好，气温适宜，有利于马铃薯淀粉的积累，也是马铃薯的适宜种植区。因此，这些地区可根据产业发展需求，科学调整种植业结构，适度加大马铃薯种植面积。但中部干旱带北部春夏干旱加重使播种难度加大，属于次适宜区。引黄灌区随着气候变暖，对喜凉的马铃薯开花结薯有不利影响，属于不适宜区，种植面积压缩。

（2）对产量和品质的影响。

计算马铃薯产量对气候变化的敏感程度看出，陇东南马铃薯产量年际波动最大，陇东次之，中部较小。产量年际变幅小，对气候变化的适应性较好；产量年际变幅大，对气候变化敏感。马铃薯气候产量与块茎膨大期（7月）平均气温与分枝到开花期（6—7月）降水量相关密切。当降水量变化在适宜范围内，产量随温度升高而降低，当温度平均升高 1℃，陇东南、中部和陇东产量下降 0.12%、0.1% 和 0.011%，而减产幅度随温度升高而缩小；当温度变化在适宜范围内，产量随降水量增加而增加，当降水量增加 10% 时，中部、陇东南和陇东产量分别增加 0.28%，0.23% 和 0.22%，中部增幅最大。20 世纪 90 年代气候暖干化，使旱作区马铃薯气候产量呈下降趋势。河西灌溉区，降水量对产量影响很小。马铃薯的淀粉含量与块茎膨大期的气温日较差呈显著正相关，日较差大，淀粉积累多，品质好。淀粉含量随高度增加而下降，2500m 高度为 10%～11%，2800m 高度只有 9%～10%。气候变暖，夏季气温偏高对气候产量非常不利。因此西北冷凉半干旱半湿润气候区是马铃薯种植优势地带[95]。

6.1.2.6 谷子

（1）对生长发育和面积的影响。

春暖使西北高原地区谷子适播期提前一星期，适生高度提高 150m 左右。谷子种植上限达 2100m，最适高度<1500m。在半干旱和半湿润旱作区种植面积扩大 10%～20%。

（2）对产量的影响。

甘肃谷子产量与气象因素相关性非常显著，陇东半湿润旱作区（西峰）谷子产量与孕穗期降水量和灌浆期平均气温相关密切，前者的贡献大于后者。陇中半干旱旱作区（安定）谷子产量与全生育期降水量和灌浆期平均气温关系密切，两者的作用同等重要。旱作区谷子产量随着关键期内气温增高、降水增多而提高；河西干旱灌溉区（张掖）谷子产量与灌浆期平均气温相关达极显著水平，产量随气温增高而提高。气候暖干化对谷子产量影响非常突出，谷子产量的年际气象波动指数三个区域分别占实际产量变异系数的73%、72%和54%，变暖突变前三个区域气象波动指数分别占当地同期实际产量变异系数的43%、78%和51%；变暖突变后三个区域气象波动指数分别占当地同期72%、89%和68%，变暖后较变暖前所占百分比明显增大。变暖后较变暖前三个区域谷子气候产量分别增加30.6kg/hm²、43.1kg/hm²和121.1kg/hm²。旱作区变暖的正效应大于变干的负效应。谷子气候产量丰产年型在增暖以后出现的频率，三个区域分别占100%、77.8%和77.8%。谷子是比较耐旱的作物，气候暖干化对旱作地谷子的生产比其他作物影响来得少。

6.1.2.7 糜子

（1）对生长发育和面积的影响。

气候变暖，在西北高原地区糜子适播期提早，生育期延长，适生高度提高150m左右，谷子种植上限达2200m，最适高度<1600m。在半干旱和半湿润旱作区种植面积扩大10%～20%。气候变暖，各地≥10℃积温增加100～200℃，复种糜子适生高度达海拔1700m，复种指数增加，适生区域扩展，种植面积扩大，产量提高。

（2）对产量的影响。

糜子是喜温作物，气温对其生长发育和产量影响较大。自糜子播种后，随着生育进程推进，气温对气候产量的正效应愈来愈明显，抽穗至开花期达到最大。甘肃陇中半干旱旱作区（安定）为10.5kg/hm²·℃；陇东半湿润旱作区（西峰）为8.0kg/hm²·℃；陇东南半湿润旱作区（天水）为5.6kg/hm²·℃；河西干旱灌溉区（凉州）为9.0kg/hm²·℃。安定海拔较高，积温偏低，热量对气候产量贡献最大；其次是灌溉区；天水热量条件较好，对气候产量贡献较小。有热量条件愈好影响愈小的趋势。气候变暖对提高糜子气候产量极有利。播种至出苗期的降水量对糜子气候产量为负效应；从拔节以后，各地降水量对糜子气候产量为正效应，到抽穗期达到最大。四个区域每毫米降水量的气候产量分别为8.0kg/hm²、5.2kg/hm²、5.2kg/hm²和3.0kg/hm²。半干旱旱作区影响最大，灌溉区影响最小，有随干旱程度愈大影响增大的趋势。气候暖干化，对较耐旱的糜子气候产量影响并不大。

6.1.3　对经济作物的影响

6.1.3.1　棉花

（1）对生长发育和面积的影响。

棉花播种期提前，20世纪80年代平均日期在4月下旬，90年代在4月中旬后期，2001—2006年在4月中旬前期，比20世纪90年代提早5d，比20世纪80年代提早12d。营养生长阶段提前完成，如开花期比20世纪90年代提前4d，比20世纪80年代提前12d，为生殖生长争取更长季节和更多资源打下良好基础。从而使停止生长期从10月上旬推迟到10月中旬，比20世纪80年代延长6d，比20世纪90年代延长9d。全生育期比20世纪90年代和80年代延长14d和18d。在同一区域种植的春小麦、玉米、棉花的生长期速度对变暖响应的敏感性反应结果不同，棉花最敏感，其次为玉米，春小麦最不敏感。这可能与作物对热量的适应程度有密切关系。甘肃河西地区棉花主产区，种植面积从1992年至今呈直线上升，每年增加0.466万hm^2，使适宜种植区域从海拔1300m提升到1400m，升高了100m左右。现在面积比以往面积扩大了7倍多[96]。

（2）对产量和品质的影响。

由于主产区棉花生长期≥10℃积温升高131℃，裂铃至停止生长关键期增加30℃；最低气温升高0.9℃，春季增温加快，秋季降温减缓，使生长期热量资源得到较大补偿，气候生态适应性更适宜，与棉花生理需求指标更接近。从1993年以后甘肃主产区敦煌和金塔两地棉花单产距平值与≥10℃积温距平值变化趋势基本一致，积温对单产起的作用非常明显。20世纪90年代比80年代棉花气候产量增加81.5kg/hm^2，增大54.3%（图6-2），霜前花减少了30%，衣分提高了两个百分点[96]。气候变化对陕西主产区关中地区棉花气候产量影响很大，总趋势是，在降水量不变的情况下，温度升高0.5~1.0℃，气候产量增加，最小增产7.77~7.84kg/hm^2，最大增产21.05~43.66kg/hm^2；在温度一定的情况下，降水量减少时，气候产量变化趋势不稳定，有3个地域是增产，另3个地域是减产。气候变暖对喜温作物棉花气候产量是正效应。

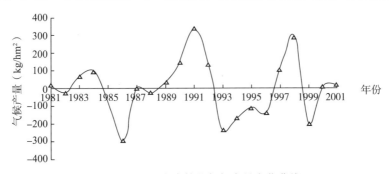

图6-2　河西走廊棉花气候产量变化曲线

6.1.3.2 胡麻

（1）对发育和面积的影响。

播种期平均提前 20d 左右，全生育期延长 30d 左右。适宜种植区高度提高 100~200m。甘肃河西地区种植面积呈波浪式直线缓慢下降，每 10 年面积减少 0.713 万 hm²；陇东和中部种植面积呈扩大趋势。

（2）对产量的影响。

胡麻气候产量与籽粒期（6—7 月）平均气温负相关显著，气温升高，产量降低。与关键生育期（4—6 月）降水量正相关密切。气候变化使甘肃中部产量波动最大，陇东次之，河西最小。当降水量变化在适宜范围内，产量随温度升高而降低。气温每升高 1℃，中部、陇东、陇东南和河西每 hm² 产量分别下降 2.6%、2.1%、1.9% 和 1.5%。当温度变化在适宜范围内，产量随降水量增加而增加，降水量增加 10%，中部、陇东南和陇东每公顷产量分别增加 1.0%、0.9% 和 0.8%。中部增幅最大，河西灌溉区，降水量对产量影响很小[97]。20 世纪 90 年代气候暖干化，使旱作区胡麻气候产量呈下降趋势。

6.1.3.3 冬油菜

（1）对生长发育的影响。

由于气候变暖，冬油菜 20 世纪 90 年代比 80 年代推迟播种 7~13d，停止生长期以前均推迟，冬季停止生长期减少 16~24d，返青后生育期提前 8~12d，全生育期缩短 17~32d[98]。陕西冬油菜生育期间 ≥0℃ 积温有所增加，年平均增加 128℃，生育期平均减少 4d。积温增加明显的地区在延安、关中和商洛西部，平均增加 150℃，陕北北部、陕南南部和商洛南部增加较少，在 100℃ 以下。

（2）对面积和产量的影响。

由于气候变暖，越冬死亡率下降，冬油菜种植带向北扩展约 100km，种植高度提高 150~200m。冬油菜种植面积逐年扩大，20 世纪 80—90 年代冬油菜播种面积占油料作物的比例由 6.7% 上升到 13.2%，几乎增长了 1 倍。冬暖使越冬冻害风险下降，丰产品种面积扩大。气候产量与冬季平均气温相关密切，相关系数为 0.774，通过 0.01 信度水平。每升高 1℃，气候产量增加 172kg/hm²。甘肃省冬油菜总产量呈线性上升，冬油菜产量占油料作物总产的比例已达 15.1%，成为甘肃省主要油料作物之一[98]。

6.1.3.4 甘蓝型春油菜

（1）对发育的影响。

甘蓝型春油菜历年适宜播种期（稳定通过 5℃ 初日），天祝 20 世纪 90 年代（平均日期为 5 月 22 日）和 2001—2008 年（5 月 20 日）较 20 世纪 70 年代（5 月 26 日）分别提前 4d 和 6d。收获期稳定通过 5℃ 终日较 20 世纪 70 年代分别推后 4d、9d。可见，气候变暖后适播期适当提前，后期低温影响概率也大大减小，有利于油菜籽粒灌浆完熟和形成高产，同时有利于品种改良，如发展高产晚熟品种等。

油菜各生育阶段日数从20世纪80年代中期以来也发生了明显变化，民乐县油菜播种至出苗间隔日数呈增加趋势，倾向率为5.5d/10a。21世纪2001—2006年（平均为27.2d）较20世纪80—90年代增加7.6d，较历年平均值增加5.2d；现蕾至开花期间隔日数呈减少趋势，倾向率为-4.6d/10a。2001—2006年（平均为14.3d）较20世纪80—90年代减少8.9d，较历年平均值减小6.7d；开花至绿熟期间隔日数明显缩短，倾向率达-11.9d/10a。2001—2006年（平均为31.7d）较20世纪80—90年代减小8.4d，较历年平均值减小6.4d。气候变暖播种至出苗期降水增加使出苗推迟外，其他时间使生育速度明显加快。

（2）对产量的影响。

气温升高有利于早播种和成熟收获，均有利于提高产量，二者均呈正效应，特别在成熟期气温正效应明显，气温每升高1℃，产量增加171.4kg/hm²·℃。其余生育时段气温均呈负效应，特别在灌浆期气温升高导致灌浆期缩短，粒重下降，不利于产量的增加。降水则相反，播种期、成熟期降水增加影响正常播种和成熟收获，对提高产量不利，呈负效应。出苗至开花期间呈正效应，降水增多促进产量增加。特别是现蕾至开花期降水的正效应明显，降水每增加10mm，气候产量增加值在110~132kg/hm²。说明气候变暖对水分的需求更加敏感，干旱化趋势将导致油菜的生态气候环境进一步恶化，不利于持续稳产高产。

6.1.3.5 白菜型春油菜

（1）对发育的影响。

气候变化对甘肃省夏河县春油菜生育产生了较明显的影响，20世纪90年代和80年代相比，各发育期均有不同程度的提前。其中播种期平均提前2d，现蕾期提前4d，盛花期提前9d，全生育期缩短5d。

（2）对产量的影响。

白菜型春油菜对气候变暖的反应较甘蓝型油菜更为明显。特别是河西干旱地区油菜产区，在产量形成的关键生育期如蕾苔、苔花期、角果期，由于气温升幅较大，降水增加量较小或变化不大，干燥度增大，农田水分散失速度快，干旱胁迫进一步加剧，对正常生育和形成产量不利。甘南夏河产区关键期气温适当升高虽对分枝有一定不利影响，但由于降水同时也在增加，干燥度变化不大，有利于油菜现蕾开花结实，后期气温升高伴随日照时数增加对籽粒灌浆和提高产量有利。

运用积分回归方法计算了白菜型油菜产区夏河县历年气象产量与生育期间光温水因子关系表明，在气温升高情况下，多数生育时期气温与气象产量呈正效应，对增产有利。特别在生育前期（播种期）和后期（灌浆期）气温变化与产量的变化最为敏感，每度气温的产量分别达到 81.9kg/hm²、67.5kg/hm²。现蕾至开花期日照时数增加有利于授粉、受精，提高结实率，呈正效应。出苗期、灌浆初期降水呈正效应。出苗后至现蕾整个苗期几乎均呈负效应，表现为光、热条件不足，气温升高、日照增加有利于营养生长，提高植株群体光合作用效率。绿熟、成熟期间降水过多不利于完熟和收获。总体上，气候变暖有利于油菜产量的提高。

6.1.3.6　甜菜

（1）对产量的影响。

全生育期≥0℃积温、≥5℃积温与甜菜气候产量相关极显著。说明气温高，热量条件好，有利甜菜产量增加。分析累积距平与气候产量关系，二者具有基本相同的变化趋势，说明不同年份气温变化高低直接影响甜菜产量。凉州区 20 世纪 70 年代初期到 90 年代中期气温处在降温阶段，甜菜气候产量也同步下降，之后气温开始升高，甜菜产量也在不断增加。气候变暖对甜菜产量提高非常有利。

（2）对含糖量的影响。

甘肃武威甜菜含糖量形成期比产量形成最大期推后 4 天左右，含糖量最大生产力在子叶下轴膨大后 67～97 天，即 8 月 6 日至 9 月 5 日出现。武威多年甜菜含糖量与 6—8 月平均气温呈反相关，气温逐年升高，含糖量逐渐下降。新疆巴州甜菜含糖量也呈下降趋势。近年，张掖甜菜含糖量也呈下降趋势。造成这种变化原因，温度不断升高加快了甜菜产量的增加，但糖分积累消耗增加，从而引起含糖量下降。说明气候变暖对甜菜含糖量影响较大。

6.1.4　对瓜果类作物的影响

6.1.4.1　白兰瓜

（1）对生长发育和种植区域的影响。

白兰瓜喜温凉气候。气候变暖，河西灌区白兰瓜适生种植高度向南部川区海拔 1300～1500m 地区扩展，种植上限高度提高 100～150m，范围扩大，面积增加。种植品种向晚熟品种发展，产量增加。成熟期低温不利影响程度减轻，有利于糖分积累和品质提高以及商品品级提升[99-101]。

（2）对品质和地域的影响。

白兰瓜的品质优劣主要以含糖量高低为标准。白兰瓜含糖量用糖分累积气候指数表示，计算白兰瓜糖分累积气候指数结果表明，它随积温、日照时数及气温日较差的增加而增大。其中≥20℃积温贡献最大，其次是日照时数和气温日较差。敦煌糖分累积气候指数 15.7%，民勤 13.3%，酒泉 12.8%，凉州 12.9%，兰州 12.5%。用气候指数计算结果与实际生产情况基本一致,较好地反映了白兰瓜品质随地域的分布特征。即大陆性气候愈显著的地带,白兰瓜糖分累积气候生态条件愈优越;也较好地反映了气候暖干化变化趋势。生育期间积温多、光照充足、气温日较差大,对糖分积累十分有利,含糖量高,品质优。

6.1.4.2 大樱桃

(1) 受气象灾害及对生态气候类型的影响。

大樱桃喜温凉气候,在西北地区种植有一定的气候优势,但也存一定风险。春季低温冻害和春旱是影响大樱桃生产的主要因子。春季低温冻害轻者可使樱桃减产4~5成,重者可致绝收。通过计算大樱桃产量影响定量评估系数得出,开花期有霜冻或寒潮发生,产量降低75%;有春旱发生,产量降低10%;霜冻、寒潮及春旱均发生,产量降低85%。根据春季低温冷害和春旱对大樱桃生产危害程度的不同,取霜冻、寒潮对产量影响系数为0.65~0.75,春旱影响系数为0.10~0.20,表示种植风险程度得出,天水市渭河谷地种植大樱桃的气候条件最为优越,保险程度最高,风险性最小,渭北地区次之,关山区张川风险性最大。

(2) 对产量的影响。

通过相关计算,主产区4月极端最低气温及4月上中旬平均最低气温与气候产量呈显著正相关,4月份的寒潮、霜冻导致花期缩短,受孕时间减少,叶片、花芽、茎受冻,严重影响产量。果实增长期降水与气候产量呈显著正相关,降水偏少,产量造成一定影响;成熟期降水与气候产量呈显著负相关,降水日数多使成熟籽粒烂裂、脱落,产量下降。分析1996—2007年降水量与气候产量关系得出,除2001年和2006年因春季低温冻害导致产量大幅度减产之外,其余年份全年降水量与气候产量呈极显著正相关。可见,气候变干对产量的影响是非常不利的[102]。

6.1.4.3 酿酒葡萄

(1) 对生长发育和适宜种植区域的影响。

酿酒葡萄喜温凉气候,河西地区主产区酿酒葡萄中早熟品种生长期需要170~180d,≥10℃积温3100~3400℃,幼果出现到成熟期需≥10℃积温2150~2230℃。生长期平均耗水量420mm,盛花至成熟期耗水量最大,为260mm。气候变暖,使种植高度提高100~150m,最高上限达1800m,适宜种植区域扩大。应用试验资料和统计方法,将河西地区分为4种类型。即西部1100~1300m温热型、中北部1300~1500m温和型、中南部1500~1800m温凉型和南部大于1800m温寒型。其中温和型和温凉型的地域是发展酿酒葡萄的主要生产基地,温寒型为不适宜种植区。

(2) 对生物量的影响。

从枝条和果实生长动态分析看出,枝条生长关键时段出现在5月,生长最快时间在 5 月 20 日前后，果实生长关键时段为 7 月上旬初至 8 月上旬初，枝条和果实生长期间≥10℃积温、地温和相对湿度是主要影响因素。从果实含糖量动态分析看出，果实含糖量增长关键时段出现在 8 月，含糖量累积阶段主要影响因素是≥10℃积温和累积日较差。气候变暖，成熟期 8—9 月气温 2001—2007 年平均较 20 世纪 70 年代增加 1.1℃，积温增加，使生长速度加快，果品质量提高[103]。

6.1.4.4 苹果

（1）对生长发育和适宜种植区域的影响。

苹果属喜凉作物。气候变暖，生育期明显提前，主产区天水 20 世纪 90 年代以来，叶芽开放、始花期、展叶及果实成熟分别较 1981—2000 年平均日期提前 6d、7d、7d 和 7d。随着海拔高度增加，生育期提前愈明显。气候变暖，使种植高度提高 150～200m，适宜种植界限向北推移，府谷、神木经榆林南端至横山一线为陕北苹果适宜栽培北界；自横山向东南沿海拔 1300m 等高线，顺子洲县西界南下经子长至延河北，再西北绕安塞南下至甘泉，此线为陕北苹果适宜区分布西界[104]。

（2）气象灾害的影响。

冬季变暖使开花期提前，低温冻害的概率增加和强度加大，其中 2000 年、2001 年和 2006 年对陕西关中造成大量畸形果，明显影响果实品质和产量。气候变暖，高温天气增多，严重影响了苹果的坐果率。苹果落花后 2d、3d 或 4d 日平均最高气温 29.0℃ 以上、27.0℃ 以上或 26.0℃ 以上时，座果率均低于 15%；盛花期 2d、3d 或 4d 日平均最高气温 35.0℃、32.0℃ 或 30.0℃ 以上，使正处开花授粉受精的花粉发芽受阻，代谢失调萎缩失去受精能力，甚至灼伤致死而不能坐果。20 世纪 90 年代较 80 年代座果率偏低 7.1 个百分点。气候变暖加剧了果实膨大期高温热害对产量和品质的影响，高温热害重点发生区域为关中和渭北东部果区，20 世纪 90 年代起高温热害有明显增加趋势，其中 2002 年和 2005 年危害严重，2002 年 7 月 9～21 日关中和渭北东部出现了≥35℃的持续高温天气，最高气温≥35℃日数达 8～10d，苹果灼伤率达 5%～10%。

（3）对品质和产量的影响。

天水 20 世纪 80 年代苹果的含糖量、含酸量、硬度指标平均值分别为 14.2%、0.22% 和 8.5kg/cm²，品质优良，可口性好；但 90 年代以来 1991—2004 年各项指标分别为 14.7%、0.19% 和 7.6kg/cm²，与 80 年代相比含糖量增加 0.5 个百分点，含酸量和果实硬度分别下降 0.3% 和 0.9kg/cm²。从 1981 年开始苹果硬度逐年下降，线性下降速度为 0.064kg/cm²·a（$R^2=0.5504$，$P<0.01$）。硬度不足，口感绵软，不耐储运，品质有所下降。对甘肃平凉苹果气候产量与生育期间气象要素相关分析发现，气候产量与 4 月最低气温（$r=0.6705$，$P<0.001$）正相关显著，20 世纪 80 年代以后，该区 4 月份最低气温上升明显，1981—2007 年较 1961—1980 年升高了 2.2～2.4℃，4 月最低气

温上升，减少对花的冻害，有利提高产量。气候产量与7—8月最低气温（$r=0.5797$，$P<0.01$）正相关显著，7—8月是苹果迅速膨大到果实成熟时期，是光合积累最旺盛时期，较大的温度日较差有利于光合积累，也利于苹果糖分增加。1981—2007年7—8月最低气温较1961—1980年升高了$0.8 \sim 1.2℃$，对苹果产量形成和品质有利的影响[105]。

6.1.4.5　桃

（1）对生长发育的影响。

桃树是喜凉作物。经计算，主产区甘肃省秦安县桃树从芽开放至果实成熟期中早熟品种需要$130 \sim 140d$，$\geq 0℃$积温$1900 \sim 2200℃$；中晚熟品种$140 \sim 160d$，$\geq 0℃$积温$2200 \sim 2600℃$。21世纪比80年代增温$1.1℃$，自20世纪90年代以来，年平均气温明显升高。冬、春季气温升高最为明显，21世纪比20世纪80年代增温分别为$1.1℃$和$1.7℃$。使得桃树休眠期缩短，花芽萌动提前，生育期间隔缩短，整个物候期明显提前，特别是早熟品种表现尤甚。早熟种20世纪90年代物候期较80年代提前$5 \sim 7d$，21世纪比20世纪80年代提前10d左右。

（2）气象灾害的影响。

春季寒潮、霜冻及强降温天气是影响桃产量的主要气象灾害，开花盛期受低温冻害将使花蕾凋落，造成大幅度减产。气候变暖，仲春气温增高导致基础温度上升迅速，寒潮、霜冻及强降温天气出现概率明显增多。据统计，1990—2006年3月、4月寒潮出现的气候概率比1961—1990年分别增多6.15%、12.2%；4月、5月霜冻分别增多33%、10.6%。因前期温度偏高，发育期提前，受冻能力减弱，2000年以后的冻害更为严重。如2001年4月8日的冻害，使桃树花器褐变受冻，减产80%；2006年4月12日寒潮，日平均气温下降$13.5℃$，幼果冻裂，品质及产量受严重影响。

（3）对产量的影响。

统计分析主产区1984—2005年桃单产资料看出，气候产量变化很不稳定。特别是20世纪90年代以来，气候产量波动加剧，1993年达到了$1083.8kg/hm^2$的最高值，2001年达到$-1793.9kg/hm^2$的最低值。对桃树各生育时段光、热、水因子与气候产量进行相关计算结果，影响主要气象因子为4月上中旬最低气温、7—8月降水量及8月日照百分率。4月上中旬最低气温与气候产量呈极显著正相关，气温偏高桃花受低温冻害少、产量高；果实生长成熟期7—8月降水与产量负相关显著，1961—2006年7—8月降水变化总体呈减少趋势，有利于桃后期成熟生长；8月日照百分率与气候产量呈极显著正相关，果实膨大期对光照的要求比较敏感，光照充足利于果实膨大。自20世纪60年代以来8月阴、云天日数增多，日照下降速度为$0.2199h/a$，日照不足，不利果实着色及糖分积累，影响桃品质。

6.1.5 对中药材类作物的影响

6.1.5.1 当归

（1）对生长发育和生物量的影响。

当归是喜凉耐寒作物，苗移栽至采挖全生长期需200d左右，≥0℃积温2500℃左右。气候变暖使当归生育时段延长。对当归根重进行连续测定结果得出，根累积速度极大值出现在8月底，最大生长率为0.72g/d。从8月中旬至9中旬一个月内累积最大生产率为21.6g，占总根重30.1%，是根增重关键期。统计根的增长量与8—9月候平均气温关系非常密切，经检验为极显著相关。当气温升高1℃时，根重增加0.74g。气候变暖对根重增长非常有利。

（2）对产量的影响。

从积分回归分析得出，5—6月气温为负效应，气温每升高1℃，减产50kg/hm²；7月、8月、9月三个月正负效应值较小，说明当地气温适宜；10月为正效应，当地气温不足，气温每升高1℃，增产50kg/hm²，这时正值归根膨大后期。降水影响基本为正效应，在5~30kg/hm²之间，说明当地降水略有欠缺，但仍在适宜范围内。日照影响表现为两峰一谷型，4月、5月和9月为峰值，每增加1h，产量分别增加80kg/hm²和50kg/hm²，说明移栽返青期和根迅速膨大期这两个时段光照不足；6—8月为谷值，每增加1h，产量最大减少75kg/hm²，说明叶生长期日照丰富。水分对当归产量的高低起着决定性作用。统计岷县当归产量与年降水量、移栽至出苗（4月）降水量和成药期（7月中旬至8月中旬）降水量之间相关关系非常密切，经检验，分别为0.01、0.05和0.01的信度。当年降水量在600~700mm为丰产年；500~600mm为正常年；小于500mm为欠收年。在当归生育期间内降水波动性比较明显，20世纪80年代降水比较充沛，20世纪90年代年降水量减少明显，2000—2007年降水呈波峰型，降水呈增多趋势，对产量增加有利。

6.1.5.2 党参

（1）对生长发育和适宜种植区域的影响。

党参喜温和凉爽湿润气候。从返青至枯萎全生长期150~190d，≥10℃积温2000~2800℃。从分期移栽试验分析得出，气温稳定通过10℃日期时移栽的产量最高。主产区升温非常明显，使移栽期比以往提前9天，生长期延长，生育时段热量充裕，种植上限高度提高150~200m。白条党参最适宜和适宜种植区域在甘肃的洮岷浅山或半山地带，海拔高度2000~2400m，单产达到2000~2500kg/hm²。纹党参最适宜和适宜种植区域在陇南山地二阴区或河谷沿岸的半山地带，海拔高度1600~2000m，单产也达到2000~2500kg/hm²。

（2）对参根生长量和产量的影响。

统计参根生长量与≥10℃积温相关系数为0.786，经检验为极显著相关。经参根生长量动态测定，日平均温度16～20℃时，参根生长迅速，日长量周长平均在0.2～0.3cm，周长达4.5～5.2cm。气候变暖有利于参根生长根重增加。统计主产地渭源不同生育期降水量与产量相关得出，7—8月降水量与产量相关系数为0.9256，经检验为显著性相关。当7—8月降水量小于150mm时，产量下降20%以上；当降水量在150～250mm时，产量达到正常年景；当降水量大于250mm时，产量增加20%以上。统计得出，7—8月降水呈显著减少趋势，变幅为50～270mm。若以历年平均值20%为干旱指数，则干旱年份达30%，降水是党参产量与品质的决定性因素，在需水关键期，干旱限制了党参对水分的敏感性要求。气候变干使得产量和品质受到很大的影响。

6.1.5.3 黄芪

（1）对生育和适宜种植区域的影响。

黄芪是喜温凉作物，当气温稳定通过10℃初日进入移栽至返青期，从移栽返青至停止生长全生育期200d左右，≥10℃积温2300～2800℃。气候变暖主产区春季回暖明显，稳定通过10℃时间提前，适宜播种、移栽期提前7d左右。≥10℃积温增加趋势明显，种植高度提高150～200m，上限达2400m。最适宜种植区：海拔高度1700～2000m半高山地带，热量和水分以及土壤等气候生态条件最优，所以产量最高，品质最好，单产干货达3000～3750kg/hm²，特等品和一等品成品率占80%以上。适宜种植区：海拔高度1500～1700m的河谷沿岸的半山地带，另一地带是海拔高度2000～2200m的二阴山地，热量和水分等气候生态条件比较好，所以产量较高，品质较好，单产干货达2500～3000kg/hm²，特等品和一等品成品率占60%～70%。

（2）对产量的影响。

经统计，芪根产量与生长关键期7—8月降水量呈显著性负相关关系，土壤水分过多，根不能往下生长，形成短而多分枝的直根系，降低药材质量。分析年降水量变化发现，20世纪80—90年代中后期降水量呈不断减少趋势，2000—2007年降水量呈凸峰型，2003年为极大值，前后两个时段降水均较少。主产区7—8月正值黄芪现蕾结果期，该时段降水平均占全年36%，其变化特征与年降水量变化相一致，虽然黄芪比较耐旱，但在生长关键期仍然要保证一定的水分供给，可见降水的明显波动使黄芪产量具有不确定性，使产量与品质受到一定的影响。

6.1.5.4 甘草

（1）对适宜种植区域和高度的影响。

甘草是耐寒喜干燥旳作物。从分期播种试验资料统计得出，气温稳定通过10℃初日为适播期指标，甘草至少需要 3 年以上才能采挖，返青至种籽成熟期需要≥15℃积温 2200 ~ 2300℃。随着主产区气候变暖，种植高度提高 100 ~ 150m，种植区域扩大。最适宜种植区位于温热极干旱地带的河西走廊西北部，海拔高度小于 1200m；适宜区位于温和干旱地带，高度 1200 ~ 1500m；次适宜区位于温凉半干旱地带，高度 1500 ~ 1800m；可种植区位于冷凉半湿润地带，高度 1800 ~ 2000m；不宜种植区大于 2000m。

（2）对产量的影响。

经统计，播种至采挖≥15℃积温（∑T15）与鲜根重 W（克/株）关系呈显著正相关（$r=0.9978$），回归方程为：$W=0.0148\sum T15-11.546$。主产区≥15℃积温增加，产量提高。甘草要求年太阳总辐射量在 5000MJ/m² 以上，5500 ~ 6300MJ/m² 最佳，年日照时数在 2500h 以上。要求年降水量在 400mm 以下，最佳在 100 ~ 300mm。而河西走廊海拔高度在 2000m 以下地带年太阳总辐射量、日照时数和降水量均能满足要求，而且均处在最佳值范围内。根龄 3 年采挖，累积产鲜甘草大于 37t/hm²，气候变暖使甘草的产量和品质大幅提高。

6.1.5.5　枸杞

（1）对适宜种植区域的影响。

枸杞是喜光喜温凉耐旱作物。宁夏枸杞从萌芽至枯黄全生长期 150 ~ 160d，≥10℃积温 2900 ~ 3100℃。从 20 世纪 60 年代中期以来，年平均气温呈连续上升趋势，1986 年之后增温速率加快，增温幅度高于全国平均值；年降水量 20 世纪 60 年代较多，在以后的 30 年持续下降，进入 21 世纪后降水量又开始增多。气候变暖使适宜种植区域扩大。银川以北贺兰山前阳坡地带及银川灌区、卫宁灌区东部热量条件好，气象条件有利于枸杞产量形成，夏秋果产量均较高，是最适宜和适宜种植区，有灌溉条件的地区应扩大种植面积；盐池大部、同心中东部、固原北部及彭阳东部是次适宜种植区，可适当种植枸杞，以优化农业产业结构，增加农民收入；中卫南部的香山山区、固原南部、海原、西吉和隆德、泾源阴湿区及彭阳中西部光热条件较差，因夏秋多雨而发生黑果病，产量和品质年际间不稳定，不宜种植枸杞[106]。

（2）对产量的影响。

研究认为，生育期≥10℃积温在 3450℃ 以上，可获得较高产量；≥10℃积温在 3200 ~ 3450℃ 范围内，一般能获得正常产量；≥10℃积温在 3200℃ 以下时，热量不足引起枸杞减产。有灌溉条件下，生育期降水量在 100 ~ 170mm 以内，气候产量不受降水量的影响；当降水量小于 100mm，对产量有不利影响；当降水量达到 200 ~ 300mm 或以上，特别是夏果采摘期间，虽然生理上提高了鲜果产量，但因果实吸水膨胀，裂口，黑果病严重，坏果率高，丰产不丰收。

6.1.6　对特种作物的影响

6.1.6.1　啤酒大麦

（1）对生长发育和适宜种植区域的影响。

啤酒大麦属喜凉作物。全生育期 120～130d，需要≥0℃积温 1600℃左右。据研究，日平均温度越高、日照时间越长，啤酒大麦生育期则越短。日平均温度升高 1℃，生育期缩短 1.6～4.5d，平均日照时数增加 1h，生育期平均缩短 0.3～3.2d，海拔每升高 100m，生育期则延长 3～4d。由于气候变暖，种植高度提高了 150～200m，种植区域扩大。适宜区从海拔 1700～2000m 向 2000～2200m 冷凉区发展，种植最高上限达 2800m。

（2）对产量和品质的影响。

幼穗分化期和灌浆期是啤酒大麦产量形成对气温有较严格要求的两个主要关键时段。幼穗分化期要求适温偏低，有利于幼穗分化发育充分和形成较多小穗数，适宜温度为 9～12℃。灌浆期气温偏低，延长灌浆期，有利于籽粒饱满、籽重增加，适宜温度为 16～19℃。由于气候变暖，1987—2008 年和 1971—1986 年相比，幼穗分化期平均增温幅度肃南为 0.6℃，永昌为 0.3℃，高于适宜温度 4～5℃。气温偏高，缩短了幼穗分化时间，小穗数减少 1～2 个。灌浆期平均增温幅度肃南为 1.1℃，永昌为 0.8℃，气温处在适宜灌浆温度的上限，对正常灌浆产生负面影响，千粒重下降 2～3g。河西啤酒大麦品质与气温有一定关系（表 6-3）。随海拔高度增加，灌浆期气候凉爽、气温适宜，淀粉含量有增加趋势，变异系数变小；而蛋白质含量则正好相反。灌浆时间长，利于光合产物输送积累和增加，因而淀粉含量较高，蛋白质适中，品质优良。

表 6-3　河西走廊啤酒大麦品质与海拔高度

地点		民勤	甘州	永昌	黄羊镇	民乐
海拔高度（m）		1320	1420	1520	1783	2510
淀粉含量	平均值（%）	50.7	51.0	52.3	54.2	54.0
	变异系数	4.4	6.8	3.3	3.6	2.5
蛋白质含量	平均值（%）	10.4	10.6	9.6	9.4	9.6
	变异系数	10.3	16.1	7.0	8.1	5.1

6.1.6.2　啤酒花

（1）对生长发育和适宜种植区域的影响。

啤酒花是喜温凉、干燥气候。甘肃河西地区啤酒花全生育期 160～170d，≥5℃积温 2700～3000℃。随着主产区气候变暖，种植高度提高了 100～150m，种植区域扩大。

适宜种植区位于温和温凉干旱地带，高度 1300～1800m，种植最高上限达 2000m 左右。

（2）气象灾害的影响。

由于啤酒花属草本缠绕植物，体型高大，大风是影响啤酒花生产的主要气象灾害。开花期（6 月下旬）至成熟期（9 月中旬）是河西啤酒花生育的关键期，若遇 8 级以上大风且持续 5 小时以上，可造成枝条折断等机械损伤。如玉门 1991 年 6 月 23 日持续近 9 小时 8 级以上大风，造成啤酒花受损严重，受损面积占总面积 30%～40%。按当时受损情况测定，平均断枝 0.9～13 枝/株，枝梢磨损减少花蕾数 9%～20%，平均亩产受损 11～16kg。张掖、武威的大风日数主要分布在 4—7 月，分别占全年的 61.1% 和 65.2%。可见，大风危害的机遇非常大。啤酒花成熟期连阴雨天气也是影响啤酒花质量的不利气象灾害。若遇连续 3 天以上的降水且日雨量>3mm，过程降雨量≥20mm，可造成塌架，致使枝叶、花蕾落地，对产量和质量影响较大。

（3）对产量和品质的影响。

经研究，啤酒花产量与营养生长中后期至现蕾前（5—6 月）最高气温与产量呈负相关，最高温度过高导致过早开花和多次开花，花体成熟不一致，影响产量提高；而出苗期（4 月）最低气温与产量呈正相关，最低气温偏高，土壤解冻早根芽发育快，割芽期提前，有利于及早萌发生长。日照时数与产量大多时期呈正相关，尤其在苗期和成熟期，前者需要充足的阳光进行光合作用有利于及早搭建丰产架型，后者有助于提高有效花枝和有效花率。8—9 月是啤酒花甲酸含量和产量形成的关键时期，要求气温略高、日照充足、降水少，有利于形成高产和优良的品级。例如 1998 年玉门 9 月平均气温（16.7℃）为 1960 年以来玉门镇同期最高值，加之降水特少（0.6mm），日照充足（277h），啤酒花甲酸含量高达 20%～25%。而其他年份甲酸含量仅在 5%～7% 之间。说明在啤酒花成熟采摘和晾晒期光热条件好，对品质有显著影响。

6.1.6.3 百合

（1）对生长发育和适宜种植区域的影响。

百合是喜凉作物，对热量要求并不严格，适应性较广。经试验全生育期需要≥0℃积温 2350～3000℃。气候变暖使种植高度提高了 100～150m，种植最高上限达 2700m，种植区域扩大。适宜种植区在 2000～2100m 和 2300～400m，产量达 15000～20000kg/hm²；最适宜种植区在 2100～2300m，产量达 20000～25000kg/hm²。

（2）对气象灾害危害的影响。

气候变暖，春季回暖较早时易受低温、霜冻的侵袭，幼苗生长受到抑制，如 1993 和 1999 年的霜冻，使当年产量下降 20% 左右。从 20 世纪 90 年代中到 20 世纪初期极端最高气温迅速上升，如 2000 年最高温度达 39.8℃，持续高温使茎叶枯黄死亡，尤其 7—8 月生长旺盛期，高温使生育状态受到严重抑制，产量下降 20%～30%。

（3）对品质和产量的影响。

百合生长前期和中期喜光照，尤其是现蕾开花期，兰州地区4—8月平均日照时数为1182h，历年日照时数变化呈增加趋势明显，有利于现蕾开花期生长发育。经试验百合需水关键期在花期至鳞茎膨大期，从6月中旬至8月上旬需水量在200～300mm，年降水量在450mm左右，就能满足要求。在6—8月水分关键时段，20世纪90年代中期之前主产区降水量基本持续增加，降水相对充裕，1994年达到268.6mm，此后降水呈减少趋势，2006年只有50mm，还不足历年平均值的30%，严重制约了以雨养农业为主的百合生产。在关键生育期内，降水减少和光照不足将对百合生长发育和品质、产量带来不利影响[99]。

6.1.6.4　花椒

（1）对生长发育和适宜种植区域的影响。

花椒是喜温热、喜光照、耐干旱、适应性强的树种。据1990—1991年9个定位观测资料分析，全生育期需要150～160d，≥5℃积温2000～2600℃。发育期随海拔升高而推迟，全生育期天数和≥5℃积温均随海拔升高而减小和下降，每升高100m，全生育期天数减少4d，≥5℃积温下降106℃。气候变暖种植高度提高了150～200m，种植最高上限达2200m，种植区域扩大。适宜种植区在1400～1700m，品质评定总分为12～20；最适宜种植区在1000～1400m，品质评定总分为20～25。

（2）气象灾害的影响。

气候变暖尤其冬暖次数明显增多，导致花椒萌芽期提前，但抗寒能力却明显减弱，发生寒潮或低温冻害天气，很容易造成产量下降甚至绝收。主产区1980—1995年低温冻害频次共5次，1996—2007年却高达8次，且冻害程度明显加重，如1998年3月19日24小时降温13.3℃，4月12日48小时降温10.1℃，连续两次降温使嫩芽遭受严重冻害，根颈、大枝权、抽条、树干和花芽受到冻害；2006年3月12日24小时降温10.1℃，最低温度为-2.7℃，冻害不仅使产量受到严重影响，还使各种病虫害乘虚而入，蔓延成灾。成熟期的降水是影响产量的重要因素，如果该时段降水量比历年平均值≤20%为干旱，≤50%为特旱，统计显示1980—2007年间干旱频率为43%，特旱频率为18%，且2000年后干旱频率明显增多。虽然花椒抗旱性较强，但严重干旱仍然使叶片枯萎、果实萎缩，产量和品质下降。

（3）对生物量的影响。

经研究，花椒开花后20～25d结果实，果实生长期为100d左右，对果实每隔10d进行连续测定结果得出，果实增长速度开始缓慢，中期急增，后期平缓。果实累积速度极大值文县出现在5月29日，最大生长率为0.312g/d；武都极大值出现在5月16日，最大生长率为0.206g/d。文县从5月14日—6月13日的一个月内累积最大生产率为 8.70g，占总重 45%。其中 5 月 22 日—6 月 5 日增长速度最快，日增长量在 0.30g 以上，是增重关键期。武都从 5 月 1 日—5 月 31 日的一个月内累积最大生长率为 5.87g，占总重 37%。其中 5 月 10 日至 22 日增长速度最快，日增长量在 0.20g 以上，也是增重关键期。两地果实开始膨大日期基本一致，但文县大红袍花椒生长率明显大于武都七月椒，最大生长率出现时间比武都推迟 10～15d。两地果实增长量的差异除品种以外，与降水关系密切，果实膨大期的 1991 年 6 月中旬至 7 月武都出现干旱，同期降水量比文县少 63.7mm，使果实增长最快时段缩短，增长量下降。气候变干，干旱出现频率增多，严重影响果实增长量的提高，最终影响产量。因此在果实增长关键期增加水肥投入，加强田间管理非常重要。

（4）对品质和产量的影响。

同一品种不同地域着色成熟期气象条件不同，其品质有显著差异。着色成熟期要求，气温比较适宜且夜间温度偏低，持续时间长，在 22～23℃；相对湿度较小，在 64%～70%；降水量适中，在 100～170mm；日照较充足，在 300～350h，多太阳散射光，有利于芳香油和麻味素的积累，椒皮鲜红、紫红，油腺多而密，颗粒匀细而大，香气浓郁，麻味重，品质最佳，总评分在 20 分以上。花椒产量与气象条件关系非常密切。从气候生态区类型看，同一品种以北亚热带半干旱区和温暖半湿润或半干旱区的主产区产量最高。从气象条件看，热量资源丰富，全生育期 ≥5℃ 积温为 2600℃ 左右，降水量适中在 200～250mm；果实膨大期气温在 19～20℃，相对湿度在 60% 左右，降水量在 50～100mm，日照时数在 300～350h，果实重量主产区每 200 粒达到 3.64～3.72g，其他区域每 200 粒只有 3.14～3.45g，产量明显增大。

6.1.6.5 油橄榄

（1）对生长发育和适宜种植区域的影响。

油橄榄具有喜温、怕冻、喜干怕湿的气候特点。作为甘肃油橄榄著名产地，武都属于北亚热带大陆性气候，从春芽萌动到果实成熟全生育期需要 210～220d，≥10℃ 积温 3800～4500℃，无霜冻期 220～280d，日照时数 1500～1900h，相对湿度 50%～65%，降水量 410～440mm，最适宜油橄榄生长发育。气候变暖使种植高度提高了 150～200m，种植最高上限达 1400m 左右，种植区域扩大。适宜种植区在 1100～1300m，单产达 5000～6000kg/hm²；最适宜种植区在 900～1100m，单产达 6000～8000kg/hm²。

（2）对品质和产量的影响。

对不同采收时间果实含油率测定结果分析，当 ≥20℃ 积温增加时，含油率随之增加；当 ≥20℃ 积温大于 1100℃ 后，含油率增加减缓。日平均气温与果实含油率为正相关，系数为 0.95，当日平均气温下降到 8℃ 以下，含油率增加开始减缓。主产区秋季降温较快，气温偏低，昼夜温差小，果实脂肪酸转化缓慢，成熟期延迟，品质下降。

6.1.6.6 板栗

（1）对生长发育和适宜种植区域的影响。

栗树喜温、喜凉爽和比较湿润的气候条件。从萌芽至果实开始成熟期全生育期需要 190～210d，≥0℃积温 3500～3900℃。气候变暖使主产区甘肃陇东南地区栗树的种植高度提高了 150m 左右，种植最高上限达 2600m 左右，种植区域扩大。陇南栗树主要分布在海拔 1900m，天水则主要分布在海拔 1700m 以下地区。适宜种植区在 1200～1600m 的浅山半干旱半湿润地带；最适宜种植区在 1600～1700m 的半山地带。

（2）气象灾害的影响。

通过主产区天水栗产量与相应时段的气象因子相关计算得出，热量对产量的制约程度大于降水。萌芽至展叶期，气温不宜过高，否则萌芽偏早，易遇倒春寒、低温冻害而影响后期生长，因气候变暖该地此期常因气温过高、萌芽过早而影响产量；展叶开花阶段，正值营养生长与生殖生长并进的关键时段，对热量的要求较为敏感，若热量不足，直接影响花蕾形成及座果率的提高；果实生长成熟期，适宜温度利于果实的淀粉、糖分积累及产量提高。展叶期对水分要求比较敏感，由于春季降水较少，干旱成为限制产量提高的主要因素；开花至果实成熟期因降水量偏多而影响产量的提高。

（3）对产量的影响。

由积分回归分析看出，天水板栗产量受热量影响最大的有 2 个时段，即萌芽至展叶期的 3 月中旬前后及展叶至开花期的 4 月中旬至 5 月中旬，其中 3 月中旬气温对产量影响呈负效应，气温下降 1℃，产量减少 120kg/hm^2；4 月中旬至 5 月中旬气温对产量影响呈正效应，气温每升高 1℃，产量增加 75～90kg/hm^2。3 月中旬降水对产量影响呈正效应，降水量增加 1mm，产量增加 150kg/hm^2；6 月降水对产量影响最小，7 月以后各旬降水对产量影响呈负效应，降水量增加 1mm，产量反而下降 60～90kg/hm^2。与相关分析相一致，也同栗树生理生态发育对水热要求基本吻合。

6.1.6.7 黄花菜

（1）对生长发育和适宜种植区域的影响。

黄花菜喜温凉气候，具有耐热性、耐寒性和抗旱性强的特点。从春苗生长至休眠整个生长期需要 200d 左右，≥0℃积温为 3100～3400℃。气候变暖使黄花菜种植高度提高了 150m 左右，种植最高上限达 1800m 左右，种植区域扩大。适宜种植区在 1300～1500m 的地带，产量达 800～1000kg/hm^2；最适宜种植区在 1100～1300m 的地带，产量达 1000～1200kg/hm^2。

（2）气象灾害的影响。

春苗生长至休眠整个生长期降水量为 360～650mm，降水量多的 1988 年黄花菜产量明显大幅度增加，尤其抽蕾至采蕾期是需水关键期，降水量为 106mm，测定 50cm 土层土壤含水量达104mm，土壤湿度为16%～18%。这时土壤含水量多，养分和水分输送畅通，花芽分化好，现蕾数多，采摘时间延长，产量高；反之则大量落蕾，采摘时间缩短，产量下降。1989年5—7月持续干旱，致使关键期50cm土层含水量只有86mm，相当田间持水量50%左右，落蕾率达76.4%，产量大幅度下降。陇东地区春末初夏干旱发生频率比较高，对黄花菜抽苔、产蕾极为不利，是主要限制因子。近年来气候变化对黄花菜主产区影响有利有弊，从平均值看应该占全年70%才能满足关键生育期的需水量，如果以≤历年平均值的20%为干旱标准，则春旱发生频率为43%，2000年以来春旱占75%，严重制约了苗期生长。伏旱占46%，2000年该时段降水只有41.6mm，仅占正常值的39%，在抽苔至采蕾期，严重伏旱引起大量落蕾，产量下降20%～30%。

（3）对产量的影响。

对庆阳市1985—2000年黄花菜单产资料与春苗生长至开花末期（4—8月）≥0℃积温、降水量、采蕾期（6—7月）日照时数进行相关分析，其相关系数分别为0.69（相关显著）、0.74（相关极显著）、0.69（相关显著）。看来黄花菜关键生育期有丰富热量、充足光照和水分，才能获得高额产量。在关键生育时段，主产地光照条件充裕，基本能保障黄花菜生长需求，因此在陇东旱作地带光热资源基本适宜黄花菜的生长发育，其品质与产量的提升主要依赖于生育期水分供给条件，尤其是现蕾至开花期的降水。气候暖干化，2001年、2007年降水仅占全年50%和55%，降水不能保障关键时段的需求，品质和产量受到很大影响。

6.1.7 对病虫害的影响

6.1.7.1 小麦条锈病

（1）条锈病发生与气象条件。

条锈菌喜阴凉喜湿，怕高温干旱。高危区甘肃陇南地区10月至次年3月平均气温与条锈病流行程度呈正相关，气温偏高有利于条锈病发展，尤其越冬期1月、初春3月温度偏高对条锈菌越冬成活有利；8月平均气温与条锈病流行程度呈负相关，气温偏高可抑制发展，发病的适宜温度为13～16℃。武威6—7月平均气温与病情指数呈显著负相关，气温高不利于发生发展。

降水量及其分布对条锈病流行有重要影响，陇南地区冬小麦生长期3—5月降水量与条锈病流行程度呈正相关，降水量多有利于发展，越夏期8—9月降水量对来年条锈病流行影响较大。武威5—7月降水量偏多，条锈病病情指数增多，极易发生流行。条锈病发生不同等级指标：5—7月降水量达到180mm以上，相对湿度大于55%时，可重度发生；降水量140～180mm，相对湿度48%～55%时，中度发生；降水量小于

140mm，相对湿度小于45%时，轻度发生。

（2）气候变化对条锈病发生的影响。

1）对条锈菌安全越冬和发病面积的影响。1999年以来，甘肃条锈病发源地陇南地区越冬菌量逐年增长，早春病田率全市平均在42.4%～82.6%，而1991—1998年早春病田率仅在12.2%～37.2%。冬暖，霜期缩短，冬小麦种植高度升高，面积扩大，越冬菌量显著增多，导致发病提前，并且连年出现大流行。1999—2005年发病初始日期提前半个月时间，提前到2月中下旬。春季盛发期普遍率达65%～100%，以往盛发期普遍率<10%。

2）对条锈菌越夏和地域范围的影响。武威市1600m以下的川区温湿条件不利于条锈菌安全越夏，促使条锈菌向1600m以上的冷凉气候区迁移越夏，由于降水量较多，加之小麦种植界限上移和面积扩大，给条锈病发生发展提供了适宜生存环境，形成了条锈病的重发区，也是安全越夏区。该区2003年、2007年病情指数达到12.5、12.0，均为4级，为中度偏重发生等级，是历史上没有发生过的。

6.1.7.2 马铃薯晚疫病

（1）晚疫病发生与气象条件。

晚疫病喜高温高湿。以主产区甘肃陇中地区统计分析，生长季6—10月平均相对湿度、降水量、气温与晚疫病发病率呈正相关，相关系数分别为0.4438（$P<0.10$）、0.5290（$P<0.05$）、0.5152（$P<0.05$），说明相对湿度增大、降水增加、气温升高有利于晚疫病发生发展。6—10月日照时数、平均风速与晚疫病发病率呈负相关，相关系数分别为-0.4573、-0.4153（$P<0.10$），说明天气晴朗、日照充足，风速增大、空气交换加快不利于晚疫病发生发展。

（2）气候变化对晚疫病发生的影响。

1）对发病面积的影响。定西晚疫病历年发病面积比例变化曲线呈显著上升趋势（图6-3），线性倾向率为3.547%/a，即发病面积比例以每年3.547%的速度增加。2005年是晚疫病流行较重年份，感病面积占播种面积的46.8%，发生在定西、通渭（海拔高度1750～2000m）分别占总感病面积的20%～22%；其次为渭源、岷县（海拔高度2100～2300m）分别占总感病面积的17%～18%。随高度增加感病面积占播种面积呈减少趋势。其原因与马铃薯主要生长季6—10月气温随高度增加呈下降趋势有关。

2）对危害程度的影响。气候变暖，冬季温度增幅大，田间病菌安全越冬率加大，生长发育期间一旦遇到连阴雨天气，晚疫病迅速蔓延和流行。2003—2005年、2007年、2008年6—10月降水量在407.5～479.5mm，较常年偏多5%～22%，晚疫病发生程度加重，产量下降20%～30%[107]。

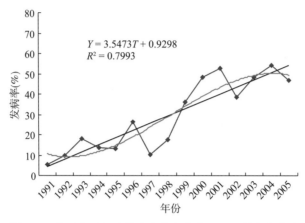

图6-3 定西市历年马铃薯晚疫病发病面积比例变化曲线
（图中 *Y* 代表线性趋势，*T* 代表年份，*R* 是相关系数）

6.1.7.3 麦蚜虫

（1）麦蚜虫发生与气象条件。

麦蚜虫喜高温少雨。甘肃陇南、陇东、陇中地区麦蚜发生量与3—6月温度呈显著正相关，其中与6月温度关系最密切，其他月次之，温度升高麦蚜发生量增大；与3—6月降水呈显著负相关，其中陇南、陇东与5月降水关系最密切，陇中与4月降水关系最密切，其他月次之，降水减少发生量增多。

武威市蚜虫高峰期蚜量与5月平均气温、3月下旬至4月上旬日照时数相关系数分别为0.332、0.495，通过0.05显著水平检验，气温高、日照充足有利于蚜虫发展。与3—4月相对湿度、3月降水量呈负相关，相关系数分别为-0.441、-0.384，通过0.05显著水平，降水量多湿度大不利于蚜虫发展。

（2）气候变化对麦蚜发生的影响。

1）对发病面积的影响。陇南、陇东、陇中地区麦蚜虫发生面积分别由1980年的5.67万 hm^2、14.55万 hm^2、4.95万 hm^2，上升到2000年的8.8万 hm^2、49.9万 hm^2、15.5万 hm^2，呈上升趋势。其中陇南1992—2000年的9年中，严重年和偏重年出现3次；而2001—2007年的7年中，严重年和偏重年就出现了5次。可见，麦蚜虫呈现趋重趋势。凉州区、古浪县蚜虫高峰期蚜量分别由20世纪80年代后期236.0头/百株、337.0头/百株增加至90年代1396.3头/百株和688.5头/百株。达到防治指标面积（即蚜株率50%、百株蚜虫数500头）占小麦面积的比率呈指数型增长。1985—1995年的11年和1996—2002年的7年中达到防治指标面积年平均为1.41万 hm^2 和4.79万 hm^2，占春小麦种植面积的12.5%和56.0%。后一时期较前一时期年平均增加3.4倍。

2）对发生时间和繁殖世代数的影响。冬季温度升高明显，冬小麦面积扩大，对蚜虫卵越冬十分有利，越冬基数增加，为害程度加重。武威市1985年到2003年麦蚜始见期呈提趋势，距平值天数随时间基本呈线性递减，始见期提前近1个月。蚜虫开始发育时间提前，20世纪70年代平均出现在3月28日，80年代3月23日，90年代3月21日，2001—2007年平均为3月15日。蚜虫开始发育至小麦乳熟期发生代数增多，20世纪70年代平均为13.1代，80年代13.4代，90年代14.0代，21世纪2001—2007年为15.5代[18]。银川1991年枸杞蚜虫始发期在3月28日，2005年提早到3月17日，提早11天。全年蚜虫繁殖世代数由1999年的22.5代增加到2005年的25.5代，10年增加2代。

3）对地域范围的影响。麦蚜始见期、高峰期和峰期蚜量（资料年代1993—2002年）随海拔高度1500~2600m范围的升高呈明显变化（表6-4），始见期最早和最晚可相差23d，高峰期相差30d。海拔升高100m，始见期出现时间推迟2d，高峰期推迟3d。峰期蚜量总体上表现出由低海拔向高海拔增大趋势，海拔每升高100m，蚜量增加99.6头/百株。冷凉半湿润区麦蚜始见期1993—1996年平均出现在6月21日，2000—2002年平均为6月5日，高峰期由7月27日提前到7月20日，分别提前16d、7d。气候变暖，蚜虫由低海拔温和干旱区（平川区）向高海拔冷凉半湿润区（山区）迁飞的时间提前；高峰期蚜量呈增加趋势，这是蚜虫种群为了适应气候变化所产生的一种自身调节行为[108,109]。

表6-4　甘肃省古浪县不同地理种植区小麦蚜虫始见期、高峰期及峰期蚜量

监测点	海拔高度（m）	始见期（日/月）	高峰期（日/月）	峰期蚜量（头/百株）	间隔天数（d）	气候类型
海子滩	1550	21/5	26/6	175.9	35	温和干旱区
永丰滩	1680	29/5	27/6	124.4	29	温和干旱区
古浪镇	2072	9/6	18/7	441.4	36	温凉半干旱区
黄羊川	2600	13/6	26/7	1171.9	40	冷凉半湿润区

6.1.7.4　玉米棉铃虫

（1）棉铃虫发生与气象条件。

棉铃虫喜温怕湿。武威棉铃虫来年卵始见期与冬季1月浅层地温（20cm）呈显著负相关，相关系数为-0.803，冬季地温低，来年卵出现时间迟。越冬以后，卵始见期与3月平均最低温度呈显著负相关，相关系数达-0.744，最低气温高，有利于早繁殖，卵出现时间较早。2—3月降水日数、3月上中旬相对湿度与棉铃虫卵始见期有显著正

相关，相关系数分别达 0.904、0.870，卵期、蛹期相对干旱有利于卵的羽化和孵化，使卵出现早。5 月、6 月平均风速与卵始见期呈显著正相关，相关系数达到 0.714、0.764。说明此时正是一代棉铃虫向玉米转移的时期，风速约 2.0m/s 有利于成虫的迁飞、蔓延，使玉米田卵较早出现。

高峰期百穗卵量与 1 月份 20cm 地温呈显著正相关，相关系数为 0.753，冬季温度高，有利于虫卵安全越冬；与 3 月平均最低温度呈显著正相关，最低气温越低越不利于蛹羽化出土，可减少来年卵量；与 ≥10℃ 积温、7 月平均最高气温呈显著正相关，相关系数分别达 0.788、0.826，说明热量多、气温高有利于提高棉铃虫的繁殖力和生存力，使棉铃虫年发生程度重。与 2—3 月降水日数、3 月上中旬相对湿度呈负相关，相关系数达 -0.737、-0.473，水分因子抑制其发生发展。

（2）气候变化对棉铃虫发生的影响。

1）对危害程度的影响。玉米主产区武威冬季气温升高有利于虫蛹安全越冬和越冬界限北移，有利蛹的成活率和蛹量增加。春季气温回升早，羽化早，繁育和危害时间提前，危害期延长，危害程度呈加重趋势。1999 年棉铃虫在玉米田普遍发生以来，1999—2003 年连续 4 年发生程度严重，其中 2001 年发生面积最大，达到 3.12 万 hm^2，占玉米播种面积的 72.1%。

2）对繁殖世代数的影响。气候变暖，≥10℃ 积温增多，初终间日数增加，2001—2006 年较 20 世纪 70—90 年代增加 4~8 天，发生的世代数增加，棉铃虫发育起点温度约 10℃，完成 1 个世代约需积温 560℃。依此计算，20 世纪 70 年代为 5.1 代，80 年代 5.3 代，90 年代 5.4 代，2001—2007 年 5.8 代。

6.1.7.5 红蜘蛛

（1）红蜘蛛发生与气象条件。

武威玉米红蜘蛛喜温怕湿。越冬基数与 12 月上、中旬和次年 2 月极端最低气温呈显著正相关，相关系数在 0.653~0.885，均通过信度 0.01 的极显著水平检验。高峰期虫量与 7 月最高气温、极端最高气温呈显著正相关，通过 0.05 信度检验水平，温度升高，繁殖速度加快，高峰期虫量增多。与 7 月降水量、相对湿度呈显著负相关，通过 0.05 信度检验水平，降水量多高峰期虫量减少。7 月是虫量增长关键期，温湿条件是制约高峰期虫量增加的主要限制因子。

危害陇南冬小麦的麦圆红蜘蛛不耐高温、干旱。红蜘蛛发生程度与上年 9 月至当年 3 月逐月平均最高气温均呈正相关，相关系数为 0.532，气温偏高有利于红蜘蛛发生发展；与 4—8 月平均最高气温呈负相关，相关系数为 -0.532，气温偏高不利于小麦红蜘蛛发展。

（2）气候变化对红蜘蛛的影响。

1）对发病面积的影响。气候变暖，温湿条件有利于红蜘蛛的发生和蔓延。1991年前武威没有红蜘蛛发生危害，1991—1998年危害面积平均只有0.1万hm²，危害较轻。1999年开始大爆发，1999—2006年平均危害面积2.9万hm²，危害日趋严重。

2）对危害程度的影响。陇南红蜘蛛发生面积从1992年以来呈减少趋势，1992—1999年平均6.2万hm²减少到2000—2005年平均4.7万hm²。流行程度级别从3~5级降至1~3级。红蜘蛛为害主要时期4月平均气温呈逐年代上升趋势，气候变暖不利于麦圆红蜘蛛繁殖和危害。但仍处于麦长腿红蜘蛛适宜温度范围，对其发生发展有利。

6.2 农业适应气候变化的措施与评价

6.2.1 农业适应气候变化的措施

6.2.1.1 农业重大工程建设和政策措施

为加快农业结构调整进程，甘肃省提出发展马铃薯产业、蔬菜产业、果品（重点苹果）产业、中药材（当归、党参、红黄芪、甘草）产业、制种（杂交玉米种子）产业、酿造原料（啤酒大麦）产业、草食畜牧业（牛、羊）七大特色优势产业。

陕西省制定五项工程建设，即粮食单产提高工程，突出抓好小麦、玉米、水稻、马铃薯四大作物；果业提质增效工程，适度扩大苹果、红枣、猕猴桃、柑橘等种植规模；百万亩设施蔬菜工程，以改扩建日光温室和大棚为主，实施工厂化育苗，推广标准化设施栽培技术，大力发展精细菜、特色菜等商品蔬菜；畜牧业收入倍增工程，依托资源禀赋，发挥区域优势，关中主要发展奶畜产业，渭北和陕南主要发展生猪产业，陕北主要发展羊产业，形成特色鲜明的优势畜牧业产业带；区域性特色产业发展工程，因地制宜加快发展中药材、茶叶、蚕桑、水产养殖、干杂果经济林等区域性特色产业。

宁夏回族自治区制定加快三项农业示范区建设，即加快北部引黄灌区现代农业示范区建设，主攻以优质商品粮、设施温棚为主的现代农业；加快中部干旱带旱作节水农业示范区建设，主攻旱作高效节水避灾农业；加快南部黄土丘陵区生态农业示范区建设，主攻培育壮大生态农业。

6.2.1.2 农业重大配套技术措施

为加快发展优势产业，甘肃省农科部门提出确定农业"四个一千万亩工程"建设的配套技术支撑。在河东地区半干旱半湿润旱作区建设1000万亩（1亩＝667m²，下同）全膜双垄沟播玉米工程；在陇中地区建设1000万亩马铃薯脱毒种薯种植工程；在河西灌溉区建设 1000 万亩高效节水农业工程；在全省重点区域建设 1000 万亩优质林果工程。

陕西省农科部门制定粮食单产提高工程中，提出相配套的具体技术支撑。小麦以关中灌区和渭北旱塬两个区域为重点，推广小麦、玉米一体化高产集成配套技术；渭北大力发展地膜玉米；陕北重点发展地膜玉米、马铃薯和特色小杂粮产业；水稻在汉中、安康主产区全面推广旱育抛秧等增产节水技术。陕南浅山丘陵区大力发展马铃薯、玉米间作套种高效农业。

宁夏农科部门制定加快三项农业示范区建设的同时，提出发展三个农业 100 万亩，即设施农业 100 万亩，扬黄补灌高效节水农业 100 万亩，集雨补灌覆膜保墒农业 100 万亩。

6.2.2 农业种植结构调整

通过调查考察，在分析不同农业区域生态环境资源基本特点和气候暖干化及其对农作物影响基本特征的基础上，运用系统规划理论，采用气候生态相似原理，综合考虑气候变化、农业生产技术水平、经济效益、政策导向等农业种植结构调整基本原则，对西北区域不同地域提出农业种植区的调整优化方案。

6.2.2.1 陕西

（1）陕北黄土丘陵沟壑区。

该区属温和半干旱气候区，以雨养农业为主。大力发展名优杂粮、白绒山羊、大红枣为主的区域特色农业。在长城沿线风沙区适当发展红枣和山杏、大扁杏等地方特色作物；发展春玉米种植，扩大马铃薯、谷子、糜子、豆类、荞麦等耐旱作物种植面积[110]。

（2）渭北旱塬区。

该区属暖温半湿润气候区。适宜发展以苹果、奶山羊、设施蔬菜为主的渭北农业。大力发展核桃、花椒、柿子和红枣等地方特色作物。随着气温升高和种植技术提高，苹果种植北界向北推移，要扩大苹果种植，提高产量和品质。该区是重要粮食生产基地，小麦和春玉米是两大主要粮食作物，推行压麦扩秋，发展产量高的地膜春玉米，压缩冬小麦种植面积。

（3）关中平原区。

该区属暖温半湿润气候区。以奶畜、秦川牛、强筋小麦、特色蔬菜、猕猴桃为主的关中农业。扩大玉米、棉花种植面积；推广冬小麦与夏玉米一年两季生产的一体化高产集成配套技术，大力提升小麦、玉米产量水平。

（4）陕南秦巴山区。

该区属北亚热至温暖、湿润气候区。发展多种经营，建立中药材、茶叶、蚕桑、食用菌、"双低"油菜种植。大力发展丹参、山茱萸、天麻、绞股蓝、西洋参、黄姜、黄连、黄芩、桔梗等具有区域特色的中药材。建立以核桃、板栗、油桐为主的特色干杂果经济林产业基地。秦巴山区建立优质茶叶和蚕桑示范种植基地。陕南平坝推广水稻油菜一体化栽培技术；在山区压缩小麦面积，扩大马铃薯、玉米间套面积。在汉中、安康主产区扩大水稻面积。

6.2.2.2 甘肃

（1）河西走廊区。

该区属温热至冷凉、极干旱至半湿润气候区。海拔在1000~2600m。大多是绿洲灌溉农业。粮食作物中减少春小麦、增加玉米面积，稳定马铃薯面积。在稳定粮食作物面积的前提下，适当扩大棉花、甜菜等经济作物面积。大力引进扩大啤酒大麦、啤酒花、酿酒葡萄、甘草、制种玉米等特种作物面积。种植业结构从二元结构向粮、经、饲三元方向转变，发展人工牧草，加快草食类畜牧的发展，提高畜牧业在农业中的比重。发展复合生态农业、"阳光农业"、高效农业，节水型、高科技型、加工主导型农业的沙草产业，建成我国优质商品粮和优质特种作物基地。夏粮、秋粮、经作、饲草种植比例如表6-5。

（2）陇中黄土高原区。

该区大多属温和温凉、干旱半干旱气候区。以雨养农业为主。属农牧交错地带，其荒山、荒坡、荒沟要退耕还草，发展天然牧场；条件较好的地域可种植人工牧草，积极发展畜牧业，提高其产值的比重。南部要以发展林牧为突破口，压夏扩秋，压缩春小麦面积，扩大冬小麦以及马铃薯、谷子、糜子、胡麻等耐旱作物面积，大力发展百合、花椒、当归、党参、黄芪等地方特色作物，走农林牧综合发展的道路。夏粮、秋粮、经作、饲草种植比例如表6-5。

（3）陇东黄土高原区。

该区大多属温和、半干旱半湿润气候区。以雨养农业为主，是甘肃重要产粮区。在粮食作物中稳定冬小麦面积，扩大玉米面积，发展豆类、马铃薯和糜、谷等抗旱性强的作物。扩大冬油菜、胡麻等经济作物种植面积，大力发展地方特色作物如黄花菜、烤烟等支柱性种植业。大力发展具有粮、油、果、菜、烟、药等各种产品优势的创利、创汇的新型种植农业。夏粮、秋粮、经作、饲草种植比例如表6-5。

表6-5　甘肃省不同区域农业种植结构调整优化方案

区域	农业种植区	夏粮、秋粮、经作饲草种植比例	区域	农业种植区	夏粮、秋粮、经作、饲草种植比例
河西走廊区	走廊沿沙漠棉花粮食区	2：2：5：1	陇东黄土高原区	中南部粮食经作区	3.5：4：1.5：1
	走廊中东部粮食经作区	3：3：2.5：1.5		西北部杂粮胡麻畜牧区	3：5：1：1
	走廊南部浅山粮食油料畜牧区	5：2：2：1		子午岭林业粮食经作区	2.5：5：1.5：1
陇中黄土高原区	北部粮食经作畜牧区	3：4：2：1	陇南山地丘陵区	岭南山地粮食经作林业区	3.5：5：1：0.5（河谷川坝区） 3：4.5：2：0.5（半山区） 2：4：2：2（高山区）
	东部粮食胡麻畜牧区	3：4：2：1		微成盆地粮食蔬菜经作区	3：4.5：2：0.5
	西南部二阴山地粮食经作畜牧区（临夏州片）	4：4：1：1		北部粮食经作蔬菜林业区	4：4：1.5：0.5
	西南部二阴山地粮食经作畜牧区（洮岷山区）	2：4：3.5：0.5			

（4）陇南山地丘陵区。

该区属北亚热至温凉、半干旱至湿润气候区。以雨养农业为主。本区地形大体上可分为两大部分：秦岭以南白龙江、西汉水等长江流域为土石山区。该区应走农林牧综合发展的道路，增大林业、多种经营在整个农业中的比重。稳定冬小麦、扩大玉米和马铃薯面积，扩大蔬菜和茶叶、橘子、花椒、油橄榄、板栗、党参等地方特色作物面积。陇山、西秦岭之间的黄土丘陵沟壑区和河谷川坝区，该区以粮食为主，稳定冬小麦、扩大玉米和冬油菜面积，适当发展蔬菜和苹果、桃、大樱桃等经济果树；山区要农林牧并重，建立饲草基地，发展畜牧业，积极发展经济林木和地方特色作物。夏粮、秋粮、经作、饲草种植比例如表6-5。

6.2.2.3　宁夏

（1）北部引黄灌区。

该区属温和干旱气候区。主攻以优质商品粮、设施温棚为主的现代农业。在稳定粮食生产的基础上，重点抓好枸杞、牛羊肉、奶牛、设施蔬菜、酿酒葡萄等优势特色产业。扩大玉米种植面积，减少春小麦面积，扩大冬小麦面积，发展麦后复种，实现一年两季生产。扩大水稻面积，增大水稻晚熟品种比例，增多旱直播稻。

（2）中部干旱带。

该区属温和干旱半干旱气候区。重点发展滩羊和抗旱性强的特色农产品，积极发展以小杂粮为主体的避灾农业。有灌溉条件的杨黄灌区、库灌区扩大玉米种植。枸杞适宜区向中部干旱带扩展，适当扩大种植面积。扩大马铃薯、谷子、糜子、豆类等耐旱作物种植面积。

（3）南部黄土丘陵区。

该区属温凉半湿润气候区。重点发展草食畜牧业和马铃薯产业。压缩春小麦面积，扩大冬小麦面积。在黄土丘陵区发展玉米生产，在该区的月亮山—南华山—六盘山沿线的高海拔山区及隆德、泾源阴湿地区热量资源不足，不宜发展种植玉米。扩大马铃薯、谷子、糜子、豆类等耐旱作物种植面积。

6.2.2.4 青海

（1）东部农业区。

该区属温凉、冷凉半湿润气候区。在脑山（青海方言，指像脑袋形状的圆形山）和半浅半脑地区扩大油料种植面积，建立优质高产油菜基地；乐都、民和、贵德、循化等地扩大冬小麦面积，实施作物间套种和复种技术；利用温室、温棚大力发展反季节蔬菜规模生产；发展和壮大花卉种植业，如大通县等地发展繁殖郁金香种球；扩大特色经济作物的种植比重，如贵德长把梨、乐都杏、循化两椒、薄皮核桃等产品。

（2）全省。

青海是一个畜牧业大省。要加快畜牧业优势产业结构化进程，增大畜牧业对农业经济增长率的拉动力；林业产值要快速增长，使退耕还林的生态效益得以体现。增大牧业和林业产值的比重，减少农业产值。扩大春油菜、马铃薯、蚕豆、药材、花卉、蔬菜等特色经济作物的种植。减少粮食作物种植面积。扩大中藏药、特色果品、牛羊肉、绒毛等特色产业。柴达木盆地春小麦垦区扩大枸杞种植面积。

6.2.3 农业气候资源综合开发利用技术

6.2.3.1 陕西

陕西在粮食生产中突出抓好小麦、玉米、水稻、马铃薯四大作物，实施种子工程、测土配方施肥工程、植保工程和实用技术推广。冬小麦以关中灌区和渭北旱原两个区域为重点，发展优质专用小麦。结合气候变化关中灌区推广适时晚播、机械条播、氮肥后移、早冬灌技术，渭北旱原推广旱作节水技术。玉米以关中夏玉米和渭北、陕北及高寒山区春玉米为重点，推广紧凑耐密型品种和配套高产栽培技术，加大地膜玉米推广力度，稳步增加关中夏玉米种植面积，着力提高陕北、渭北春玉米生产水平，调整渭北种植模式。在汉中、安康主产区全面推广水稻旱育抛秧等增产节本技术。马铃薯在陕北主产区扩大种植面积，普及脱毒种薯、地膜覆盖、高垄栽培三项关键技术，建设高标准丰产栽培示范区，推广模式化规模种植。2007 年粮食播种面积 310 万 hm²，总产 1067 万 t，单产 229kg，较 2004 年增加 44kg。其中小麦面积 104.67 万 hm²，总产 357 万 t，种植区域进一步向关中、渭北优生区集中，面积和产量分别占全省的 83.5% 和 88.9%，单产较全省平均水平高出 11kg；玉米面积 106 万 hm²，总产 499 万 t，单产 313kg；水稻面积 10.8 万 hm²，总产 67 万 t，单产 413kg。

果业提质增效适度扩大规模，加强新品种选育和良种苗木繁育，加快老果园更新换代。在苹果生产上着力推行"大改形、强拉枝、巧施肥、无公害"四项关键技术，同时优化生产布局，在果业气候区划和光热分析论证的基础上，适度向北扩展苹果种植，积极发展山地苹果，在渭河以北形成苹果集中产区；在黄河沿岸和无定河流域形成红枣集中产区，在秦岭北麓形成猕猴桃集中产区，在秦岭南坡浅山地带形成柑橘集中产区。在冰雹灾害频发地区加快建设果园防雹网。不断提高果业防御自然灾害的能力，鼓励果农实施果实套袋、果园种草和机械化作业。2009 年，陕西全省猕猴桃面积达到 3.834 万 hm²，产量 50 万 t，形成了以周至、眉县为核心的猕猴桃优势产业带，成为全国连片规模最大的猕猴桃生产基地，成为猕猴桃产区农民增收的主要途径。

6.2.3.2 甘肃

研究认为，年降水量 350～400mm 为农牧分界线。在年降水量 400mm 以下地域，因地制宜，荒山荒坡荒沟实行退耕还林草，以牧为主，农林业为辅。种植业以耐旱作物和品种为主，如谷子、糜子、荞麦、莜麦、豆类、胡麻、马铃薯等作物。种地与养地相结合，重视发展沙草产业。在年降水量 400～550mm 地域，要实施农林牧比例协调综合发展，种植业可多种耐旱作物和品种，秋收作物的比例大于夏收作物。年降水量在 550mm 以上的地域，以农为主，林牧为辅，秋粮作物与夏粮作物比例要协调。

要大力发展地方特色农业和特色作物。利用当地特有的土壤、气候条件，调整作物结构，发展特色农业，生产特色农产品。如油橄榄、黄花菜、百合、蕨菜、木耳、黑瓜子、啤酒大麦、啤酒花、酿酒葡萄、药材、瓜果、甜菜等。特色农业要走专业化、规模化、产业化的路子，建立有地方特色的农产品品牌，提高农产品的知名度，扩大产品的外销量。

要大力发展草地畜牧业。我国的主要牧区几乎全部集中在西部地区，大多在干旱半干旱区，畜牧业有很大的发展潜力和空间。这些地区要加强草原建设，增加人工牧草和改良草场面积；引进优质牧草，发展草业；采用畜产品的先进加工技术，创办现代化的畜牧产业。在农区也要建设人工牧草基地，大力发展畜牧业。甘肃省酒泉、定西等地发展牧草基地，已成为当地支柱产业之一，就是成功的范例。

6.2.3.3 宁夏

调整作物播期，在变暖、变长的生长季，春小麦等提前播种和收获可以避开或减少盛夏的高温、干热风等灾害，提高产量。宁夏小麦播种期由 3 月上旬普遍提早到 2 月下旬，生育期提早 10 天。玉米播种期近年来也有所提早，但由于玉米苗期不耐冻，且气候变化后异常低温霜冻天气并没有明显减少，因此玉米播种不宜过早。水稻育秧、插秧可以适当提早到 5 月上旬，但目前受灌溉条件限制，水稻插秧期普遍在 5 月中旬，极大地浪费了热量资源。因此，灌区冬小麦春季灌溉时间应相应提早，以安排水稻插秧的季节能适当提早 5~7 天，对提高水稻产量和品质十分有利。中南部大部分地区马铃薯适当播期提前，单产可提 10%~15%，最高可达 60%，越到南部产量提高幅度越大。提高复种指数，热量资源的增加和可利用生长季的延长为提高农作物复种指数提供了条件。在小麦生产上，可由春小麦套种玉米逐渐改为冬小麦复种玉米，冬小麦复种早熟插秧稻，即冬小麦复种玉米或插秧稻—春小麦套种玉米的两年轮作和倒茬，实现一年两茬，大幅度提高作物产量。此外，还可以尝试多种方法提高复种指数。如移动式大棚蔬菜—玉米轮作、麦后复种蔬菜等。

6.2.3.4 青海

青海东部地区具有较丰富的热量资源，充足的光照，并拥有一定的水资源，要提高气候资源利用效率：①在浅山和半浅山地区扩大油料种植面积，建立优质高产油菜基地；②乐都、民和、贵德、循化等地是冬小麦适宜种植区，扩大种植面积不但提高小麦产量和品质，而且还提高复种指数；③在民和、贵德、循化等地热量资源相对丰富的地区，实施作物间套种和复种技术，提高土地利用率，增加经济效益；④利用温室、温棚大力发展反季节蔬菜规模生产，充分利用该区光照资源丰富的优势；⑤发展和壮大花卉种植业，如在大通县等地发展繁殖郁金香种球是较佳的地区；⑥扩大特色经济作物的种植比重，如贵德长把梨、乐都杏、循化两椒等产品；⑦在东部地区实施集雨工程，充分利用 7—9 月雨季的降水，是解决东部干旱山区水资源短缺的有效途径。

青海的农业为三分川七分山。山旱地的丰欠制约着全省农业大局，发展农业的难点和增长点都在山旱地区。发展旱作节水农业具有十分重要意义和广阔的前景。①狠抓农田水利基本建设。一是在能够发展灌溉农业的地区，建设水利工程；二是在东部干旱山区实施集雨补灌工程；三是在不具备灌溉条件的山旱地，兴修水平梯田，实施小流域综合治理；②大力推广综合旱作农业技术。大力推广地膜覆盖、沟播、分层施肥、机械深翻、深松、点播以及节本增效工程技术；③积极选用耐旱作物和品种的选育和推广。马铃薯、胡麻、豆类具有较强的耐旱能力。

青海农业持续发展战略具体措施。①通过发展节水高效农业，减轻粮食供需压力东部农业区和西部绿洲农业区要实行节水灌溉；旱作农业实施集雨节灌、山旱地综合治理农田水分调控等多种措施；②要尽快提高畜牧业在农业和国民经济中的地位。切实做好天然草地的保护与改良工作；大力发展农区畜牧业；建立人工饲草料基地；加强良种化建设和规模化生产；③扶持和加速农牧业产业化进程。如春油菜籽、蚕豆、中藏药、牛羊肉、绒毛等特色产品；④农牧业生产要与生态环境协调发展。要重视"三江源"地区畜牧业生态保护和治理；认真落实退耕还林草工程；严格控制扩大耕地面积；建立农牧业区生态保护性林业体系。

6.2.4 实施集雨节灌农业

经过多年研究与探索，农业与工程专家探索出了"坝、窖、池"联用的集雨模式，即在沟道里建设水保塘坝，以山坡为集流场大量收集雨雪水，然后，再利用高差自流蓄积到大型蓄水池中澄清，接着再用水泵加压分流到农家饮水窖或地头生产窖内，全面提高了用水保证率。通过"坝、窖、池"联用收集雨雪水，不仅稳定解决了饮水问题，还发展了窖水灌溉经果林、蔬菜种植等。

据测算，半干旱半湿润地区降雨在地面的分配比例大致是：20%～35%形成初级生产力，60%～70%为无效蒸发，10%～15%形成径流流失。采用集雨节灌技术，可以把降雨径流的1/2～1/3收集起来供灌溉利用。一般情况下，$100m^2$面积的硬化集流场或道路、场院、屋面等场地，在日降水量为10～25mm（中雨）时，每10mm降水可分别集水3～$5m^3$或6～$8m^3$。从不同年降水量的集水深度以及集水深度供给人畜饮水和补灌的综合研究得出，半干旱半湿润气候区在年降水量300～800mm地域推广集雨节灌技术具有普遍意义，在年降水量400～700mm地域推广该项技术的有效性最为显著。

陕西省近五年累计修建水窖46.5万眼，发展集雨节灌面积7万hm^2。陕西各地在水窖建设中坚持三个结合："人饮与灌溉结合、与产业结构调整和扶贫开发工作重点村结合"。安康市从1998年以来，全市新建水窖26万眼，新增窖灌面积3.6万hm^2，解决了10.4万人的饮水困难。目前已建成百窖乡334个，千窖村660个，千窖乡24个。

甘肃省1995年开始实施"121"集雨节灌工程以来，共建成集雨水窖（池、塘）297万眼（处），蓄水能力达到8173万m^3，解决了253万人的饮水困难。其中定西市到2007年底，雨水集流工程累计达到14万户，建成混凝土集流场1030万m^2，不仅解决了干旱山区76万人、380多万头牲畜的饮水困难，还发展庭院经济8万多处。白银市在38个乡镇、213个村建成雨水集流工程3.7万户，修建水窖3.7万眼，建成混凝土集流场323.93万m^2，解决了干旱山区10.47万人、27万头牲畜的饮水困难。

1995年以来，宁夏回族自治区政府实施"生命工程"，实施集雨节水灌溉工程建设，中部干旱带和南部山区打井打窖42×10^4眼，集流补灌面积发展到2.33万hm^2，占旱作耕地面积的5%。到2011年，新增集水补灌地膜西瓜甜瓜、地膜玉米、马铃薯、向日葵、中药材等特色优势作物面积 3.87 万 hm²，增加了 1.53 万 hm²。探索出"坝、窖、池"联用的集雨模式，即在沟道里建设水保塘坝，以山坡为集流场大量收集雨雪水，然后利用高差自流蓄积到大型蓄水池中澄清，接着再用水泵加压分流到农家饮水窖或地头生产窖内，全面提高了用水保证率。通过"坝、窖、池"联用收集雨雪水，不仅稳定解决了饮水问题，还发展了窖水灌溉经果林、蔬菜种植等。另外，开展了"宁南山区水窖新型集雨场"试验，研制出了一种用聚丙烯塑料做成的集雨布。

在半干旱半湿润地区每户确保一个面积为 100～200m² 的雨水集流场，配套修建 2 个蓄水窖，富集雨水 50～100m³，在解决人畜饮水困难的同时，发展 666.7m²（1 亩）节灌面积的庭院经济或保收田，即甘肃省委、省政府倡导的"121"集雨节灌工程，效果非常好。这一工程被国际雨水集流系统协会认为是人类社会在水利建设领域的一项创举，并荣获世界水论坛特等奖。该项技术具有强大的生命力和显著的生态、社会和经济效益。它不仅适用于我国半干旱半湿润地区，同时对全世界面临同样缺水问题的国家和地区具有重要的借鉴意义。

6.2.5　提高旱作农田土壤水分利用效率

黄土高原旱作农业区，作物用水的主要来源是自然降水。该区土壤质地良好，土层深厚，结构疏松，对水分具有良好的渗透性、持水性、移动性及其相对稳定性的特征和吐纳调节功能，素有"土壤水库"之称。开发好土壤水库是提高水资源利用率的关键。经测算，黄土高原 200cm 土层内可容纳 564～664mm 的水分。但是在正常年份 200cm 土层土壤水库平均贮水量只有 230～280mm，只占库容量的 4～6 成。在雨季可容纳 600～650mm 的降水量，全年可接纳 800mm 或以上的降水量，承载量很大。可以发挥土壤水库中季节间的调节作用，使"伏雨春用"、"春旱秋抗"。深层的土壤水分对旱地作物供水是十分重要的，因为降水入渗深度达 2m，甚至更多，而且 60～100cm 以下的深层贮水，具有更高的稳定性和有效性。当降水补给得不到满足时，可以发挥土壤深层贮水的调节作用。因此，麦收后应采取增加蓄水能力的综合农业生产措施。土壤贮水量是旱作区小麦生产力的最重要因素。试验表明，在降水正常年份，冬、春小麦土壤水分的生产力分别为 0.85kg/mm 和 0.75kg/mm。由此可见，旱作小麦仍有很大的生产潜力。

要采取增加土壤水库库容的各种措施。①深耕：能起到提高土壤孔隙度和降水入渗速度，达到多蓄降水的目的；②早秋耕：在北方旱地农业区秋季作物收获后，应早秋耕蓄纳秋雨；③耙耱保墒：在黄土高原旱作区推广"三耙三耱"达到抑制土壤水分蒸散，提高持水能力。

6.2.6 农业节水灌溉技术

农业节水措施分为工程节水、农艺节水和科学用水管理等方面。在节水灌溉技术方面采用：①喷灌技术：可省水 30% ~ 50%，粮食作物和经济作物采用喷灌比一般沟灌增产 20% ~ 30%，蔬菜可增产 1 ~ 2 倍；②滴灌技术：比喷灌省水 15% ~ 25%，为地面灌溉用水的 1/4 ~ 1/5。与地面灌溉相比，粮食作物可增产 30% 左右；③渗灌技术：具有灌水质量高，能很好保持土壤结构，避免地表板结；蒸发损失少，较能稳定地保持土壤水分，节约灌溉水量；少占耕地，便于机耕，灌水效率高等优势。

地面节水灌溉技术主要确定合理的灌溉定额、灌溉时间及次数，以便把有限的水资源用在关键时期。①小畦"三改"灌水技术：在灌溉时，把长畦改短畦，宽畦改窄畦，大畦改小畦的灌溉方式。可节水 30% 以上，增产 10% ~ 15%；②长畦分段畦灌技术：省水 40% ~ 60%，灌溉效率提高 1 倍以上；③宽窄式畦沟结合浸润灌技术：适宜间作套种作物"二密一稀"种植的畦、沟相结合式的灌水方法，使畦田和灌水沟相间交替更换。优点是灌水定额小，次数少 1 ~ 2 次；④封闭式直形沟沟灌技术：沟灌技术不但能节水，还能防止土壤表层板结等优点。

掌握作物需水规律浇好关键水。禾谷类作物，自穗分化至抽穗期是需水的临界期，这一时段缺水对产量影响最大，其次是开花至灌浆期，这两个时段进行灌水就能提高水的利用效率。选用优化灌溉技术，通过多次试验，适当压缩灌溉次数和灌溉量，减少水分的无效消耗，达到用水少、产量高的效果。建立节水灌溉制度，制定适时适量灌水的具体方案，充分发挥水对作物生长环境的调节作用，收到增产、节水、节能的综合经济效益。采用精准农业中的精准灌溉管理系统，以便提高农业用水的有效性和单位面积产量。

针对气候变暖对农业造成的用水紧张等问题，青海省积极发展节水农业，努力提高农业水分利用效率。海东地区大力发展农业节水灌溉，全区亩均灌溉用水量由 2005 年的 300m³ 下降到 2008 年的 280m³；灌溉水利用系数由 2005 年的 0.35 提高到 2008 年的 0.45；2008 年农业节水量达 2740 万 m³，为全区调整农业产业结构、发展优势特色农业战略的顺利实施提供了有力保障。海东地区各县还大力推广以全膜覆盖技术为主的旱作节水农业，有效解决了"集雨、保墒、增温"三大问题，实现了由被动抗旱向主动抗旱、由传统抗旱向科技抗旱的转变，使之成为浅山干旱山区农业增效、农民增收的一条新路子。

宁夏以黄河水为水源的引黄、扬黄灌区，要做好渠系防水、防渗的各项工作，研究各类作物的需水规律，科学调度水资源，既要保证作物关键期不缺水，又要减少大水漫灌过多和时机不适宜造成的水资源浪费、地下水位升高和土壤盐渍化。中部干旱带和南部山区采取水库、水窖在丰水期蓄水，干旱期开展补灌，最大限度地利用现有水资源的再分配，使作物能顺利度过干旱期，达到稳产的目的。南部山区许多水库已年久失修，水库库容严重下降，对山区水库进行清淤和加固，提高川台地农业灌溉的用水保障，抵御异常降水造成的水毁事故，保障人民的生命财产安全是水利上应对气候变化的关键举措。

6.2.7　地膜覆盖技术

覆膜技术在大旱之年土壤缺墒无法播种的情况下效益十分显著。地膜玉米平均亩产比露地玉米增产 88.3%；冬小麦膜侧种植平均亩产比常规种植每亩增产一倍多；秋覆膜在一般年份种植马铃薯比春覆膜增产 30% 左右，种植玉米增产 20% 以上，种植西瓜增产 30% ~ 40%，春旱年份可增产一倍以上。

旱作地膜带田是集增温保墒、集水调水、边行优势等农田小气候效应和作物高低空间层带性、生长时间演替性、不同品种性状差异互补性等生态效应于一体的高效综合丰产栽培技术。地膜带田具有节水调水效应。越冬期覆膜麦田 100cm 土层内含水量比单作麦田多 28 ~ 32mm，土壤湿度高 1.1% ~ 3.0%。玉米带覆膜田，100cm 土层内含水量比单作田多 30 ~ 40mm，土壤湿度高 1.5% ~ 3.5%。当过程降水量在 15mm 以上时，覆膜地带给相邻地带增水 75% 左右，而且降水量越大，其调水量越多，基本上实现两带降水一带用。

旱作小麦—玉米地膜带田，比对照单作小麦和单作地膜玉米增产 41% ~ 163%。水分利用率为 1.02kg/mm，比单作小麦水分利用率 0.58kg/mm 和单作玉米 0.99kg/mm 分别高 76% 和 3%。在年降水量 450 ~ 600mm 半湿润区，$\geqslant 10℃$ 积温 2200 ~ 3000℃ 的温和区，采用地膜覆盖在保墒增温方面作用更大，效益显著。近年，在甘肃陇东地区推广全膜双垄集雨沟播为主的旱作农业综合新技术，从根本上解决了在春旱严重的情况下保墒保苗和增产增收的难题。

甘肃省黄土高原区年降水量在 300 ~ 600mm，大多属半干旱半湿润气候区。该地区以旱作农业为主，经过 10 年的试验示范，在全省大力推广全膜双垄沟播玉米或马铃薯的旱作农业新技术。在覆盖方式上由半膜改为全膜，在种植方式上由平铺穴播改为沟垄种植，在覆盖时间上由播种时覆膜改为秋覆膜或顶凌覆膜，即先在田间起大小双垄，用地膜进行全覆盖。不但起到大面积保墒作用，还能形成自然的集流面，使有限的降水被沟内种植的作物有效吸收，从而形成了地膜集雨、覆盖抑蒸、垄沟种植为一体的多种抗旱保墒新技术。试验示范表明，年降水量在 250 ~ 550mm、海拔在 2300m 以下的地区，为农作物生长创造一个良好的小环境。采用这种新技术种植玉米比相同条件下的半膜平覆增产 35% 以上，种植马铃薯比露地栽培增产 30% 以上，增产效果非常显著。目前，全省推广面积达 33.33 万 hm²，它将大大提高旱作农业的集约化水平和土地产出率。覆盖抗旱技术方面除地膜覆盖以外，还有秸秆覆盖、有机物覆盖以及甘肃中部地区的砂砾覆盖等栽培技术。达到减少农田蒸散保住土壤水分，提高产量的目的。

实验研究表明：地膜覆盖具有较好的保水、增温和增产效果。以相同条件的地膜处理和露地对照比较，马铃薯营养生长阶段地膜耕层土壤含水量比对照提高 5% ~ 10%；5cm 地温提高 2~3℃，10cm 地温提高近 2℃，单产增加 20% ~40%。由于存在秋季降水增加，春夏季降水减少的气候趋势，大力推广秋季覆膜技术，减少冬春季土壤水分的无谓蒸发，可更进一步提高地膜覆盖的效能，增加春季作物抵御干旱的能力，提高、稳定作物产量。在地膜覆盖栽培中，要考虑在适宜的时机揭膜，以便夏季降水能顺利入渗，为后期生长积蓄水分。地膜马铃薯后期揭膜还有利于降低开花结薯初期高温天气的不利影响。

6.2.8 发展设施农业

所谓设施农业，是通过采用现代农业工程技术，利用人工建造的设施，通过人工调控，改变自然环境，为种植业和养殖业、微生物（食用菌）、水产生物以及产品的储藏保鲜等提供相对可控制，甚至最适宜的温度、湿度、光照、水肥等环境条件，而在一定程度上摆脱对自然环境的依赖进行有效生产的农业，以获得速生、高产、优质、高效的农产品的新型农作方式。目前，已由简易塑料大棚、温室发展到具有人工环境控制设施的自动化、机械化程度极高的现代化大型温室和植物工厂。它具有两大优势，一是能充分利用太阳光热资源，减少环境污染；二是在一定程度克服了传统农业在外界环境（主要是气候条件）和资源（土地、水、热）等方面难以解决的限制因素，加强了资源的集约高效利用，从而大幅度提高了农业系统的生产力，使单位面积产出成倍乃至数十倍地增长。设施农业打破了传统农业地域和时季的"自然限制"，具有高附加值、高投入、高技术含量、高品质、高产量、高效益、无污染、可持续发展等特征。

温室、塑料大棚、小拱棚不但有增加热量的功能，在抗旱中也发挥了明显的作用。特别是它为高产的庭院经济发展提供了技术条件。温室和塑料大棚在节约用水效益方面非常显著。一般情况下用水可以节省一半，但产量翻一番还多。尤其小拱棚在春季多风季节不但起到保护土表，还能减少土壤水分蒸发，防御干旱产生显得尤其重要。

加快发展设施蔬菜产业，丰富城乡居民生活，充分利用陕北、渭北丰富的光热、土地资源，加大日光温室建设，关中改扩建日光温室和大棚，陕南汉中盆地、月河川道和丹江流域发展大棚早春和秋延蔬菜的种植。实施工厂化育苗，推广标准化设施栽培技术，大力发展精细菜、特色菜等商品蔬菜。2007 年全省蔬菜面积 36.87 万 hm^2，产量 928 万 t，产值 157.6 亿元，占农业总产值的 25%。蔬菜种植面积超过 0.67 万 hm^2 的生产大县达到 20 个，产值过亿元的生产大县达到 33 个。在蔬菜总面积中，保护地面积 9.2 万 hm^2，占蔬菜种植面积的 25%；日光温室和大棚等固定设施面积 2.47 万 hm^2，占全省蔬菜种植面积的 6.7%。

　　"十五"以来，青海省把发展设施农业作为农业结构调整的重要突破口，作为一项重要的产业来扶持和培育，积极营造"温棚经济"。引导农民调整温棚种植结构，做到"宜菜则菜，宜菌则菌，宜花则花，宜果则果"，棚内种植的农作物呈现出以蔬菜为主，食用菌、花卉、特色果品并重的格局。截至 2008 年年底，全省共建成日光节能温室 11.23 万栋，温棚栽培净面积 0.416 万 hm²，设施面积达到 1.04 万 hm²。全省蔬菜总产已达到 105 万 t，设施农业占蔬菜总产量的 28.57%。2008 年全省蔬菜自给率达到 57%，比 2000 年的 46% 提高了 11 个百分点。2008 年全省设施农业收入达到 4.5 亿元，占种植业收入的 10%。通过发展设施农业，实现了一季生产向多季生产、一季增收向四季创收的跨越。初步形成了川水地区为主的温室产业带，温室建设的范围不断扩大。由西宁周边地区向州府城附近发展，由川水地区向浅脑山地区发展，由农区向牧区拓展，玉树藏族自治州曲麻莱县在海拔 4200m 的地区种植温室细菜成功，开创了在高海拔地区设施农业建设的先河。

　　宁夏气候干旱，水资源短缺，但年日照时数长，光热资源丰富，加上气候变暖最主要季节是冬季，发展设施农业条件相对优越。2007 年，宁夏出台了《宁夏百万亩设施农业建设发展规划》，到 2011 年新增设施农业 6.67 万 hm²，其中中部干旱带和南部山区发展 3.33 万 hm²，达到户均 0.067hm²。全区设施农业面积迅速增加，规模不断扩大，截至 2009 年 11 月，宁夏设施农业总面积达到 5.63 万 hm²，从业人员达 60 万以上。生产的农产品 70% 销往外省区及国际市场。宁夏中南部地区发展设施农业以来，土地的产出效益增加了数倍乃至几十倍。设施农业布局由以灌区为主向山川并重发展；设施建设类型由以日光温室为主，向日光温室、大中拱棚、喷灌、滴灌、集雨补灌、覆膜保墒并重转变；设施结构上，引黄灌区以日光温室为主，中部干旱带和南部山区以拱棚为主；设施生产的品种由以设施蔬菜为主，向设施园艺、花卉、瓜果、食用菌等多领域扩展；实现了冬覆盖—春提前—夏排开—秋延后的循环生产，设施建设质量和生产水平得到大幅提高。2009 年设施蔬菜总产量达 160 万 t，总产值达 18 亿元。全区 80% 新建温室和拱棚符合规范化建设标准，85% 的设施农产品生产基地通过了无公害、绿色食品认证。全区日光温室亩产值达到 1.5 万 ~2 万元，大中小拱棚达到 5000 ~8000 元。

6.2.9　推广良种繁育

　　面对气候变暖，选择抗热、抗旱的新品种、杂交品种和品种多样化为重要的适应对策。培育产量潜力大、品质优良、综合抗性突出和适应性广的优良动植物新品种。改进作物和品种布局，有计划地培育和选用抗旱、抗涝、抗高温、抗病虫害等抗逆品种。面对变暖变干，选择抗热、抗旱的作物新品种、杂交品种，育种时还要考虑到病虫害的变化趋势对未来作物品种的影响，选育抗病、抗虫作物品种，注重培育和筛选延长生育时间的中晚熟品种；同时，要兼顾作物品种多样化，作为重要的适应对策。小麦品种注意提高抗干热风、抗病虫的能力。水稻注重中晚熟插秧稻抗御低温冷害和稻瘟病的培育，发展成熟期较短的水稻早熟品种，以便能在冬小麦收获后复种水稻，达到一年两熟的目的，提高资源利用率。玉米要注意抗旱、矮秆、抗病虫品种的选育，以适应山区干旱气候。马铃薯可注重生长前期抗旱能力强，开花期抗高温能力强的品种选育，可大幅度提高马铃薯的产量和高产稳定性。

6.2.10 农业病虫害防治

6.2.10.1 完善农作物病虫害监测评估预警体系建设，提高精准优质预报服务

气象部门加强农作物病虫害监测评估预报服务系统建设，确定病虫危害的农业气象指标，建立具有较好农业和生物意义的不同阶段的预测模型和预报方法，建设具有针对性强、有效服务功能的病虫害综合业务服务产品系统，为决策部门和社会用户提供精准的优质服务。

加强和完善农业有害生物监测预警五级体系基地建设，以省级预警中心为龙头，市县级区域测报站为骨干，乡村级观测调查点为基础的监测预报预警网络，及时准确监测预报农作物病虫害的发生发展趋势。加强和完善以省级植物检疫站为中心，市县级植物检疫站为基础的较完整的植物检疫体系建设，提高突发性重大病虫害的灾变预警能力。

6.2.10.2 建立防治农作物病虫害管理生产新模式和配套技术适应气候变化

受气候变暖影响，我国日最高和日最低气温都将上升，冬季极冷期可能缩短，夏季炎热期可能延长，高温热害、干旱等愈发频繁。因此，在重灾区和多发区要创建农作物病虫害防治管理新模式，建立一整套配套技术适应气候变化。

采取综合治理与农业、化学防治相结合的措施。一要建立综合防治体系；二要坚持综合治理方针；三要加强农业防治，选育产量潜力大、品质优良、综合抗性突出、适应性广、抗病虫能力强的优质良种，防治马铃薯晚疫病要建立无病留种地和选用无病种薯，深翻灭茬和轮作倒茬，改进栽培措施，加强田间管理；四要加强病情监测，发现中心病株立即拔除销毁并重点药剂防治；五要做好化学防治，采用药剂拌种、农药综合防治等。

6.2.10.3 针对不同气候类型以及不同气候年型调整作物种植结构和比例

气候变暖干，极有利于喜温喜干的蚜虫、玉米棉铃虫等发生发展，要压缩高危病区寄主作物的种植比例；气候变暖有利于喜温的马铃薯晚疫病、玉米红蜘蛛等发生发展，要适当压缩高危病区寄主作物的种植比例；对于喜凉的小麦条锈病、小麦吸浆虫、小麦白粉病等发生发展有一定的抑制作用，可适当扩大高危病区寄主作物的种植比例。

这样有利于提高品质、产量和效益。

不同病虫害喜欢不同的气候类型。对低海拔、低洼地和平川区的温暖温热气候类型，要加强防范高温对高危病区作物的危害，通过调整播种期和适时灌溉等措施，躲避高温时段病虫害发生高峰期对作物的危害；高纬度和高海拔的冷凉气候类型地区，适当扩大喜温病虫害作物种植比例，如春小麦、马铃薯等作物。

气候虽然呈持续变暖趋势，但在增暖的大背景下也会出现低温年份。不同气候年型对不同属性的病虫害发生影响较大，应根据不同气候年型及时准确地调整作物种植结构和种植比例，在低温气候年型应提高喜温的病虫害寄主作物的种植比例；增暖气候年型正好相反。这样，才能确保各种作物平衡发展、高产稳产，农民增产增收。

6.2.10.4　制定精细化农作物病虫害综合农业自然资源区划，确定精准高危病区范围重点防治

受气候变化影响，农作物病虫害高危病区的地域范围也发生了变化，加之以往很少开展农作物病虫害精细化综合自然资源区划，从实际出发，充分利用气候和自然资源优势，划分出每一"网格点"农作物病虫害高危病区的地域范围，具体区域可精细到一千米，每个村落。气象与农业部门密切配合，确定农作物病虫害区划指标体系，采用"3S"技术，即地理信息系统、遥感技术、全球卫星定位系统进行客观性和定量化标准制作"精细化农作物病虫害综合农业自然资源区划产品系统"，确定精准农作物病虫害高危病区的地域范围，为农作物病虫害防治提供科技支撑。

6.3　未来气候变化对农业的可能影响与适应对策

6.3.1　未来可能的影响

未来气温持续增暖情况下，特别是冬季最冷月平均气温、最低气温升高，农耕期积温增多，热量资源增加，作物生长季延长，有利于冬小麦等喜温作物面积扩大和复种指数的提高。但同时气候变化导致春小麦产量将可能下降，农业气象灾害频发，传统农作物适应性降低，特色农作物品质可能有所下降，农业用水供需矛盾可能进一步加剧。气候变暖，作物将不同程度地受到高温热害的影响，同时还会使昆虫繁衍代数增加，特别是冬季变暖有利于幼虫安全过冬，农业病虫害的分布区会扩大，影响农作物的生长。

研究表明，青海各地未来气温如果升高2℃、降水增加10%后，日平均气温稳定通过各界限温度期间的积温将增加380℃左右，所对应的持续天数约增加20天。其结果会导致青海种植业特别是经济作物面积扩大，并向高海拔地带延伸，林线上升。但气

候变暖的同时，地表蒸发的加大远比降水的增加来得快，导致青海各地干旱加剧。

选用 Hadley 中心开发的区域气候模式进行不同 CO_2 排放情景下宁夏未来气候变化的模拟。该区域气候模式在不同 CO_2 浓度的驱动下，模拟出 50km×50km 网格的逐日温度、降水、辐射等指标，研究中通过降尺度技术获得宁夏 25km×25km 网格的逐日温度、降水、辐射等。

应用作物模式来模拟气候变化对宁夏玉米、水稻、小麦和马铃薯的影响。首先，通过试验资料对每种作物模拟模型进行校准，以模拟宁夏典型品种的生长。模型较准需要收集大范围农气数据，如品种特性和历史作物产量。另外，还要考虑近 20 年农业技术和管理方式的改变对产量的促进作用，以更好的模拟历史产量[111-113]。

对模型进行验证的基础上，利用未来气候变化情景下宁夏 25km×25km 网格的逐日温度、降水、辐射等资料，模拟宁夏主要作物未来产量变化。在品种、种植方式、田间管理措施都保持不变的情况下，灌区作物产量表现出混合响应：水稻单产适度增加，玉米单产短期内增产，21 世纪 50 年代后在一定程度上下降，春小麦单产大幅度下降。作物生育期提前，全生育期日数缩短；需水总量增加。所有情况下马铃薯均减产，且变化通常较大。

作物生长发育面临高温、干旱、霜冻的威胁，有些年份甚至绝产。高温和干旱是宁夏未来作物生育期内面临的最主要的问题，下面以马铃薯为例说明。

虽然马铃薯对水分的要求并不严格，但生育期内降雨量也需 300～500mm，且要均匀分布。尤其是现蕾开花阶段，需水量激增，要求保持土壤水分为田间持水量的 80%，结薯中后期和淀粉积累初期，是马铃薯的水分敏感期，若遇干旱可造成严重减产。从气候情景预估结果来看，无论是 A2 还是 B2 情景下，未来 2020 年、2050 年、2080 年宁夏南部山区马铃薯需水量较基准年（1961—1990 年）增加 6.4%～26.3%，中部干旱带增加 5.3%～21.6%，但生育期内降水量却是减少的，缺水量增加，这是影响产量的最主要原因。从研究看 A2、B2 情景下，宁夏年降水量总体为增加趋势，因此如何将生育期外的降水保存下来，用于生长是应对气候变化提高马铃薯产量的重要方向。

据研究，马铃薯淀粉积累期的平均最高温度和结薯期的平均温度与产量密切相关。块茎膨大要求较低温度，最适土温为 16～18℃。而当土温为 20℃ 时，块茎生长缓慢，25℃ 时块茎几乎停止生长膨大。茎叶生长对气温要求也较高，以 20℃ 左右为最适宜。气温达到 30℃ 时，会变细，叶面积缩小，不利于块茎积累养分。宁夏中部干旱带和南部山区块茎膨大期主要在 7—8 月，此时段平均气温在 20℃ 左右，有利于块茎积累养分，但从气候情景预估结果来看，未来 2020 年、2050 年、2080 年，无论是 A2 还是 B2 情景下，7—8 月平均气温均升高，升温幅度在 1.7℃ 以上，最高气温＞30℃ 的日数增加 5 天以上，到 2080 年增加天数甚至将达 40 天以上，对马铃薯块茎膨大十分不利，这也是造成马铃薯减产的最主要原因。因此，如何使块茎膨大期避开高温天气的影响也是应对气候变化提高产量的重要方向。

6.3.2 适应对策

6.3.2.1 粮食和经济作物应对气候变化的适用技术

（1）调整作物种植结构布局，确保粮食生产安全。

气候变暖，对越冬作物冬小麦和喜温作物生长发育和产量比较有利，可以北移西扩，向高纬度高海拔扩展，适当扩大种植面积；对喜凉作物春小麦应适当减少面积。作物种植结构调整应趋向农业净收益最大化，玉米、水稻、棉花、特色农作物的净收益明显大于小麦，这直接导致这些作物种植面积比例提高，实现区域农业经济的快速发展。气候变化对粮食安全生产具有潜在威胁，在考虑净收益最大化的同时，在决策层面上，应根据国家和区域（或省）对粮食需求，确保必需的粮食种植面积，实行不同作物差别农业补贴政策，提高粮食作物补贴标准，实现农业经济和粮食安全协调发展。

（2）根据不同气候年型调整各种作物种植比例。

虽然未来气候将呈持续变暖趋势，但在增暖的大背景下必然会出现低温年份。不同气候年型对不同属性的作物产量和品质影响较大，应根据不同气候年型适当调整作物种植结构和种植比例。在低温气候年型应适当降低冬小麦和喜温作物种植比例，但喜凉作物可根据降温幅度和降温时段来调整不同适宜种植区域的不同种植比例；增暖气候年型正好相反。在干旱气候年型应适当控制喜水的水稻、玉米等作物种植比例；适当扩大谷子、糜子、马铃薯、胡麻等耐旱作物种植。这样，有针对性地可以减少不利气候年型对作物的影响，确保各种作物平衡发展、高产稳产。

（3）针对不同气候区域发展优势作物和配置作物种植格局。

在分析气候变化对粮食作物的影响以及气象条件与作物生长发育和产量之间关系的基础上，提出不同气候区域适宜发展的作物。谷子和糜子、胡麻适宜在温和半干旱半湿润气候区旱作地发展；玉米适宜在温暖半湿润或湿润气候区旱作地和温暖干旱或半干旱气候区灌溉地发展；水稻是温暖或温热半湿润气候区和温和半干旱气候区灌溉地的优势作物；马铃薯是冷凉半干旱半湿润气候区旱作地的优势作物；冬小麦、冬油菜是温和半湿润或湿润气候区旱作地的优势作物；春小麦是温凉半湿润或湿润气候区旱作地和温凉干旱或半干旱气候区灌溉地的优势作物。

由于气候变化引起各地作物种植格局发生了较大变化。如西北地区干旱灌溉区作物种植格局从以春小麦为主转变为以玉米和棉花为主，其次是春小麦；半干旱旱作区以春小麦为主转变为以冬小麦、春小麦、马铃薯为主，其次是玉米，搭配谷子和糜子种植；半湿润旱作区作物种植比例由冬小麦占六成和玉米占四成转变为冬小麦、玉米、马铃薯各占三成，搭配谷子和糜子种植。

（4）采取不同栽培技术和管理模式应对气候变化。

气象和农业部门加强作物适宜播种期预测预报服务。气候变暖，春季气温回升较快，应适时提前春播作物的播种日期，充分利用早春热量资源，弥补生育后期热量不足，躲避早晚霜冻、盛夏高温影响和生殖生长后期的低温危害。秋冬偏暖，越冬作物应适时推迟播种，防止冬前生长过旺。作物生长季积温提高，生长季延长，有利于种植熟性偏中晚的高产品种；增大复种指数。

气候变干，半干旱和半湿润旱作区作物生长季降水量对产量至关重要，应引进、培育抗逆性、抗热性、耐旱性较强的新品种、杂交种种植，同时品种要多样化。遇到干旱年份，有条件可进行适时节水补灌；干旱和半干旱灌溉区应适时灌溉，避免缺水作物受旱而减产；湿润区和高寒阴湿区应防止生殖生长后期水分过多，热量不足而造成减产。

（5）采取综合配套技术提高抵御灾害能力。

要重视和加强气象灾害的监测、预测和评估；建立气象灾害监测预警基地，研究防御对策；建立具有较好的物理基础、较强的监测和预测能力、有效的服务功能的气象灾害综合业务服务系统，为决策部门和社会用户提供优质服务。

加强农业基础设施建设，提高抵御气象灾害能力。加强农作物气候生态研究，准确掌握各种农作物对气候变化响应特征和对气象条件的需求，加强气候变化及气象灾害变化趋势研究，提前预知未来气候变化趋势及其可能对农业生产带来的影响，为从容应对气候变化提供有利条件。改善农村环境来减缓或适应气候变化，发展农业循环经济，提高农业生产技术水平；科学合理施用化肥、农药，促进农业可持续发展；实施农田保护性耕作措施；大力推广节水灌溉模式，科学决策水资源分配和合理利用。

西北旱作农业作物种植面积占70%以上，农业干旱造成的损失非常严重，因此要创建干旱区现代农业发展模式，建立一整套旱作农业生产机制来适应气候变化。对低海拔地区和平川区，应加强防范高温对马铃薯薯块膨大期的危害。通过调整播种期和适时灌溉等措施，减轻干热风对小麦开花灌浆期的危害。对高纬度和高海拔地区应加强防范喜温作物水稻、玉米生殖后期的低温冷害。加强越冬作物病虫害和稻田新发生的细菌褐斑、胡麻斑病和二化螟等病虫害的防治。

6.3.2.2 特种作物应对气候变化的适用技术

（1）制定精细化特种作物综合农业自然资源区划，确定精准的最适宜和适宜种植区范围。

受气候变化影响，特种作物最适宜和适宜种植区范围和种植结构也发生了改变，加之以往很少开展特种作物精细化综合自然资源区划，从特种作物种植结构调整的实际出发，充分利用气候和自然资源优势，划分出每一"网格点"适合种植的特种作物，具体区域可精细到一千米，每个村落。气象与农业部门密切配合，确定标准的区划指标体系，采用"3S"技术，进行客观量化标准制作"精细化特种作物综合农业自然资源区划产品系统"，确定精准的最适宜和适宜种植区范围，使特种作物种植结构调整方案精细化。

（2）加快优质商品生产种植基地建设，建立管理生产新模式适应气候变化。

在最适宜和适宜种植区内建立优质商品生产种植基地或示范区，实现规模生产加工经营产业系列的发展模式。政府和农业部门要制定出台特种作物优势产业发展政策措施支持；农业科技部门研制和提出不同的特种作物配套技术支撑。要创建特种作物现代农业发展模式和管理新模式，建立一整套农业生产机制来适应气候变化。

气候变暖，春季气温回升较快，应适时早播，多年生的特种作物萌芽早或返青早，应加强早期管理，充分利用早春热量资源。作物生长季积温提高，生长季延长，有利于种植熟性偏晚的品种，提高产量。

气候变干，半干旱和半湿润旱作区生长季的降水量对产量至关重要，应选耐旱性较强的品种种植；遇到干旱年份，有条件地方可进行适时节水补灌，确保高产稳产。干旱和半干旱灌溉区应适时灌溉，避免缺水作物受旱而减产。湿润区和高寒阴湿区应防止生殖生长后期水分过多，热量不足而造成减产。

（3）根据未来气候预测和不同气候年型调整作物种植结构和比例。

未来气候继续变暖，对于喜温热作物的板栗、花椒、油橄榄和喜温凉作物的啤酒花、黄花菜、白兰瓜、大樱桃、酿酒葡萄、枸杞、党参、黄芪等可扩大种植面积；对于喜凉耐寒作物的啤酒大麦、百合、苹果、桃、当归、甘草等应在最适宜和适宜种植气候区内适当扩大面积比例。这样有利于提高品质、产量和效益。

气候虽然呈持续变暖趋势，但在增暖的大背景下也会出现低温年份。不同气候年型对不同属性的作物产量和品质影响较大，应根据不同气候年型及时准确地调整作物种植结构和种植比例，在低温气候年型应降低喜凉耐寒作物的种植比例，但喜温热和温凉作物可根据降温幅度来调整不同适宜种植区域的种植比例；增暖气候年型正好相反。这样，才能确保各特种作物平衡发展、高产稳产，农民增产增收。

（4）加强气象灾害监测、评估、预警与防御工作。

受气候变暖影响，我国日最高和日最低气温都将上升，冬季极冷期可能缩短，夏季炎热期可能延长，高温热害、干旱等愈发频繁。因此，要重视和加强气象灾害的监测、预测和评估；建立气象灾害监测预警基地，研究防御对策；建立具有较好的物理基础、较强的监测和预测能力、有效的服务功能的气象灾害综合业务服务系统，为决策部门和社会用户提供优质服务。

气候暖干化，春季回暖早，特别注意防范后春出现的强寒潮、晚霜冻及强降温天气对百合的幼苗、花椒和栗树萌芽的危害。应加强防范高温热害对百合生长旺盛期的影响。啤酒花除注意防大风外，成熟期的连阴雨天气也是影响啤酒花质量的不利气象灾害。干旱对旱作区的特种作物造成的损失比较严重，如花椒成熟期的干旱和黄花菜抽蕾至采蕾期的春旱等的危害。

6.3.2.3　农业种植结构调整的适用技术

（1）要与自然资源综合开发利用紧密结合。

农业种植结构调整尤其要与气候资源、水资源、生态资源、农林牧资源开发利用紧密结合。西北区由于地貌地形复杂，有沙漠戈壁、丘陵沟壑、平原、台地和山地；气候类型多样，热量资源从北亚热到高寒地带，水分资源从极干旱区到湿润区；水资源可利用方面，有内陆河绿洲灌溉农业、外流河灌溉农业、地下水灌溉农业、半旱作半灌溉农业、雨养旱作农业；受多重因素影响，使得农林牧业结构非常复杂，有纯牧区、天然林区、半牧半农区、半林半农区、半林半牧区、纯农业区；农作物种类和种植方式多种多样，有喜热、喜温、中性、喜凉和越冬作物。因此，农业结构调整方案必须因地制宜，要与自然资源综合开发利用紧密结合才有强大的生命力和可持续性。

依据青海高原农林牧业资源地域分布的规律性和垂直分异的复杂性，以发展加工和培育青藏高原特色农产品销售市场为手段，加强农业资源开发利用的多样化、多元化和立体化；逐步形成具有高原特色的名、特、优产品及特色优势农业；加强区域农业生态环境建设。黄河、湟水河谷地区与柴达木盆地的农业生态环境开发，要在提高水利灌溉效率的基础上，促进粮食生产发展，增强粮食自给能力；环青海湖地区由于其特殊的生态环境，采取保护和综合治理荒漠化土地、草原退化治理与水土保持生态工程建设相结合，争取经济效益与生态效益目标相一致；"三江源"地区要重视畜牧业生态保护和治理，加强草场建设，积极推行实施农牧结合或农牧区结合共同发展的方针。对江河上游源头地区、高山陡坡地区及无人居住地区耕地草场保护，并采取强制性措施坚决制止扩大垦殖面积、草场破坏性经营及森林掠夺式开采。

（2）要与精细化综合农业自然资源区划紧密结合。

受气候变化的影响，制约农作物生长的光、温、水在时空分布上不断变化，因而出现农作物种植结构改变的现象，加之以往的农业气候区划比较粗，考虑其他自然资源因素比较少，不能符合农业生产实际的需要，精细化综合农业自然资源区划是从农业生产需要出发，从农作物种植结构调整的实际出发，充分利用气候和自然资源优势，划分出每一"网格点"适合种植的农作物，具体区域可精细到一千米，每一个村落。气象与农业部门密切配合，选择准确的作物区划指标体系，采用"3S"技术，按照客观性和定量化标准制作"精细化农作物综合农业自然资源区划产品系统"，使农作物种植结构调整方案精细化。

第7章 气候变化对生态系统的影响与适应

7.1 观测到的气候变化对生态系统的影响

7.1.1 对植被的影响

在西北干旱半干旱区，降水是影响植被变化的主要因子，随着气温持续增高、干旱加剧、径流减少，西北地区以自然植被为主的大部地区，以及黄河流域植被出现明显退化现象[114]。气候变暖使高海拔地区高寒草地植被覆盖度、牧草高度与生产力出现大范围下降现象，高寒草甸退化速率加快，退化草地面积不断扩大，干旱气候系统控制下的高寒草原群落出现向南扩展趋势[115,116]。其中甘肃省 90% 的草地以每年 10 万 hm^2 的速度出现不同程度的退化。草地退化率达到 45%，退化面积占草地总面积的 88%。气候变化还促使部分地区草畜不平衡的破坏性后果被放大，草地恶化趋势加剧。但气候变暖背景下，陕西与宁夏部分地区植被出现增加趋势[117]。

7.1.2 对沙漠化的影响

西北地区现有沙漠化土地面积 100 多万平方千米（$1km^2 = 100hm^2$，下同），占全国沙漠化土地面积的 80%。是中国荒漠化土地面积最大、发展最活跃且危害严重的地区。自 20 世纪 70 年代以来，西北地区草地沙漠化、水土流失和草场退化为主的荒漠化现象加剧，沙漠化土地扩展速度持续增加。气候变暖背景下，西北地区各地沙漠化现象均呈加剧发展态势，沙漠向绿洲的入侵速度加快。沙漠化的发生虽然与水资源不合理利用、乱砍滥伐、草场过度放牧、不合理开垦农田等原因直接相关，但气候变暖变干以及气候变化引起的植被退化、覆盖率下降和促使区域地表沙漠化和荒漠化的一个重要因素。此外，气候变暖引起农业灌溉面积扩大、力度加强，农田需水量加大，直接改变了地表资源平衡，间接导致自然生态系统退化，引发沙漠化问题的出现和加剧。地表沙漠化和荒漠化的加速，引起区域地表特征的改变，气候系统对地表特征的影响与反馈作用又会进一步加剧西北地区地表沙漠和荒漠化速度[118]。但在气候变化背景下，沙尘暴日数出现下降趋势[119]。

近些年来，经过持续的治理，西北地区沙漠化出现减缓趋势，部分地区出现逆转。甘肃省现有沙化土地面积为 12 万 km²，据监测，沙化土地面积 2004 年比 1999 年减少了 0.0836 万 km²，平均每年减少 0.0167 万 km²。其中流动沙丘减少近 0.02 万 km²，半固定沙丘增加 0.15 万 km²，固定沙丘增加 0.12 万 km²。

7.1.3 对水土流失的影响

西北地区水土流失非常严重，特别是在黄土高原地区，水土流失面积占总面积的 2/3 以上。仅甘肃省每年流入黄河的泥沙 5 亿多吨，水土流失面积 38.9 万 km²，占全省土地面积的 85.7%。水土流失严重的区域大多处于干旱与半干旱地带，干旱缺水，植被覆盖差，气候变暖，旱情加剧，植被覆盖度下降，加之滥垦滥伐、毁林毁草开荒，加剧了水土流失。气候暖干化，水土流失治理难度加大、效果减弱，治理成本与力度不断加大。干旱对农业的威胁加剧，当地生产水平难以提高，贫困状况不能得到明显改善，毁林、毁草、开荒现象将不能彻底遏止，水土流失难以根治。土地资源破坏，有限的雨水流失，使本已贫瘠的土地更加贫瘠，水土流失易陷入恶性循环。

近年来，对水土流失的治理力度不断加大，退耕还林还草对于提高植被覆盖程度减少边坡流失起到了重要作用，特别是小流域综合治理工程的大范围推广，使水土流失面积得到了明显控制。其中仅甘肃省近年累计治理水土流失面积 7.5 万 km²。黄河流域甘肃段治理程度达 48%。

7.1.4 对生物多样性的影响

西北地区地形复杂，气候多变，高原、深谷、高山、盆地、平原交错，孕育了多样的植被类型和复杂的生态系统，几乎包括了中国植被的大多数类型，其生物多样性与其他地区相比具有明显的特殊性。气候变化可改变西北生态系统物种组成和群落结构，对生物多样性产生多方面的影响。气候变化导致大范围草地退化的出现，引起草地群落优势种和建群种缺失明显，使生物丰度和多样性下降，杂草类植物和毒草类植物大量出现。气候变化引起植物物候期改变，影响植被的气候适应性，并进而改变植被群落结构和生物多样性。气候变暖使高海拔地区高寒草地植被覆盖度与生产力出现大范围下降现象，草地植物群落组成发生改变，原生植被群落优势种减少，高寒旱生苔原冷温灌丛出现持续增加趋势[120]。气候变暖，森林林带下限升高，物种的最适宜分布区发生迁移，导致大量生物物种由于不能适应新的环境而迁移或消亡，而一些新的物种侵入到原有生态系统中，改变原有生态系统的结构、组成和分布，这些影响均可能导致自然生态系统的稳定性面临风险。在气候变暖的影响下，湿地水分散失加剧、生境旱化，湿地面积缩小，直接影响到湿地生态系统结构，但大量旱生物种不断侵入，使植物多样性有所增加[121]。雪线上升、冰川退缩以及冻土带位置和季节性变化特征的改变，使高山带生物及优势种因适宜生境的消失而濒临灭绝或被其他物种所替代。此外气候变化可能引起有害生物泛滥，包括害虫和疾病生物向高海拔和高纬度迁移，害虫和疾病爆发强度和频率增加等。

7.1.5　对湿地的影响

　　湿地在西北地区广泛分布，由于地域广阔，气候变化对西北地区湿地的影响更具有区域性和广泛性。气候变化背景下，西北地区湿地大都出现了明显的退化，表现为湿地面积快速萎缩、湿地生态功能的减弱和湿地生物多样性的丧失等。三江源地区湿地中的大多数湖泊出现了水域面积缩小以及内陆化和盐化现象[122]。其中黄河源区及长江源区湖泊均出现了明显地湖面萎缩、水位下降现象。更为典型的是位于黄河源区、素有"千湖之县"之称的玛多县，其境内 20 世纪 70 年代原有数千个小湖，湖泊湿地众多，1987 年时大于 6hm² 以上湖泊有 405 个，2000 年时变为 261 个。但自三江源生态环境保护、退牧还草等工程实施以来，青海玛多县生态环境逐渐恢复，湖泊面积逐渐增加，草地生态环境趋向良性发展，野生动植物数量增加，通过县气象局多年监测，扎陵湖鄂陵湖水体、区域湿地、温度和降水量呈逐年转好势态。

　　（1）水体动态监测基于 EOS/MODIS 极轨卫星多年动态监测结果，鄂陵湖和扎陵湖多年平均水体面积分别为 623km² 和 523km²，2004 年后两个湖的面积总体呈较明显增加趋势。鄂陵湖面积由最低点 2003 年的 578km² 增加为 2010 年的 677km²，扎陵湖面积由最低点的 493km²，增加至 2010 年的 560km²。湖泊水体面积总体呈增加趋势。

　　（2）草地动态监测 2002—2010 年 EOS/MODIS16 天合成卫星遥感监测数据的综合分析结果表明，玛多县年最大 NDVI 合成平均产量（植被产量）总体呈增加趋势。与水体动态变化结果相似，2004 年后草地产量总体上升到一个新的水平，除 2008 年外，总体呈增加态势。

　　甘肃玛曲县湿地干涸面积达 10 多万 hm²，原有的 6.6 万 hm² 沼泽湿地已缩小到不足 2 万 hm²，湖泊水体干枯萎缩严重，随着这一过程继续，湿地退化与消失现象不断加剧[123]。气候变化也引起甘肃玛曲湿地普遍退化，面积比 20 世纪 70 年代减少约 50%[121]，并出现明显旱化和沙化现象[124]。敦煌西湖湿地从 20 世纪 80 年代以来面积萎缩到现有的 18 万 hm²，50 年来减少了 28%。由于湿地的正常演变规律遭到破坏，年际波动振幅加大，致使生态系统脆弱性加大、功能衰退，生态安全面临的风险增加。

7.1.6　对冻土的影响

　　西北地区季节性冻土最大冻深平均值的演变特征表明，从 20 世纪 60—90 年代的

40 年间，西北地区最大冻土深度自 20 世纪 70 年代开始出现变浅迹象，80 年代开始明显变浅，90 年代为近几十年最大冻土深最浅的时期，冻土深度下界升高速率不断加快[125]。

青海省冻土自北向南划分为三个区，即阿尔金山—祁连山高寒带山地多年冻土区、柴达木盆地—环青海湖地区—河湟谷地温带季节冻土区和青南高原高寒带大片多年冻土区。影响多年冻土分布的气候因子主要是气温和地表温度。

从表 7-1 可看出多年冻土地温带的冻土相对面积变化，气候转暖后各地温带面积变化较大。极稳定带、稳定带和亚稳定带随气温升高，其空间分布面积逐渐减小。极稳定带分布面积由 3.8% 减小到 2.3%，稳定带分布面积由 12.3% 减小到 9.2%，亚稳定带由 20.0% 减小到 17.9%。过渡带、不稳定带随着气温升高，空间分布面积在逐渐扩大，过渡带分布面积由 15.2% 增加到 16.7%，不稳定带分布面积由 10.7% 增加到 12.3%。季节性冻土面积由 38.1% 增加到 41.6%。这也充分说明了各地温带间受气候转暖的影响，正在发生转化，极稳定带向稳定带转化，稳定带向亚稳定带转化，亚稳定带向不稳定带转化，且总体上多年冻土向季节冻土退化。青海高原冻土分布变化最明显的区域出现在高原西南部的可可西里无人区，20 世纪 60—80 年代面积较小的极稳定型冻土带到 20 世纪 70—90 年代全部退化为稳定型冻土带，稳定型冻土带明显减少；青藏铁路沿线的五道梁地区 20 世纪 60—80 年代表现为亚稳定型冻土带，到 20 世纪 70—90 年代转化为过渡型冻土带。青海北部的祁连山区和达坂山的极稳定型冻土带明显退化，特别是达坂山的极稳定型冻土带退化尤为突出。

表 7-1　青海高原冻土的分带相对面积（%）情况

	极稳定带	稳定带	亚稳定带	过渡带	不稳定带	多年冻土	季节冻土
年平均 0cm 地温	$T_{cp}<-5.0$	$-5.0 \leqslant T_{cp}$ <-3.0	$-3.0 \leqslant T_{cp}$ <-1.5	$-1.5 \leqslant T_{cp}$ <-0.5	$-0.5 \leqslant T_{cp}$ <0.5	$T_{cp}<0.5$	$T_{cp} \geqslant 0.5$
1961—1990 年	3.8	12.2	20.0	15.2	10.7	61.9	38.1
1971—2000 年	2.3	9.2	17.9	16.7	12.3	58.4	41.6
平均	3.1	10.7	18.9	15.9	11.5	60.1	39.9

注：相对面积指相对于青海高原总面积，面积除多年冻土与季节冻土还包括湖泊、冰川、沙漠。

根据青海高原多年冻土下界分布高度模型计算，在假定各纬度带增温幅度相同的情况下，由于年平均地面温度上升 0.3℃，使得多年冻土下界分布高度上升约 71m。

以上分析表明，青海高原冻土的时空变化表现为冻土温度明显上升、冻结时间缩短、最大冻深变薄、多年冻土面积缩小而季节冻土面积增加和冻土下界上升的总体退化趋势。冻土带位置和季节性变化特征的改变，使冻土大厚度区域性隔水层及其活动层对水资源的调节作用等特殊生态环境功能减弱[126,127]。

7.1.7　对盐渍化的影响

土壤盐渍化是指易溶性盐分在土壤表层积累的现象或过程，也称盐碱化。西北干旱地区盐渍化面积达 200 多万公顷，占全国盐渍化土地的 1/3 以上。土壤次生盐渍化是危及西北地区农业发展的一个重要问题。本区雨量稀少，气候干燥，蒸发量大，土壤本身积盐强烈，农田灌溉用水量高，过量水入渗，使矿化度高的地下水水位升高，易形成土壤次生盐渍化。近几十年来，随着灌溉水量的加大，青海柴达木盆地、宁夏引黄灌区以及甘肃河西走廊土壤盐渍化面积不断扩大，盐渍化和盐渍撂荒土地面积增大，盐渍化程度加重[128]。气候变暖，对于降水少、气候干燥的西北地区绿洲农业，农田灌溉量将进一步加大，蒸发强烈，土壤积盐越多，土壤盐渍化程度不断提高。此外，春季 3—5 月，区域内地表裸露，蒸发量大，气候变暖引起春旱频度加大、程度加深，更加重土壤返盐现象[129]。气候变化，将明显加重西北地区土壤盐渍化影响。

7.2　生态系统适应气候变化的措施与评价

国家实施的天然林资源保护、退耕还林、退牧还草、"三北"防护林体系建设、野生动植物保护及自然保护区建设、湿地保护与恢复等一系列重大工程，对于恢复西北地区植被，遏止土地荒漠化发展，防止水土流失等起到了重要作用，西北地区的生态保护与建设工作取得了明显成效。但是，由于气候变化导致的局部地区的生态环境建设难度加大，人民群众生态保护意识还需要进一步加强，生态环境建设与保护的法律法规和政策措施还需要进一步完善。

7.2.1　退耕还林工程

2002 年，全国全面开展退耕还林工程，西北地区是全国退耕还林工程建设的重点区域，于 1999 年率先在全国开展退耕还林工程试点。

陕西省将退耕还林与调整产业结构相结合，加快主导产业的培育和后续产业的开发。并大力开展基本农田建设，在渭北和延安南部退耕区，狠抓以苹果为主的优质果品生产基地建设，培育林果主导产业，达到了既能退耕还林又可富民的目的。1999—2008 年，陕西省共完成退耕还林 230 万 hm^2，其中退耕地还林 101.9 万 hm^2，荒山荒地造林 786.5 万 hm^2，封山育林 8.7 万 hm^2。森林覆盖率由退耕前的 30.92% 增长到 37.26%，净增 6.34 个百分点，是历史上增幅最大，增长最快的时期。全省治理水土流失面积 3.74 万 km^2，累计达到 8.77 万 km^2，占水土流失面积的 64%，年均输入黄河的泥沙量减少 1.3 亿 t。

到 2008 年年底，甘肃省已完成退耕还林建设任务 174.5 万 hm^2，其中退耕地还林

66.9 万 hm^2，荒山荒地造林 99 万 hm^2，封山育林 8.7 万 hm^2。依托退耕还林工程，可因地制宜兴建经济林果基地、牧草基地、中药材基地等。如甘肃陇南市就在工程支持下新建花椒、核桃、油橄榄等特色林果基地 7.3 万 hm^2。促使农业产业结构发生变化，农村土地生产力提高，特种养殖、大棚蔬菜种植等产业发展迅速，农民总体福利水平提高，并有效推动了城镇居民生态意识的增强[130]。

宁夏先后于 2000 年、2003 年启动实施了退耕还林和退牧还草工程，截止 2007 年底，全区实施退耕还林 79.3 万 hm^2。使近 400 万 hm^2 水土流失严重的坡耕地恢复植被，森林覆盖率平均提高了两个百分点[131]。

由于经济落后，西北许多退耕还林地区产业结构单一，对耕地有着深深的生存依赖。因此，盲目开垦现象还未完全消除，乱砍滥伐林地和生态环境破坏现象仍未彻底遏制。确保重要生态脆弱区的退耕还林能够退得下、不反弹，实现长期目标和效益，必须从根本上解决这部分人口的脱贫问题，解决退耕区的长远发展问题，提高经济收入，发展后续产业，而这些仍是目前保证退耕还林长期目标实现的难点和薄弱环节。

7.2.2　三江源生态保护与建设工程

2005 年，我国政府启动了三江源生态保护和建设工程，工程涉及退牧还草、禁牧减畜、生态移民和人工增雨等 22 个子项目。在世界最大的自然保护区面积超过 15 万 km^2 的范围内实施退牧还草、禁牧减畜、生态移民、荒漠化治理、草原建设等工程，鼓励和扶持三江源区生态移民发展后续产业。

经过几年建设，现已取得明显的阶段性成效。扎陵湖面积净增加 43.21km^2，草地生态系统退化趋势逆转面积净增加 182.75km^2，荒漠化面积净减少 200.84km^2。草场压力持续减轻，草场生产条件改善，植被出现恢复态势、草地恶化趋势减缓。监测表明，2007 年工程实施区内草产量比 2004 年约增加 30%，植被覆盖度和高度有明显提升，这种好转趋势在 2008 年和 2009 年继续持续。

近几年，青海省政府还将继续加大工程投入和执行力度，并争取启动三江源国家生态保护综合试验区项目建设，重点在建立生态补偿机制上取得突破，努力实现生态保护、地区发展与民生改善的规划目标。在高寒恶劣气候条件下，培育稳定的后续产业是巩固退牧还草和生态移民成果的关键，也是生态保护与建设工程能够顺利进行和目标实现的重要前提，在目前退牧还林（草）补偿政策尚未完善、第三产业和特色产业尚在起步和探索阶段的情形下，确保移民牧户不返牧、保障和持续提高移民的生活水平，还是当前尚未根本解决和急需研究、解决的重大难题[132]。

7.2.3　天然林保护工程

1998 年 9 月，党中央、国务院作出了全面停止长江上游、黄河上中游天然林采伐，全力搞好生态环境建设的决定。"天然林保护工程"和"三北"防护林建设工程实施后，全面停止了西北各省区特别是长江上游、黄河上中游地区天然林的商品性采伐，使现有森林资源得到切实保护。大幅调减商品材产量，使森林资源消耗得到了有效控制，森林资源得到了有效保护。

7.2.3.1　陕西

通过天然林保护工程的实施，陕西省累计完成公益林建设 137.8 万 hm^2，据 2004年森林资源连续清查结果与 1999 年相比较，林地面积净增 155.8 万 hm^2，森林面积净增 97.2 万 hm^2，天然林面积增加了 50.8 万 hm^2，森林覆盖率提高 4.71 个百分点，全省林木蓄积净增 2721.81 万 m^3。全省通过实施天然林保护工程和其他林业重点工程，天保工程累计完成公益林建设 137.8 万 hm^2，其中人工造林 17.8 万 hm^2，封山育林48.5 万 hm^2，人工促进天然更新 0.9 万 hm^2，森林抚育 3.5 万 hm^2，飞播造林67.1 万 hm^2。全省累计完成苗圃、良种繁育基地建设 75 个，修建瞭望台 67 座，购置防火设备 1651 套、防火器具 12138 件。据西北农林科技大学火地塘林场天然林保护效益研究表明，地表径流较工程实施前减少了 39.26%，森林生态系统对重金属元素的总净吸收率达到 92.85%，野生动物种群不断扩大，数量不断增加，大熊猫、朱鹮、金丝猴、羚牛等国家一级保护动物种群数量不断扩大[133]。

7.2.3.2　甘肃

1998 年 9 月，甘肃省全面启动了国有天然林资源保护工程。工程实施区总面积2098.4 万 hm^2，2000—2010 年规划公益林建设任务 68.7 万 hm^2，其中人工造林15.1 万 hm^2，飞播造林 26.7 万 hm^2，封山育林 26.9 万 hm^2。工程全部实施后可吸收5026 万 t 二氧化碳当量。该工程中央预算内投资 130932 万元，地方配套 32147 万元。工程范围包括白龙江、洮河、小陇山、太子山、大夏河、祁连山等 12 个天然林区，涉及陇南等 10 个市州的 68 个县市区。截至 2008 年，甘肃省完成公益林建设任务71.3 万 hm^2，其中人工造林 14.6 万 hm^2，飞播造林 11.2 万 hm^2，封山育林45.5 万 hm^2，相当于吸收了 5212 万 t 二氧化碳。

但由于工程浩大，在自然条件严酷、科技支撑薄弱等因素限制下，部分工程投资不足、工程建设重造轻管，管护工作不到位等因素，使建设难度变大，效果还难得到最大限度发挥。

7.2.3.3　青海

三江源生态保护和建设工程中通过实施退牧还草、灭鼠灭虫、黑土滩治理、生态移民、建设养畜、湿地保护等措施，使项目区生态退化趋势得到遏制，水源涵养功能初步恢复。2009 年，封山育林 10.97 万 hm^2，防治草原鼠害 289 万 hm^2，治理水土流失面积 136.6 hm^2，安置生态移民 1578 户。2003 年制定并实施《青海湖流域生态环境保护条例》，2008 年启动实施青海湖流域生态环境保护与综合治理项目。一系列措施的有效实施使得青海湖地区的生态状况逐步得到好转，2009 年在国际重要湿地评价中被评为优等。

在荒漠化治理中，据第六次全国森林资源清查（1999—2003 年）资料显示，青海省森林面积达到 317.2 万 hm^2，森林覆盖率为 5.2%，森林蓄积量为 3592.6 亿 m^3。截至 2008 年，通过签订管护责任书、完善奖惩制度等，确保了全省 198.3 万 hm^2 天然林资源得到有效保护。退耕还林（草）工程实施以来，截至 2007 年年底，全省累计完成退耕地造林 19.33 万 hm^2，荒山荒地造林 37.8 万 hm^2，封山育林 4.33 万 hm^2，退耕地种草 1.93 万 hm^2。

青海省的生态保护与建设工作取得了初步成效，但是由于气候变化导致的局部地区生态环境建设难度加大，部分地区滥牧、滥垦、滥挖现象还没有得到根本遏制，人民群众生态保护意识还需要进一步加强，生态环境建设与保护的法律法规和政策措施还需要进一步完善。

7.2.3.4 宁夏

宁夏全境被列入天保工程实施范围。自 2000 年工程实施以来，对 38.5 万 hm^2 有林地、灌木林地及未成林造林地全面实行管护，管护责任全部落实到单位、个人和地块。"十一五"期间完成封山育林 9 万 hm^2，飞播造林面积 4.94 万 hm^2，分别占规划任务的 64% 和 52%。通过天保工程的实施，使林区生态环境和林区经济得到快速恢复和发展，使工程区人口、经济、资源和环境之间的矛盾基本得到解决。

7.2.4 青海湖流域生态环境保护与综合治理

该项目于 2008 年 5 月启动，这是国家投资 15.67 亿元、耗时大约 10 年实施的重大生态工程项目，据《青海湖流域生态环境保护与综合治理规划概况》介绍，主要建设内容包括：青海湖流域生态环境保护与综合治理规划的建设内容分为 5 个工程 22 个专项。一是湿地保护与环境治理工程，内含人工增雨、湿地保护、环境保护与污染治理 3 个专项；二是退化土地保护与治理工程，内含退牧还草、退化草地治理、沙漠化土地治理、生态林建设、水土保持、河道整治等 6 个专项；三是生物多样性保护工程，内含陆生生物多样性保护、青海湖裸鲤保护与恢复和青海湖国家级自然保护区建设 3 个专项；四是农牧民生产生活条件改善工程，内含生态畜牧业建设、后续产业发展、小城镇建设、农村饮水安全、水利工程维修与改造、能源建设等 7 个专项；五是技术支撑与管理工程，内含技术推广与培训、生态监测体系建设和管理服务体系建设 3 个专项。

7.2.5　防沙治沙工程

进入 21 世纪后，随着对生态环境重要性认识的不断提高，结合生态环境保护与建设、"天然林保护工程"、"三北"防护林工程的相继大规模展开以及社会防风治沙重视程度和国家投入的显著加大，西北地区防沙治沙取得显著成绩，区域生态环境明显，沙漠化趋势得到初步遏止。西北地区风沙灾害面积广大，防沙防风任务艰巨，目前仅在局部地区取得有效成绩，全面治理风沙灾害尚任重道远。

7.2.5.1　陕西

陕西省沙化土地面积 143.4 万 hm²，荒漠化土地面积为 298.8 万 hm²。沙化土地面积位居全国 30 个沙区省（区）的第七位。近年来，陕西防沙治沙工作取得了成效。主要有三个重大变化：面积减少，与 20 世纪末相比，沙化和荒漠化土地面积分别减少了 2.1 万 hm² 和 12.6 万 hm²；程度减轻，流动沙地和半固定沙地比重由 29.9% 下降到 15.9%，重度和极重度荒漠化面积比重已由 54.8% 下降到 13.4%；扩展趋势整体遏制，1960—1999 年 40 年间，全省沙化土地面积扩大了 47.8 万 hm²，从 2000—2004 年五年间，沙化土地面积净减少 2.1 万 hm²，流动沙地净减少 8.5 万 hm²。林草植被大幅增加，沙区生态面貌显著改观。目前沙区林草植被面积已达 133.8 万 hm²，林草覆盖率由建国初期的 18% 增加到 33.5%；以陕蒙交界、长城沿线、白于山北麓等为骨架，总长达 1500 多千米的大型防风固沙林带初步建立；毛乌素风沙滩区和大荔沙苑近 13.3 万 hm² 农田林网基本形成，沙漠腹地建起万亩以上片林 165 块。20 世纪中叶至 21 世纪初的 50 年间，沙尘暴日数年均减少一半多，重点治理区自然降尘较空旷地减少了 90%。

7.2.5.2　甘肃

甘肃采用沙生植物种植方式，治理风沙口、控制流沙面积、降低风速，并取得了防风固沙的良好成效。工程措施防风治沙能立见成效，但需耗费大量材料劳力，需经常维修。植物固沙不仅能削弱风速，改变流沙的性质，达到长久固定的目的，同时还能调节气候、美化环境，具有很好的社会效益，可在适宜地区增强植物固沙防风的建设。

7.2.5.3　青海

近 50 年来青海沙漠化面积总体呈增大趋势，1959 年青海省沙漠化土地面积 596 万 hm²，20 世纪 80 年代中期，沙漠化土地面积增加至 957.5 万 hm²，90 年代中期后又增加到 1255.8 万 hm²，2000 年达到最大，达到 2220 万 hm²（图 7-1）。进入 21 世纪后，随着部分地区降水量的增加，以及生态恶化土地治理建设的大力实施，省内主要沙区沙漠化程度趋缓，沙漠化面积出现减少态势。2009 年全省沙化面积减少至

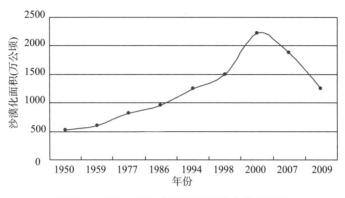

图7-1　1950—2009年青海省沙漠化发展趋势

1255.5万hm²，达到20世纪90年中期水平。同时，沙丘高度和移动速率呈现出明显的减缓势头。2009年，共和、兴海、海晏三地沙丘高度普遍比2004—2007年平均降低0.1～1.0m；沙丘水平移动速度较2003—2008年平均速度减慢2.5～12.2m/a。

7.2.5.4　宁夏

宁夏中卫沿腾格里沙漠前缘营造防风固沙林和覆盖材料为主的防护体系，20世纪70年代，沿沙漠边缘的北干渠两侧开展治沙造林、建立防护林、网。到20世纪80年代中期，在保护区内形成的"五带一体"的防护体系，有效地控制和防治了流沙南移[134]。2006年，第三次全国荒漠化沙化监测结果表明，宁夏已累计治理沙化土地46.7万hm²，荒漠化土地和沙化土地分别比1999年减少了23.3万hm²和2.54万hm²，成为全国第一个治理速度大于沙化速度的省份，生态建设步入"整体遏制、局部好转"的新阶段。近年来在这些地区结合"天然林保护工程"，实现了沙漠化治理速度大于扩展速度的历史性转变，沙漠化过程实现了人进沙退的逆转[135]。

7.2.6　湿地保护工程

西北各省区已建立起众多不同类型的国家级和省级湿地保护区[136-138]，特别在青藏高原地区建立了世界最大的保护区"三江源自然保护区"。

随着以保护区为主的湿地保护体系的逐渐形成和建设，以及退牧还草、封沙育草、休牧育草，滩涂恢复改造和围栏建设等湿地植被恢复工程措施的开展，在草场和水源合理利用前提下，西北地区湿地生态环境恶化速度开始减缓，草地退化得到初步遏止、生物多样性得到保护。通过制订保护湿地生态环境的法律和规章制度，更使湿地的长期保护得到了有效保障。但在气候明显变暖背景下，人类生存发展与湿地保护之间的冲突，都将给湿地生态环境的保护带来更大困难。湿地的保护是近年来才得到广泛重视和加强的工作，对其保护工作的方式和措施尚缺乏科学的研究和可借鉴的有效经验，其保护与管理工作都需要进一步完善和体系化。

7.2.6.1　陕西

陕西汉中朱鹮自然保护区为国家级湿地保护区，泾渭湿地保护区、瀛湖湿地保护区、陕西黄河湿地自然保护区、千湖湿地自然保护区、黑河湿地自然保护区5个省级自然保护区。近年来天然湿地呈现出面积萎缩、功能退化、生物多样性减少的趋势。陕西大部分沼泽湿地变为农田，失去调洪功能，仅黄河湿地就萎缩近100km²。

陕西高度重视湿地保护，例如千阳县依托境内千河流域自然条件，建立了陕西千湖湿地自然保护区，围绕水源净化和湿地保护植树造绿，在湿地保护区营造水源涵养林0.11万hm²，建设绿化林带21km²，栽植芦苇106.67hm²、速生杨片林37.33hm²，建起了垃圾处理场和污水处理厂。同时，实施湿地保护区废弃物清理、水质保洁、河床恢复、河道治理、湿地生态修复等工程，改善了保护区生态环境。

7.2.6.2　青海

20世纪80年代初黄河源区沼泽类湿地面积为38.9万hm²，90年代减少到32.5万hm²，平均每年递减0.59万hm²，而1990—2004年间减少尤为显著，减少了近200km²。长江上游地区湿地也呈明显退化趋势，其中玉树隆宝湿地沼泽缩减速度达到487.3hm²/a。

21世纪以来，三江源地区湿地退化趋势逐步得到初步遏制。2003—2006年黄河源区湖泊类湿地面积和数量持续增长，其中面积由2003年的1462.94km²增大为2006年的1594.79km²，数量由2003年的71个增加为2006年的162个。长江源头湿地面积近十多年来总体呈增加态势，1990—2004年间共增加332.65km²，年平均增加速率达到23.76km²/a（表7-2）。

表7-2　长江源头不同时期湿地动态变化

湿地类型	1990—2000年		2000—2004年		1990—2004年	
	面积（km²）	斑块数（块）	面积（km²）	斑块数（块）	面积（km²）	斑块数（块）
沼泽	+332.22	+453	+119.73	-91	+451.95	+362
湖泊	-16.66	+57	+86.53	+7	+69.87	+64
河流	+37.67	+9	-226.83	+16	-189.16	+25
合计	+353.22	—	-20.57	—	332.65	—

7.2.6.3　宁夏

宁夏重点开展沿黄百万亩湿地生态保护林建设项目，新造林6.7×10⁴hm²，保护建设湿地11.1×10⁴hm²。湿地保护按照强调以灌木为主的片林带。以湖泊湿地，银北低洼盐碱地和农垦系统常年稻地营造灌木林 $1\times10^4 hm^2$。树种以耐盐碱，耐水湿的紫穗槐、红柳等，适当配置白蜡、旱柳、沙枣等乔木树种。同时保护和种植当地适生水生植物，如芦苇、香蒲、荷花等。沿黄河两岸结合护堤护岸，湿地保护，城市景观，休闲观光等功能，新营造黄河护岸林 $2.3\times10^4 hm^2$。依托银川市、石嘴山市、吴忠市、中卫市滨河改造项目，建设城市景观林带 $0.3\times10^4 hm^2$，营造水土保持防护林 $0.7\times10^4 hm^2$，湿地保护林 1 万 hm^2，恢复建设青铜峡库区鸟岛湿地 $0.3\times10^4 hm^2$。

7.2.7　生态移民工程

随着三江源自然保护区的建成，近些年来三江源地区大规模的生态移民及生态移民工程陆续展开，截至 2009 年，已先后搬迁安置移民 1 万多户，近 5 万名藏族牧民进入城镇社区。迁出区生态环境恶化趋势得到缓解和恢复，禁牧和轻牧、休牧措施得到贯彻落实。

宁夏采取整村搬迁、集中或插花安置的形式，已在扶贫扬黄灌溉工程红寺堡灌区、固海扬水扩灌区、盐环定扬水灌区、山区库井灌区和农垦国营农场等地建设移民安置区 21 处，截至 2010 年，累计集中安置 66 万人，减轻了当地人口对生态环境的压力。

生态移民虽然可以从根本上解决人类对脆弱生态区的压力，但作为一种有益的探索形式，目前还面临许多问题需要得到妥善解决。生态移民近几年才大规模展开，对其管理方式尚处于探索阶段，对农牧民与集体、企业、国家关系的管理缺乏有效的法律介入。移民户后续经济发展和其将来生活保障和提高等问题的解决是防止回迁的重要前提，而从熟练牧民向其他产业的转变过程不是一蹴而就的，这些因素的成功与否，都将可能成为造成部分牧民返牧回迁的直接原因。在生态移民的过程中，目前科技支持的力度还远远不够，移民的科学规划、移民安置区新生产方式下各种实用技术培训与支持等，都是事关移民点将来发展的重要支撑条件[139]。

7.3　未来气候变化对生态系统的可能影响与对策建议

7.3.1　可能影响

未来气候变暖，西北地区降水量有可能增加，但其干旱、半干旱缺水环境条件不可能得到根本改变。未来气候变化对西北地区生态系统有弊有利。

西北地区干旱半干旱地区植被，在气候变暖背景下向荒漠化方向发展，草本植被物种特别是草地，容易从群落组成中被干燥地带耐旱的植被灌丛或半灌木植被所替代[140]。高海拔地区冻土持续退化，使其控制区域植被成为适应严寒、干旱环境的年轻植物区系，高寒草地植被覆盖度与生产力可能出现大范围下降现象，草地植物群落组成发生改变，原生植被群落优势种减少，高寒旱生苔原冷温灌丛有持续增加趋势[141]。草地退化将引起草地群落优势种和建群种缺失明显，使生物丰度和多样性下降。气候变暖还将导致大量生物物种由于不能适应新的环境而消亡或迁移，森林林带下限升高，物种、最适宜分布区发生迁移，而一些新的物种侵入到原有生态系统中，改变原有生态系统的结构、组成和分布。气候暖干化使地表水资源日益匮乏，湿地面积缩小，直接影响湿地生态系统，并促使农业灌溉需水不断增加，自然生态系统受到严重威胁并步入恶性循环。植被退化、覆盖率减少，意味着区域地表沙漠化和荒漠化的加速。地表特征改变在影响气候的同时，气候系统对地表特征的反馈作用又会进一步加剧西北地区地表沙漠和荒漠化速度[118]。土地利用/土地覆盖状况的恶化还直接影响到自然生态系统碳库功能，增加碳汇向碳源逆转的风险。气候变暖、冰川消融加剧、草地退化等环境要素变化，使得湖泊、河流、沼泽等正常演变规律遭到破坏，年际波动振幅加大，生态系统脆弱性加大、功能衰退，这些影响均可能导致自然生态系统的稳定性面临风险。

未来气候变暖西北部分地区因降水量或冰雪融化增加水量，内陆河流域上游地区将变湿，草场生产力和载畜量提高，典型草原和荒漠草原载畜量也将随降水量增加而增加。高寒牧区温带荒漠、高寒草原面积虽然将出现较大缩减，但气温升高可提高草地生产力，延长放牧时期，载畜量也随着温度升高而增加。四季草场如新疆北部，降水量增加和气温上升意味着冬季草场和春秋草场载畜量增加，在一定程度上有助于四季草场的平衡。升温还将促使冷温带落叶针叶林、温带灌草混交区、温带草原区面积将出现增加趋势，青藏高原地区植被带将出现向西北方向的推进[142]。2050 年后，因气候暖干化虽然使农牧交错带边缘和绿洲边缘区沙漠化土地面积增加，但生产力将增加 13% ~ 23%，此外，气候变化还会使西北地区森林生产力出现明显增加，最高增幅可达到 10%[143]。

7.3.2　对策建议

针对气候变化对西北生态系统的深远影响，要以加大保护力度和提高适应能力为主要核心内容，最大限度地降低气候变化的不利影响，挖掘有利因素，趋利避害。

7.3.2.1　科学合理安排生态环境建设

退耕还林（草）必须坚持因地制宜。要宜乔则乔、宜灌则灌、宜草则草、宜荒则荒。在年降水量 400mm 以下的地区，要以灌、草为主（干旱区以灌为主，半干旱区以草为主）。在干旱和极干旱的荒漠、半荒漠地带，植被建设更应以天然封育为主，辅以人工措施，恢复和重建内陆河两岸的胡杨林及荒漠上的沙生及盐生灌草植被。在人工绿洲内及其周边的防止风沙侵害、保护灌溉农田以及城镇绿化美化的植被建设，应以乔灌木树种为主，特别是节水和抗病虫害的乡土乔灌树种，利用多树种混生的优势，提高植被的生态及美化功效。总之，要确立以灌草为主，乔灌草结合的植被建设方向。要治沟与治坡结合，生物措施与工程措施、农业措施结合，以流域为单位实行综合治理、集中治理和连续治理[144]。

7.3.2.2 继续坚持、完善已有的生态环境保护措施

近年来，西北地区陆续开展了退耕还林、三江源生态保护与建设、天然林保护、青海湖流域生态环境保护与综合治理、防沙治沙、湿地保护和生态移民等重大工程建设。上述工程建设对保护和改善生态环境起到了重要作用，目前工程建设正在进行当中，要持之以恒，善始善终地完成上述工程建设。做到边建设、边发挥效益。巩固工程建设效果，长久发挥保护和改善生态环境的效益。

7.3.2.3 建立健全西北陆地生态系统综合监测体系

根据西北陆地生态系统的空间分布特征，结合气候变化影响程度，针对典型生态系统和脆弱生态系统，建立定位观测站点，加强陆地生态系统定位站的规划和建设，逐步完善西北陆地生态系统综合监测体系，建立由各级政府、科研组织和社会公众共同参与的陆地生态系统响应气候变化信息网，为未来气候变化风险预警提供基础。

7.3.2.4 切实保障生态用水

所谓生态用水是指保护一个地区、一个流域内生态平衡的最低用水量。对经济用水和生态用水进行优化配置，内陆干旱区的河流必须保证有水流到下游。例如黑河的正义峡下泄水量要达到 9 亿 ~ 10 亿 m^3，保证有水到达东居延海。因此，要较现状增加 2 亿 ~ 3 亿 m^3。石羊河流域最低生态用水量要达到 4 亿 m^3，要较现状增加 2 亿 m^3。在干旱区的社会经济系统和生态环境的耗水量以各占 50% 为宜。

天然绿洲的地下水埋深应保持在 4 ~ 5m，降到 6m 以下则使植被生长不良，并可导致死亡；如果地下水埋深保持在 3m 以上，则容易形成和加重土壤盐碱化。为了保持一定的地下水位，一是必须保证地下水的补给。在干旱区地下水的主要补给来自冰川雪水和降水的转换；二是禁止地下水的超采，严禁在绿洲边缘与沙漠边缘开采地下水。

7.3.2.5 大力加强沙尘暴源地的环境保护

沙尘暴源地十分广阔，几乎包含了干旱、半干旱地区的沙漠、戈壁、荒漠、草原以及农田。因此，首先要立足于保护沙尘暴源地的生态环境，严禁滥垦、滥牧、滥伐、滥樵、滥采等破坏生态环境行为。其次，对草原牧区、农牧交错区与黄土高原的旱坡地实施退耕退牧还草还林政策，增加地表植被覆盖；对旱地采取抗风沙的保护性措施，如实施草田轮作、冬春留茬、免耕、少耕等农业耕作措施；对绿洲地区营造防护林，以及实时灌水，推广地膜种植等农田防护措施，以减少农田起沙尘。其三，建立沙尘暴监测预报系统，及时预警沙尘天气的发生，并加强对沙尘暴发生发展规律的研究。

第8章 气候变化对水资源的影响与适应

8.1 气候变化对水资源的影响与适应

气候变化不仅可以影响水循环过程而且也会通过对区域气候的影响来改变冰川、积雪、湖泊、河流径流量等水资源的分布。西北区域的水资源主要包括黄河和长江上游及支流，西北内陆河的河川径流、高山湖泊、冰川积雪及地下水。全区多年平均水资源[145]总量2344亿 m^3，单位面积产水量为62300 m^3/km^2。

8.1.1 对冰川积雪的影响

冰川作为"固体水库"是西北干旱地区十分重要的水资源。近50年来，由于西北地区气温上升的速度超过全球增温速度，温度上升加大了冰雪融水和季节积雪融水量，使得冰川退缩加剧，冰川的数量、面积、冰储量显著减少，有些地方冰川还大量消失。

青海省地质调查院调查发现，20世纪70年代，青藏高原的冰川面积为48859.18 km^2，到21世纪初，冰川的面积变为44438.40 km^2，30年来，冰川面积减少4420.78 km^2，平均每年减少147.36 km^2，总减少率达9.05%，绝大部分冰川的冰舌处于退缩状态，大部分的雪线在上升，上升最多处有几百米。

河西走廊主要水源就是祁连山冰川和积雪。祁连山冰川冰雪融化成为石羊河、黑河、疏勒河三大水系。20世纪50年代末祁连山区共有大小冰川2859条，总面积达1972.5 km^2，冰储量811.2亿 m^3，其中河西内陆河流域祁连山区冰川2444条，总面积1647.21 km^2，冰储量801.31亿 m^3。受气候变暖影响，祁连山冰川物质亏损十分严重。1999—2001年间的冰川面积相对于20世纪50年代末总体缩小了8%（表8-1），其中党河流域冰川面积缩小了5%～7%，北大河冰川面积缩小了9.4%，黑河冰川面积缩小高达24.3%，大通河冰川面积缩小高达10.4%。近年来祁连山年冰川融水已经比20世纪70年代减少了大约10亿 m^3。

2007年10月野外调查发现，与20世纪50年代末相比，祁连山老虎沟12号冰川，海拔4400m以下区域冰面高程降低了20~25m；海拔4400~4600m，冰面高程下降10~20m；海拔4600~4800m，冰面高程下降约5m；4800m以上区域变化不明显。冰川末端退缩最大处约250m。通过对七一冰川进行雷达测厚发现，与1984年对该冰川的厚度测量结果比较，发现最近23年该冰川总体平均减薄了19.6m，而且在末端区域减薄程度最大，超过了50m。

经过多年的监测研究表明，祁连山冰川正在以每年超过2m的速度退缩，而且退缩速度在加快。在祁连山冰川东部年均退缩达16.8m，中部年均退缩达3.3m，西部年均退缩达2.2m，局部地区的雪线年均后退竟达12.5~22.5m。据原中国科学院兰州冰川所的研究与观测，河西祁连山20世纪80年代中期冰川退缩幅度较70年代中期有所减缓，但90年代以后，随着全球升温加速，祁连山冰川退缩幅度又有所增大[146]。

表8-1　祁连山区部分地区冰川变化遥感调查结果统计表

水系	1956—1957年 冰川面积（km²）	1999—2001年 冰川面积（km²）	冰川变化（%）
青海内陆水系	449.76	417.94	-7.07
党河	153.46	142.47	-7.16
疏勒河	606.58	573.62	-5.43
北大河	302.85	274.27	-9.43
黑河	103.94	78.65	-24.3
大通河	2.88	2.58	-10.42
合计	1619.47	1489.53	-8.02

积雪也是西北内陆区重要的淡水资源。近50年来西北地区冬季变暖十分显著，尤其20世纪90年代为最温暖的时期，积雪年际变化较大，但因年积雪日数和年累计积雪深度的增加，总体上，西北积雪仍属于围绕平均值的正常年际波动，积雪水资源比较稳定。以祁连山为例，祁连山北坡的雪线目前上升到4400~4600m。在祁连山南坡，以前曾经常年积雪的地方如今已不见雪迹了，黄河上游的重要支流湟水河和青海省境内的大通河、八宝河、托勒河以及40多条发源于祁连冰川的河流也因此水量大大减少。根据青海卫星遥感资料对比分析，2007年1月29日与2006年1月31日相比，祁连山东段积雪面积减少了6.5%，中段减少了8.7%，西段减少了18.6%。

8.1.2　对河流的影响

气候变化对河流的影响主要表现在对河流径流量的影响。40多年来，西北地区各河流年平均径流量基本为丰枯交替变化，但呈现出不同的变化特征与变化趋势。以大气降水补给为主的河流，如泾河、渭河水系由于短时局部降水多、大范围连阴雨较少，变率大，因此河流年径流量最不稳定。而冰雪融水补给为主的河流，由于发源于高山区，降水多且变率小，春季又有融水补充，年径流年际变化较为稳定。

8.1.2.1　对黄河和长江上游流量的影响

20世纪80年代中后期以来黄河源区气温明显上升，年降水量逐年微弱减少，年平均蒸散量上升，致使黄河上游年流量呈逐年减少趋势，尤其是20世纪90年代，下降幅度最大，减少206.8m³/s，减少了32%。但从2003年开始，黄河上游降水量持续增加，流量增多，2003—2008年黄河上游平均流量达567.2m³/s，较1991—2002年增加43.9m³/s，偏多8.9%。长江源区在2002世纪90年代以前呈减少趋势；进入21世纪后，长江源区降水量也明显增多，2003—2008年长江源区平均降水量增加了36.9mm，致使长江上游年平均流量高达447.5m³/s，较1991—2002年偏多82.3m³/s，偏多幅度[147]达22.5%（图8-1）。

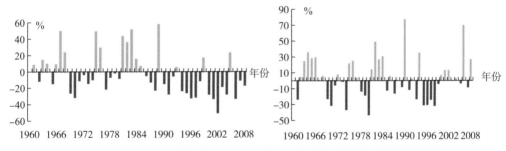

图8-1　1961—2008年黄河上游（a）、长江上游（b）年平均流量距平百分率

8.1.2.2　对内陆河流量的影响

在内陆河流域，除了祁连山东段的石羊河年径流量呈显著减少趋势，大部分内陆河有显著增加的趋势。

（1）疏勒河。

从疏勒河流域年径流量 Mann-kendall 统计值 Z_c（表8-2）可知：讨赖河年最大径流量、年最小径流量都有明显的增加趋势，但年径流量却少有变化，这表明讨赖河属于典型的季节性河流；昌马河年径流量、年最大径流量和年最小径流量总体均减少，尤其是年最小径流量显著减少。但通过对昌马河的 Mann-kendall 分析（图略），20世纪90年代后期为最低点，其后径流量逐渐增多，在近10年的时间里，昌马河一直持续增加；党河年径流量、年最大径流量、年最小径流量都有显著增加。就总趋势来说，讨赖河年径流量一直比较稳定，昌马河年径流量显著减少，而党河年径流量增加的趋势特别显著，这对于敦煌绿洲的生存是非常有利的[148]。

表8-2　疏勒河流域1973—2008年径流量Mann-Kendall统计值Zc

河　流	年径流量	年最大径流量	年最小径流量
讨赖河	0.036	0.492**	0.332*
昌马河	-0.390*	-0.310*	-0.670**
党　河	0.754**	0.754**	0.700**

*α=0.05的相关性检验；**α=0.01的相关性检验

（2）黑河。

图8-2给出了1944—2006年黑河流量长期变化的累积距平曲线，可见黑河流量60多年来丰、枯交替变化：20世纪50年代为丰水期，60年代至70年代中期为枯水期，80年代为丰水期，90年代为枯水期，从21世纪开始进入丰水期。丰水期正好是近半个多世纪以来全球气温升高最明显的时期，而枯水期亦然，说明黑河径流量与祁连山冰川的融化量息息相关。

通过计算黑河流量的线性倾向率得出，黑河年均流量略呈增加之势，其径流量气候上升率为$6.96m^3/10a$，增加趋势不太明显。从各季线性变化来看，四季均呈略增趋势，其中夏季流量相对较明显[149]。

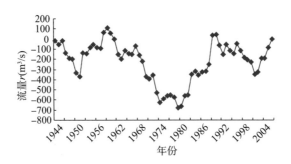

图8-2　黑河流量长期变化的累积距平

（3）石羊河。

石羊河流域年径流量总体呈明显下降趋势，线性倾向率达-0.5亿$m^3/10a$。20世纪50年代中后期平均径流量为12.1亿m^3，60年代10.5亿m^3，70、80年代分别为9.4亿m^3和9.8亿m^3，90年代减幅明显，平均只有7.9亿m^3，较80年代减少了19%。21世纪2001—2005年略有增加，平均为8.7亿m^3（图略）。受上游来水减少和人类活动双重影响，流入下游石羊河蔡旗断面来水流量亦呈大幅下降趋势（图略），由20世纪80年代的$7.05m^3/s$下降到2001—2006年的$4.14m^3/s$，线性减少倾向率[150,151]值为1.69m^3·s^{-1}·10a^{-1}。

8.1.2.3　渭河

渭河是黄河第一大支流。渭河源区1980—2006年年平均水资源总量为0.2157×10^{8}m^3。渭河源区渭源站径流量年际变化呈显著下降趋势(图8-3)，倾向率为-0.044×10^{8}m^3/10a，径流量年际变化曲线 Cubic 函数呈一峰一谷波动变化。通过 M-K 法对渭源站径流量年际变化序列进行了突变检测。表明渭河源区径流量从1993年开始明显下降，突变点在1993年。

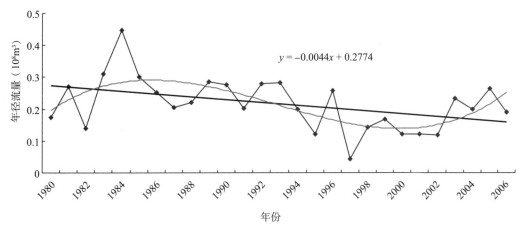

图8-3　渭河源区年径流量年际变化

8.1.3　对湖泊的影响

以青藏高原为主体的我国寒区聚集着大量的湖泊。高山湖泊处于自然状态，受人类活动影响较小，因此处于寒冷和干旱环境下的湖泊对气候变化较其他地区更加敏感。

降水、气温对不同湖泊有着不同的影响，变化关系表现得更为复杂，在降水增加、气温上升的情况下，由于升温引起湖泊蒸发效应超过降水增加导致的补给影响，湖泊总体趋于萎缩。以青海湖为例，1961—2008年，青海湖流域年降水量微弱增加，入湖流量减少，年蒸发量增加，青海湖水位总体呈下降趋势，水位下降率[152]为0.72m/10a。

21世纪以来，高原局地降水量开始明显增多，入湖径流增加，水位止跌回升。如2004—2008年青海湖流域平均降水量为431.3mm，较1971—2000年30年气候平均值增加了13%，2005—2008年青海湖水位4年累计上升54cm（图8-4）；据遥感监测，2008年7月湖泊面积与2004年同期相比，由4254.38km^{2}增大到4317.69km^2，增加了

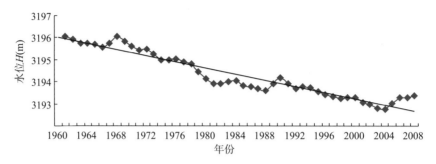

图 8-4　1961—2008 年青海湖水位的年际变化

63. 31km^2（表 8-3）。

表 8-3　2005—2008 年 7 月 21 日卫星遥感监测的青海湖湖泊面积变化

年　份	2004	2005	2006	2007	2008
面积（km^2）	4254. 38	4264. 12	4274. 07	4271. 31	4317. 69
与 2004 年的面积差（km^2）	—	9. 74	19. 69	16. 93	63. 31

　　进入 21 世纪后，哈拉湖、扎陵湖、鄂陵湖等青海其他主要湖泊面积同样呈增大趋势[147]，均分别由 2005 年的 602. 25、551. 50、635. 62km^2 增大到 2008 年的 609. 63、552. 00、695. 00km^2，分别增大了 7. 38、0. 50、59. 38km^2。

8.1.4　对地下水的影响

　　地下水和地表水具有密切的联系，地下水位的高低，随地表径流量的大小而改变。当地表水为丰水期时，地下水水位为高水位，当地表水为枯水期时，地下水水位为低水位。地下水位较地表水位滞后 2～3 个月。

　　受气候变暖及河水调蓄程度、利用率等因素的影响，近几十年，西北地区大部分地下水的补给量、补给数量等都随之减少。如河西走廊大部分地区的地下水位下降尤为明显。石羊河流域武威盆地的泉水量降低幅度更大，由 20 世纪 50 年代中期的 6. 92×10^{8}m^3 降至 70 年代末的 1. 91×10^{8}m^3，净减 5×10^{8}m^3，减少了 72% 以上，除此之外，泉水溢出带的位置也普遍向上游位移了 2～7km[153]。近 20 年来，武威盆地地下水位平均下降 6～7m，下降速度 0. 31m/a；民勤盆地地下水位平均下降 10～12m，下降速度 0. 57m/a，最大下降幅度 16m。地下水位的下降，引发了土壤盐渍化，土地沙化等生态环境问题[154]。

降水的时空变化对地下水资源的影响很大。西北区降水主要集中在山区，所以山区地下水资源主要接受降水的入渗补给。近几年，高原局地降水增多，使地下水位有回升态势。由柴达木盆地德令哈地区尕海 1－1 号井地下水位（埋深）动态特征（图 8-5）看出，与历年平均值相比，德令哈地区尕海 1－1 号井地下水位 1997—2003年间除 2000 年上升 0.17m 外，其余年份均在下降，而从 2004 年开始逐年持续上升，上升趋势非常显著，仅 2006—2008 年 3 年地下水上升 4m 多。

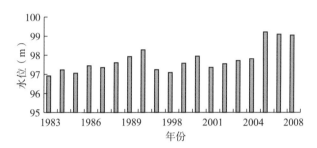

图 8-5　1983—2008 年柴达木盆地德令哈地区尕海 1-1 号井地下水水位曲线

西北地下水资源主要接受降水的入渗补给。一般年降水量小于 400mm，降水入渗补给减少 1/3，年降水量小于 200mm，则降水入渗补给可减少 50% 以上。对于地形较陡，降水集中的地区，也不利于降水对地下水的补给。银川平原、河套平原大部分地区，地下水位埋藏较浅，因缺乏补给空间，不利于降水对地下水的补给。西北干旱地区降水的年内变化较大，主要集中在 6—9 月，对于地表岩透水性能好，地下水埋深较大的地方，有利于对地下水的补给。

8.1.5　对土壤水的影响

土壤水作为环境生态表征因子之一，气候的冷暖变化必然会引起土壤水的对应响应。土壤储水量与温度呈反相关关系，即随着温度升高，土壤储水量减少。而与降水呈正相关关系，即随降水增加，土壤储水量增加。降水与土壤水的年际变化的关系密切[155]。

20 世纪 50 年代以来，随着温度升高、降水减少等气候因子的变化，甘肃黄土高原土壤含水有了比较显著的变化，0～200cm 土壤总储水量呈减少趋势，且 0～100cm 土壤储水量占 0～200cm 的比例减少了 6%～8%。自 20 世纪 90 年代以来，土壤水分容纳量减少之势加剧。陇东黄土高原 1991—2003 年土壤贮水量均值比 80 年代 0～100cm 土层减少 5～10mm，0～200cm 土层减少 10～15mm；陇西黄土高原 0～100cm 减少 15mm，0～200cm 土层减少 10～30mm[156]。

8.1.6 对空中水汽的影响

将西北地区分为三个气候区：①西风带气候区（下文简称西风带区），主要包括新疆、甘肃武威以西地区，38°N 以北、111°E 以西的内蒙古地区；②高原气候区（下文简称高原区），主要为青海省及甘肃省甘南自治州；③东亚季风影响区（下文简称东亚季风区），主要为甘肃武威以东地区、宁夏、陕西，38N°以南、111E°以东的内蒙古地区。对三个气候区分别讨论气候变化对整层空中水汽的影响[157]。

8.1.6.1 西风带区

西风带区空中水汽输送来源于两个方向，即沿纬向的西风水汽通量和经向的北风水汽通量。1978 年以前，输送到西风带区的净水汽通量为负，水汽收支呈"亏损"状态。其中来自经向的净北风水汽通量为正，净纬向西风水汽通量为负，说明净西风水汽通量的亏损是造成西风带区水汽收支为负的主要原因，同时也表明沿经向输送的北风水汽通量是 1961—1978 年供给该区降水的主要水汽来源。从 1979 年开始，由于净西风水汽通量亏损的显著减小，即由一直亏损转为亏损、盈余相间，从而在西风带大气中形成"水汽汇"，净水汽通量维持正值且呈增加趋势。净水汽通量的突变检测表明，自 20 世纪 60 年代以来就呈增加趋势，且在 20 世纪 80 年代中期以后较为显著，能通过 0.001 的显著性水平（$u_{0.001} = 2.56$），在增加过程中有突变发生，时间为 1985 年，比地面降水的突变提前 5 年左右。净纬向风水汽通量突变发生在 1982 年，早于净水汽通量；净经向风水汽通量则自 20 世纪 60 年代以来呈明显地减少趋势，减少过程中在 1978 年有突变发生。

8.1.6.2 高原区

输送到高原区大气中的水汽，既有来自纬向的西风水汽通量，又有从北边界流入的北风和南边界流入的南风水汽通量。该区空中净水汽通量一直为"亏损"状况，主要是由于西风水汽输送"透支"造成的，但随着西风水汽收支"亏损"的减小，到达高原区上空的净水汽通量呈增加趋势。其中，净经向风水汽通量收支在 $1 \times 10^5 \sim 2 \times 10^5 kg \cdot s^{-1}$，表明这一地区的经向风水汽有较大的开发潜力。突变检测表明：净纬向风和净水汽通量自 20 世纪 60 年代以来均呈增加趋势，且 20 世纪 90 年代以来变得尤为显著，能通过信度 0.001 的检验；净经向风水汽通量在 2000 年以前呈增加趋势，但自 2000 年以来呈下降趋势；三者在变化过程中均未检测到突变现象。

8.1.6.3 东亚季风区

在 1961—2003 年的 43 年中，东亚季风区净水汽通量整体上呈减少趋势，20 世纪 90 年代以前为正，水汽收支"盈余"，其后基本维持收支平衡状况；对应地面降水则表现为西北地区东部降水减少，干旱连旱趋势增加。近 40 年东亚夏季风强度呈整体减弱趋势，尤其在 20 世纪 90 年代更加显著，因此东亚季风区净水汽收支减少与东亚夏季风强度的整体减弱息息相关。净西风水汽通量一直为负，但"亏损"呈减小趋势，净经向风水汽通量为正却呈明显的减少趋势，其值在 $2 \times 10^5 \sim 5 \times 10^5 \mathrm{kg \cdot s^{-1}}$。由此可见，经向的水汽输送在东亚季风区形成"水汽汇"，是供给该区降水的主要水汽来源，而且这支水汽输送收支也远大于其他两区。突变分析发现，净水汽通量和净经向风水汽通量呈减少趋势，其中 20 世纪 70 年代中期以来尤为显著，能通过信度为 0.001 （$u_{0.001}$ = 2.56）的显著性检验，但未有突变现象；净纬向风水汽通量自 20 世纪 60 年代以来一直呈增加趋势，突变发生在 1975 年。

总之，在全球变暖的背景下，西北地区的西风带区在 1978 年以前净水汽通量呈"亏损"状态，之后维持"盈余"；高原区净水汽通量一直为"亏损"状态；东亚季风区 20 世纪 90 年代以前净水汽通呈"盈余"状况，其后基本维持平衡，且数值远大于其他区。西风带区降水和大气水汽在变化过程中均有突变发生，时间分别为 1985 年和 1990 年，其他两区没有突变现象发生。

8.2　水资源适应气候变化的措施与评价

水是人类社会赖以生存的宝贵自然资源，水资源短缺是长期制约西北地区社会经济发展的关键因素之一，采取合理措施开展对水资源的保护和开发利用，是实现社会和经济可持续发展的重要保障。气候变暖造成西北冰川面积减少，山地冰川退缩，雪线上升。为有效地应对全球气候变化对水资源造成的影响，西北区域通过开展人工增雨（雪）工程，加强水资源控制工程（水库等）建设，以及建设一些区域性调水和蓄水工程等，采取一系列的措施来应对气候变化带来的影响，从而制定适应气候变化对水资源影响的战略措施，在应对气候变化中实现对水资源的保护，以及可持续发展和利用。

8.2.1　人工增雨（雪）工程

据计算，空中云水资源有 28 万亿 t（仅占全球总水量的 0.002%），虽然总量少，但循环快，周期仅 8.7d。一年之内空中水可以循环 42 次，空中水量就是 1176 万亿 t，这远超出地表水的总量，为它的 8.4 倍。在西北地区，大约 85% 的水汽直接穿过该地区上空出境，只有约 15% 形成降水。

人工增雨（雪）是开发利用空中云水资源的主要途径。大量试验结果表明，在一定条件下对冷云催化可增加降水量 10% ~ 25%。据统计测算，飞机人工增雨的投入和效益比在 1:30 以上。人工影响天气在西北地区已经开展了约半个世纪，作为增加局地降水资源的重要手段。20 世纪末以来，人工增雨雪工程从试验阶段积极向常规业务化运行稳步开展。

2003—2008 年，陕西省共组织飞机增雨（雪）作业 169 架次，累计飞行 354h，作业累计影响面积 156 万 km^2，增加地面降水 43.5 亿 t。经增雨效果检验，增加降雨量 21.5%。全省平均每年飞行 35 ~ 40 架次。2003—2008 年，直接用于增雨的经费 2085 万元，以每吨降水按 1.0 元折算，增雨产生直接经济效益为 43.5 亿元，人工增雨效果显著，效益明显。

甘肃省早在 1958 年就开展了人工增雨（雪）工作。近 20 年来人工增雨（雪）工作又得到进一步的发展。甘肃省人工增雨防雹作业面积达 24 万 km^2，作业区域涉及甘肃省 13 个市（州）及宁夏和内蒙古的部分地区。甘肃省设置各类监测点 482 个，各类人影作业点 360 个，建立了省、市、县三级人影指挥系统及相关的配套设施。正常年份仅飞机作业可增加降水 15 亿 m^3 左右，按 1 元/吨水计算，每年产生的直接经济效益达 15 亿元。2010 年在祁连山实施人工增雨（雪），取得了明显效果，使石羊河蔡旗水文站流量超过 2.5 亿 m^3，完成了国务院对石羊河流域重点生态治理工程约束性指标。

青海省于 2007—2008 年的 3—10 月在全省范围内组织开展了人工影响天气工作，在青海省东部农业区和环青海湖地区开展了以春季抗旱为目的的飞机人工增雨工作。同时，在三江源地区开展了人工增雨，增加降水量 115.63 亿 m^3，对改善水资源短缺状况起到了积极作用。

1988 年，宁夏恢复人工增雨工作。自 2002 年始，宁夏回族自治区人民政府将飞机人工增雨工作目标由单纯抗旱保丰收、保障南部山区农业经济发展调整为在此基础上保障整个宁夏的生态环境建设，飞机人工增雨工作规模迅速扩大，作业范围由南部山区扩大到了全区，作业时间由 4—7 月初延长到了 4—9 月。1988—2008 年，21 年间宁夏飞机人工增雨作业飞行 304 架次，飞行时间 717h，作业面积约 837.8 万 km^2，增加降水 72.19 亿 t，创经济效益约 10.6 亿元，投入产出比 1∶25。

8.2.2　石羊河水资源综合利用工程

石羊河流流域内人均水资源占有量仅 $775m^3$，耕地亩均水资源占有量仅 280 m^3，属典型的资源型缺水地区。温家宝总理对石羊河流域的综合治理非常关注，明确指出，"绝不能让民勤成为第二个罗布泊，这不仅是个决心，而是一定要实现的目标"。为此，甘肃省人大制定《甘肃省石羊河流域水资源管理条例》于 2007 年 9 月 1 日正式实施。

石羊河流域的综合治理，根本的出路在于节水，节水的根本途径是改变生产方式。第一，采取调整农作物种植结构，大面积压缩农作物播种面积。农作物灌溉面积过大以及粗放的灌溉方式，是石羊河流域用水量居高不下的主要因素。因此，压缩高耗水的小麦和玉米种植面积，将实际农作物播种面积压缩到 20.67 万 hm^2 左右。第二，立草为业，积极发展草食畜牧业。大面积发展人工牧草，采取科学种草养畜的饲养方法，推行舍饲圈养，提高畜牧业的效益。第三，推行集约型生产，大力发展节水高效农业。发展日光节能温室；采用膜下滴灌技术发展棉花等节水农作物。第四，调整工业结构，走新型工业化道路。

8.2.3 黑河调水工程

针对日益严峻的黑河流域生态系统恶化局面和突出的水事矛盾，1999 年年末国家开始对水资源进行统一调度。2001 年 2 月 21 日，国务院第 94 次总理办公会议，讨论通过《黑河水资源问题及其对策》。2001 年 8 月 3 日，国务院以国函［2001］86 号文批复《黑河流域近期治理规划》，确定在黑河流域逐步形成以水资源合理配置为中心的生态系统综合治理和保护体系，上游以加强天然保护和天然草场建设为主，中游建立国家级农业高效节水示范区，深化灌区体制改革，大力开展灌区节水配套改造，积极稳妥地调整经济结构和农业种植结构，下游建立国家级生态保护示范区，加强人工绿洲建设，搞好额济纳绿洲地区生态建设与环境保护。

通过 5 年调水，流域水资源时空分布发生了重大变化。中游下泄水量逐年增加，按黑河分水曲线关系折算，莺落峡断面多年平均来水量为 15.8 亿 m^3，正义峡断面进入下游地区的水量由实施调度前（1997—1999 年）的平均 7.3 亿 m^3。分别增加到 2000—2003 年的 8.0 亿 m^3、8.3 亿 m^3、9.0 亿 m^3 和 9.5 亿 m^3。2001 年，黑河水到达额济纳旗首府达来库布镇；2002 年，黑河水进入干涸 10 年之久的东居延海，水域面积最大达到 23.5 km^2；2003 年，黑河水又进入了干涸 40 年之久的西居延海。从 2002 年以来，已经 10 次调水入东居延海，而且自 2004 年 8 月 20 日至 2006 年 4 月 17 日，已实现东居延海连续 605d 不干涸。东居延海长期保有一定水量，有效补充了湖滨地区地下水，湖区周边生物多样性明显增加，生态环境逐步恢复[158]。

8.2.4 疏勒河工程

疏勒河农业灌溉暨移民安置综合开发项目，于 1996 年 5 月启动，新建和改扩建支渠以上输水渠道 1248.89km，项目建设区中的昌马水库、双塔水库、赤金水库联合运行，改变了用水时间上的不平衡。

从 2003 年开始，甘肃省疏勒河流域水资源管理局启动实施了干海子候鸟自然保护区输水工程，连续五年向干海子候鸟自然保护区无偿调水 1 亿 m^3，使干涸 10 年之久的干海子重现千亩水面。输水沿线及干海子周边近百万亩的天然植被得到恢复，千亩水域引来久违的迁徙候鸟。此外，通过昌马、双塔、赤金峡三座水库联合调度，疏勒河灌区还向瓜州县桥子生态保护区和敦煌西湖国家级自然生态保护区、灌区防风固沙林带输送生态水 1.8 亿 m^3，疏勒河下游大片的胡杨林等天然植被得以修复，两岸湿地重现。

8.2.5 甘南高原工程

《甘南黄河上游重要水源补给生态功能区保护与建设规划》被列入国家"十一五"规划，于2007年12月4日，获得国务院正式批复实施。2007年12月20日，根据国家"十一五"规划设定的内容，由国家发改委正式批准的《甘肃省甘南藏族自治州黄河重要水源补给生态功能区生态保护与建设》项目正式启动。这是甘南有史以来规模最大的生态补偿工程，预算总投资44.51亿元，主要建设内容包括生态保护与修复工程、农牧民生活生产设施建设、生态保护支撑体系建设等[159]。

甘南黄河水源补给生态功能区的生态保护建设的实施，在治理草原沙化、草原鼠害和黑土滩方面成效明显。另外，长江上游白龙江流域甘南段生态综合治理项目也在进行前期规划，实施后将对保护流域林业资源、防止滑坡等自然灾害起到重要作用。2010年，甘南黄河重要水源补给生态功能区生态保护与建设项目又有新进展，甘南草原生态保护见成效。截至2010年3月底，全州共治理水土流失面积2724.9km^2，年均土壤侵蚀模数由未治理前的每平方千米335～568t减少到200～500t。

8.2.6 引洮工程

引洮工程就是引洮河水到甘肃中部地区，从而解决中部的定西、会宁等地处黄土高原丘陵沟壑区人民群众的生存和发展问题的建设项目。

引洮工程的供水范围西至洮河、东至葫芦河、南至渭河、北至黄河，受益区总面积为1.97万km^2，涉及甘肃省兰州、定西、白银、平凉、天水5个市，辖榆中、渭源、临洮、安定、陇西、通渭、会宁、静宁、武山、甘谷、秦安11个国家扶贫重点县（区），155个乡镇，总人口约300万人。引洮工程是从根本上解决甘肃省以定西为代表的中部干旱地区水资源供需矛盾，实现区域经济社会可持续发展的大型跨流域调水工程，是干旱区可持续发展的根本措施[160]。

8.2.7 宁夏引黄灌溉工程

引黄灌溉全灌区现有干渠、支干渠15条，总长1540km；排水干沟32条，总长790km；小型电力排灌站570座，排灌机井5060多眼；各大干渠总引水能力750m^3/s，年引水量67亿m^3，净用水量32.8亿m^3，总灌溉面积48万hm^2。随着灌区水利事业的发展，灌区效益不断增长，粮食总产量由1949年的1.6亿kg增加到2008年的21亿kg，增长了13倍。引黄灌区以占自治区58%的人口、29%的耕地创造了自治区83%的当地生产总值和70%以上的粮食产量，是宁夏经济和社会发展的精华地带[161]。

为提高引黄灌溉水的利用率及其管理水平，经研究，节水条件下的灌溉模式可节水36.9%～46.6%，增产10%[162]。针对宁夏引黄灌区安全利用微咸水灌溉所亟待解决的有关技术问题，指出了微咸水灌溉利用的研究方向[162]。提出了实施灌溉三种管理模式，即"供水公司+农民用水者协会+用水协会会员"的灌溉模式；银南和银北的自流灌区模式；扬水灌区和南部山区节水灌溉模式[163]。

1998年以来，该区开工建设了扶贫扬黄工程、沙坡头水利枢纽、灌区续建配套与节水改造等一批重点骨干水利工程。同时在全区大力推行节水灌溉，重点推广水稻节水控灌技术，管灌、喷灌、滴灌等高效节水技术；推广应用垄作沟灌溉技术、地膜覆盖技术等节水技术措施，大大推动了农业节水。其中，水稻控灌技术亩均田间节水404m³，节水幅度达31.4% ~ 43.5%。目前全区节水灌溉工程措施面积已累计达到21.38×10⁴hm²，其中集雨节灌面积达1.3×10⁴hm²，水稻控灌面积5.3×10⁴hm²，年引黄河水量由1999年的88.6×10⁸m³减少到2006年的68.45×10⁸m³，减少了1.3×10⁴hm²。同时，宁夏加大了农业种植结构的调整力度，压缩高耗水的粮食作物，扩大节水高效的经济作物种植，大力推广农业节水耕作技术，实现了节水增效。

8.2.8 陕西引汉济渭工程

为了缓解关中地区水资源供需矛盾，陕西省政府于2008年规划"引汉济渭"工程，计划2009年汛后主体工程开工，预计在2015年全部建成。该项工程是一项由陕西省汉江流域向渭河流域调水的大型水资源配置工程。根据陕西省编制的《渭河流域综合治理五年规划（2008—2012年）》，"引汉济渭"调水工程建成后，可满足关中地区渭河沿线西安市等4个区市、13个县城、8个工业园区2020年的城市生活、工业和生态环境用水需求，还可以归还渭河河道被挤占的生态用水量，使渭河河道低限生态用水量达到51.1亿m³，极大地改善渭河河道生态环境。"引汉济渭"工程每年将从汉江上游调走15亿km²，主要供水对象为关中地区城市和工业，从而把被城市超采、超用的水量还给生态。实施"引汉济渭"工程可缓解西安市和关中地区的缺水状况。

根据经济效益分析成果，"引汉济渭"工程国民经济收益率为15%，财务内部回收率9%，具有较好的经济效益和财务效益，有条件实现长期良性运行[164]。

8.2.9 节水型社会建设

建设节水型社会是解决干旱缺水问题最根本、最有效的战略措施，建设节水型社会的社会意义重大。张掖市是我国第一个节水型社会建设试点城市，并于2006年9月通过了试点的验收工作，2006年12月，水利部授予甘肃省张掖市"全国节水型社会建设示范市"称号。2004年1月，水利部正式批复将西安市列为全国节水型社会建设试点市。宁夏是全国第一个省级节水型社会建设试点省份，围绕水资源开发利用方式的转变与用水效率效益的提高，开展了工业、农业、学校等各类节水载体建设，在持续干旱、用水需求不断增长的情况下，实现了用水总量逐年下降的局面，以有限的水资源保障了宁夏"十一五"期间全区 GDP 12.7%的增速，同时也为"十二五"全国节水型社会建设进行了有益的探索[165]。

自 1998 年水利部提出了开展跨世纪节水行动以来，西北区域取得一定的成绩，同时存在以下一些问题。主要是未充分发挥水价的杠杆作用；农业用水效率偏低，耗用水量过大，占总用水量的 90%以上；节水工作资金投入不足，节水工程建设相对滞后；环保科技产品推广不够[165]。

8.2.9.1　陕西

早在 20 世纪 50 年代，陕西省在部分灌区开始实行计划用水，着手研究和推广沟灌和小畦灌等；60—70 年代，主要开展了灌区平地、田间工程配套等农田基本建设；80—90 代初期主要开展了方田建设，同时进行了喷滴灌等新技术的示范推广，并对部分灌区的灌溉设施进行了更新改造；90 年代后期以来，一方面开展了以渠道防渗为主要内容的大中型灌区续建配套，一方面开展了面上节水灌溉示范，面上示范主要推广五类技术：渠道防渗、低压管道输水、喷灌、微灌（微喷、滴灌）以及雨水积蓄利用。

从 1996—2004 年，中央和省级财政用于陕西省节水灌溉示范项目的投资为 11260 万元。"九五"以来，全省节水灌溉发展成绩突出，但任务仍然繁重。根据 2003 年水利年报统计，陕西省总灌溉面积达到 143 万 hm²，其中节水灌溉工程面积达到 69.5 万 hm²，占总灌溉面积的 48%。措施分布为：渠道防渗为 57.9%，低压管道输水为 22.5%，喷灌为 4.8%，微灌 2.2%，其他 12.6.%。节水效果较好的喷灌和微灌工程面积还达不到 10%。因而，今后推广节水灌溉的任务还很艰巨[166]。

8.2.9.2　甘肃

甘肃以推广 1000 万亩高效农田节水技术为契机，在河西及沿黄灌区实施农艺节水、工程节水、管理节水相结合的节水措施，注重农机农艺配套，构建节水高效农业技术体系，努力把甘肃灌区建成全国节水型农业示范区。

根据省委、省政府的决策部署，河西及沿黄灌区 3 年累计推广 1000 万亩高效农田节水技术，节约 10 亿 m³ 的农业用水。2010 年，甘肃在河西及沿黄主要灌区推广高效农田节水技术 15.11 万 hm²，取得了显著的节水增产效益，共节水 2.22 亿 m³，增效 1.8 亿元。2011 年，甘肃将在河西灌区及沿黄主要灌区的 7 市 20 个县（市、区）以及辖区内的省农垦农场整合资金 4242 万元，实施高效农田节水技术 23.33 万 hm²。其中，膜下滴灌 0.667 万 hm²，垄膜沟灌 20 万 hm²，垄作沟灌 2.67 万 hm²。

2011 年，甘肃将探索发展高效农田节水新模式、新途径、新举措，努力实现"示范推广高效农田节水技术 23.33 万 hm²、节水 3.5 亿 m³"的目标。通过应用膜下滴灌技术，井灌区平均亩节水 200m³ 以上，亩增收 150 元；应用垄膜沟灌技术，河西灌区平均亩节水 120m³，沿黄高扬程灌区平均亩节水 100m³，项目区平均亩增收 60 元，并积极示范全膜沟播沟灌技术；应用垄作沟灌技术平均亩节水 60m³，亩增收 20 元。实施这些节水技术，使灌溉水的利用率提高到 60% 以上，实现水资源的高效利用。

8.2.9.3 青海

在 20 世纪 80—90 年代，青海省科学地总结出适合全省推广应用的各项关键技术：①大搞农田基本建设，治山改土，综合治理。全省经过 40 多年坚持不懈的努力，目前全省治理水土流失面积 5370.8km²，植树种草 25.67 万 hm²，有 176 条小流域达到治理标准；②开发和利用水资源，推广集雨节水补灌技术。目前全省已建集水窖 7.2 万眼。从 1996 年开始试验示范集雨节水补灌工程，拦蓄一部分径流，采取新的灌溉方式，有效解决旱地补灌问题；③选用抗旱丰产的优良品种；④广辟有机肥源，增施有机肥料，培肥地力。目前山旱地区有机肥使用面积达 75%，使用量达每亩 2t 左右，全省绿肥种植面积 1.3 万 hm² 左右；⑤推广深翻秋施肥，春季免耕条播。目前全省秋季深翻施肥、春季免耕条播面积 1.32 万 hm²；⑥推广条播、早播、顶凌播种等技术；⑦推广旱地沟播和分层施肥播种技术，提高肥料利用率；⑧合理调整作物布局；⑨开展配方施肥工作，提高施肥效益；⑩重视推广群众传统的旱作农业经验。发展旱作节水农业是保证青海粮食安全、山旱地区农民脱贫致富的重要举措[167]。

2002 年，青海省的黄河谷地、柴达木绿洲、海南 3 项打捆灌区规划通过水利部审查，其中，海南灌区续建配套与节水改造项目区共包括 16 个灌区，规划灌溉面积 2.01 万 hm²，计划续建配套改造渠道工程 8 处，改建干、支渠 1617km，改造渠系建筑物 1712 座，工程规划总投资 2.28 亿元，它是青海省 4 大灌区续建配套与节水改造工程之一。2009 年，青海省灌区续建配套与节水改造工程得到了国家的大力支持，已落实下达资金 4380 万元，海南灌区续建配套与节水改造工程正式启动。

8.2.9.4 宁夏

宁夏是第一个全国节水型社会建设试点省份，也是全国节水型社会建设的重点区域，从 2006 年开始试点建设，宁夏紧紧围绕经济结构战略性调整和加快经济发展方式转变，密切结合新型工业化、城镇化和农业现代化发展战略，以提高用水效率与效益为核心，以用水总量控制为重点，在水权制度建设、产业结构调整、水资源管理能力、水资源调配和综合利用、节水利益调节机制和农民用水户协会建设等方面取得突破，特别是宁夏以水权转换为突破口，以"农业资源节水—水权有偿转让—工业高效用水"为区域节水构架，在更深层次、更广范围上推进了水权转换制度建设，有效提高了区域水资源承载能力，为解决我国西北地区工业化发展和农业现代化面临的水资源刚性约束问题提供了有益的借鉴。其主要做法有以下五个方面。

（1）加强调查研究，科学分析供水成本。按照宁夏回族自治区党委、政府的要求，水利厅编制完成《宁夏引黄灌区水利工程供水成本测算与水价研究》《宁夏引黄灌区水利工程供水价格情况调查》《宁夏水管体制改革水管单位供水成本分析与经费预测》等报告，为深化农业水价改革提供了基础资料。

（2）实施小步快走，逐步提高水价标准。2000年以来，宁夏回族自治区采取"小步快走、逐步到位"的方式，连续5次调整农业供水价格。目前，自流灌区农业供水和农村饮水价格为3.05分/立方米，水产、生态用水为3.4分/立方米，旅游、城镇和工矿企业用水为5.95分/立方米。自流灌区农业供水价格比2000年提高近5倍。

（3）实行分类定价，充分发挥杠杆作用。对农村饮水、生态、旅游等用水实行了具体分类，并坚决实行超定额用水加价收费政策。目前，自流灌区农业用水超定额加价2分/立方米，水产、生态用水超定额用水加价4分/立方米，旅游、城镇、工矿企业用水超定额加价8分/立方米。分类定价、超额加价政策的实行，使农民和用水单位充分认识到节水就是节钱，节水就是增效。2010年宁夏全年引黄水量63.91亿 m^3 ，较1999年减少23.9亿 m^3 ，价格杠杆作用发挥明显。

（4）改革管理模式，确保水费合理使用。2004年以来，全面推行了农村水费改革。成立农民用水户协会参与灌溉管理，取消征工折款和支斗渠以下维管费名称，实行三费合一的"一价制"水价政策，推行"水管部门统一开票到户，农民用水户协会统一收费到户"的模式。水费管理实行内部"收支两条线"，收取的水费全额上缴水管单位。通过规范水费管理模式，切实解决了收费项目多、环节多和搭车收费等问题。

（5）践行水权理论，切实提高用水效益。2003年开始，率先在黄河流域开展水权转换试点，在不新增用水指标的前提下，通过采取各种节水措施，将农业节约水量有偿转让给工业项目，实现了水资源的优化配置。开展了唐徕渠、惠农渠、汉渠三大灌域节水改造工程建设，砌护干渠60.84km，砌护支斗渠199.47km，改造建筑物2575座。建设井渠结合项目区13处，发展灌溉面积1.02万 hm^2 。通过水权转换项目的实施，农业节水支持了工业建设，单方水供水价格由农业供水价格的3.05分增加到工业供水价格的235分，工业供水价格是农业供水价格的77倍。"企业花钱买水权"的模式，促进了水资源向高效益、高效率行业流转，促进了经济社会的可持续发展[168]。

宁夏节水型社会建设有力地促进了全区用水方式转变，改善了水生态环境，为全区经济社会发展提供了可靠的水资源保障。五年来宁夏全区用水总量减少5.7亿 m^3 ，万元GDP用水量从1274 m^3 下降到651 m^3 ，万元工业增加值用水量从173 m^3 下降到91 m^3 。城市污水处理率由30%提高到70%，黄河干流宁夏段水质明显好转。

8.3 未来气候变化对西北区域水资源的可能影响与适应对策

8.3.1 未来可能影响

8.3.1.1 对冰川及其融水的可能影响

影响未来冰川融水径流变化有 5 项因素,即温度、降水、冰川动力变化、冰川规模大小和不同冰川类型响应气候变化的敏感性。温度升高特别是夏季持续升温有决定性影响。根据有不确定性的综合预测,2050 年,西北气温可能明显变暖 1.9 ~ 2.5℃,青藏高原温度可比 20 世纪末升高 2.5℃ 左右,其导致冰川强烈消融的夏季升温为 1.4℃,将使平衡线上升 100m 以上,冰舌区消融冰量超过积累区冰运动下来的冰量,冰川出现变薄后退,初期以变薄为主融水量增加,后期冰川面积大幅度减少,融水量衰退,至冰川消亡而停止。根据小冰期以来冰川退缩规律和未来夏季气温和降水量变化的预测结果,到 2050 年西部冰川面积将减少 27.2%,折合冰量约 16184km²;冰川物质平衡每年亏损值分别高达 -1318mm、-900mm 和 -623mm;冰川平衡线高度将分别上升 238m、168m 和 138m[169]。干旱气候将导致青藏高原周边冰川面积消减 10% 以上;高原腹地冰川面积减小近 5%,且近年来有加速消减趋势[170]。

刘时银等[171]利用度日因子模型和 ECHAN5 全球气候模式的输出结果对西北地区重点流域冰川融水变化进行了预估,表 8-4 是根据该模型计算的各重点流域冰川融水在 3 种未来气候变化情景(A1B,A2,B1)下的变化趋势,各年份的数值范围分别表示 3 种未来气候变化情景下的上限值和下限值。

表 8-4 重点流域冰川融水的未来变化趋势 (单位:亿 m³)

河流水系	黑河	石羊河	疏勒河	党河	北大河	哈尔腾河	大通河
2007—2010 年	1.3 ~ 1.4	0.39 ~ 0.40	3.5 ~ 3.8	2.2 ~ 2.4	1.09 ~ 1.15	1.9 ~ 2.0	0.36 ~ 0.39
2011—2020 年	1.2 ~ 1.3	0.37 ~ 0.38	3.7 ~ 3.8	2.4 ~ 2.4	1.09 ~ 1.11	2.1 ~ 2.1	0.34 ~ 0.36
2021—2030 年	1.1 ~ 1.2	0.34 ~ 0.35	4.0 ~ 4.1	2.5 ~ 2.6	1.09 ~ 1.15	2.2 ~ 2.3	0.34 ~ 0.35
2031—2040 年	0.9 ~ 1.0	0.29 ~ 0.31	4.0 ~ 4.5	2.6 ~ 2.9	1.03 ~ 1.10	2.3 ~ 2.5	0.29 ~ 0.30
2041—2050 年	0.7 ~ 0.8	0.24 ~ 0.26	3.9 ~ 4.3	2.5 ~ 2.8	0.95 ~ 0.96	2.3 ~ 2.4	0.23 ~ 0.25

从表 8-4 可以看出,黑河流域冰川融水 2007 年后呈逐步减少趋势,到 2020 年将进一步减少到 1.15 亿 m³;到 2030 年变为 0.94 亿 m³,在 2040 年将快速减到 0.7 亿 m³左右。2007—2030 年基本上以较小的幅度减少,而在 2030 年后融水将快速减少。从冰

川融水峰值看，2010 年前黑河流域的冰川融水可能已经达到峰值。

石羊河流域与黑河流域表现了相似的趋势。石羊河流域冰川融水 2007 年后呈逐步减少趋势，从 2007 年的 0.37 亿 m³左右减少到 2010 年的 0.37 亿 m³左右，到 2020 年进一步减少到 0.34 亿 m³左右，到 2030 年快速减少为 0.30 亿 m³左右，在 2040 年将减少到 0.25 亿 m³左右。2007—2030 年基本上以较小的幅度减少，而在 2030 年后融水快速减少。从冰川融水峰值看，2010 年前石羊河流域的冰川融水可能已经达到峰值。

疏勒河冰川融水 2007 年后呈逐步增加趋势，从 2007 年的 3.65 亿 m³左右增加到 2010 年的 3.75 亿 m³左右，到 2020 年快速增加到 4 亿 m³左右，到 2030 年变为 4.2 亿 m³左右，不同情景下冰川融水的差异较大。在 2040 年将稳定或小幅减少到 4 亿 m³左右，不同情景下冰川融水的差异较大。2007—2010 年基本上有稳定的增加，而在 2020—2030 年冰川融水快速增加，2031 年后不同情景下冰川融水的差异较大。从冰川融水峰值看，疏勒河流域的冰川融水在 2030 年在 A1B 和 B1 情景下可能达到峰值，在 A2 情景下 2040 年仍然没有达到峰值。

党河冰川融水 2007 年后呈逐步增加趋势，从 2007 年的 2.3 亿 m³左右增加到 2010 年的 2.35 亿 m³左右，到 2020 年快速增加到 2.55 亿 m³左右，到 2030 年变为 2.7 亿 m³左右，不同情景下冰川融水的差异较大。在 2040 年将稳定在 2.7 亿 m³左右。2007 年到 2010 年基本上有稳定的增加，在 2020 年冰川融水快速增加，2031 年后冰川融水基本稳定，不同情景下冰川融水的差异较大。从冰川融水峰值看，党河流域的冰川融水在 2030 年在 A1B 和 B1 情景下可能达到峰值，在 A2 情景下 2040 年仍然没有达到峰值。

北大河冰川融水在 2030 年前呈稳定趋势，不同情景下的差异较大。从 2007 年的 1.1 亿 m³左右稳定在 2010 年的 1.1 亿 m³左右，到 2020 年仍维持在 1.1 亿 m³左右，到 2030 年有小幅减少，变为 1.05 亿 m³左右。在 2040 年将减少到 0.95 亿 m³左右。2007—2030 年基本上有稳定的增加，而在 2030 年后冰川融水有显著的减少，同情景下冰川融水的差异较大。从冰川融水峰值看，北大河流域的冰川融水在 2020 年在 A1B、A2 和 B1 情景下均可能达到峰值。

哈尔腾河冰川融水 2007 年后呈逐步增加趋势，从 2007 年的 1.9 亿 m³左右增加到 2010 年的 2 亿 m³左右，到 2020 年将增加到 2.2 亿 m³左右，到 2030 年变为 2.3 亿 m³左右。在 2040 年将稳定在 2.3 亿 m³左右。2007—2030 年基本上有稳定的增加，而后基本稳定，2031 年后不同情景下冰川融水的差异较大。从冰川融水峰值看，哈尔腾河流域的冰川融水在 2030 年在 A1B 情景下可能达到峰值，而在 A2 和 B1 情景下在 2040 年仍然没有达到峰值。

大通河冰川融水 2007 年后呈逐步减少趋势，从 2007 年的 0.37 亿 m³左右减少到 2010 年的 0.35 亿 m³左右，到 2020 年稳定在 0.35 亿 m³左右，到 2030 年快速减少为 0.29 亿 m³左右。在 2040 年将减少到 0.24 亿 m³左右。2007—2020 年基本上以较小的幅度减少，而在 2030 年后融水快速减少。从冰川融水峰值看，大通河流域的冰川融水在 A1B、A2 和 B1 情景下均可能达到峰值。

8.3.1.2 对河流径流量的可能影响

根据敏感性实验和各种模拟研究，干旱气候变化对径流有明显的影响。西北内陆河地区气温升高对径流的影响表现为山地冰川消融增加，导致冰川储量的巨额透支，这种巨额透支在短期内提高了对河流的补给程度，但从长远看，许多以冰川为水源的河流将面临枯竭。另外，降水对径流有直接的影响，但径流对降水的敏感性随流域海拔上升而增加，对气温的敏感性随流域海拔上升而减少。对于年平均温度为 0.4℃ 的高寒山区，气温升高 1℃，径流减少 3%；降水增加 20%，径流增加 52%。如果未来西北地区气温升幅由 2010 年的 0.1℃ 增至 2050 年的 2.1℃，降水增幅由 2010 年的 5% ~ 16% 增至 2050 年的 14% ~ 27%，则未来西北地区的年径流量将呈增加趋势，其增幅约为几个百分点至十几个百分点。高寒山区随着气温升高，春季径流将明显增加，洪峰将提前出现，其他季节径流减少，尤其夏季减少的最多[172]。但也有研究指出，受人口、城市化及工业化快速发展的影响，黄河流域的缺水情况将日趋严峻。到 2010、2020 和 2030 年，黄河流域水资源短缺[173]将分别达到 $22.9 \times 10^8 m^3$、$62.4 \times 10^8 m^3$ 和 $66.2 \times 10^8 m^3$。

基于不同气候变化情景的预测，未来黄河上游流量的丰、枯变化虽然存有不确定性，但大多数研究较为一致地认为黄河上游未来径流量的减少趋势可能是不可避免的。在未来 50 年黄河上游的流量在 A2（中—高排放）、B2（中—低排放）情景下都呈下降的趋势。总体来看，2020 年以前径流量基本上是小幅振荡，未来 50 年内径流量的衰减幅度一般在 -10% 以内，2050 年后随着气温的快速攀升径流量可能平均每 10 年减少 5% 以上，2060 年以后，流量则可能加速下降。在 SDS（大气环流模式统计降尺度）情景下 21 世纪 20 年代、21 世纪 50 年代和 21 世纪 80 年代 3 个时期黄河上游流量较基准期（1961—1990 年）将可能分别减少 $88.61 m^3/s$（24.15%）、$116.64 m^3/s$（31.79%）和 $151.62 m^3/s$（41.33%）[图 8-6（a）]，而 Delta（大气环流模式迭代法）情景下流域年平均流量变化相对较小，与基准期相比未来 21 世纪 20 年代、21 世纪 50 年代可能分别减少 $63.69 m^3/s$（17.36%）和 $1.73 m^3/s$（0.47%），而 21 世纪 80 年代将可能增加 $46.93 m^3/s$（12.79%）[图 8-6（b）]。青海省气候变化监测评估中心基于 SRESA1B（未来温室气体中等排放）情景下的预估表明，未来黄河上游流量同样可能呈明显减少趋势，21 世纪 20 年代、21 世纪 50 年代年平均流量分别为 $593.61 m^3/s$ 和 $525.11 m^3/s$，与基准期相比可能分别减少 14.9% 和 24.7%。

由于气温上升所引起的蒸散发损耗的增加将在很大程度上抵消降水量的增加，而且社会经济的发展对于水资源需求的不断增长，未来黄河上游水资源供需情势将可能

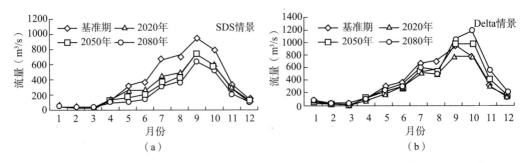

图 8-6   未来不同时期 SDS（a）及 Delta（b）情景下模拟流量与基准期模拟流量的比较

更加严峻。同时，黄河上游流量的波动变化对区域内生态环境有显著的影响，近 50 年来流量减少趋势使与河流水体相连并进行水量交换的湖泊、沼泽湿地变干退化，生态环境明显恶化。未来流域流量可能持续减少，将会使黄河上游水文水资源情势和生态环境面临更大的挑战，对于以水电为主的青海电力生产也将可能带来不利影响，但这种趋势仍具有一定的不确定性[174]。

8.3.1.3　对青海湖水位的可能影响

借助于全球气候模式（德国 MPIECHAM510）输出信息和流域最近 40 年的气象观测资料，预估了未来 30 年青海湖湖泊水文变化情景。结果表明，青海湖水位的未来变化将经历缓慢下降、逐渐回升、稳步升高 3 个阶段，到 2030 年，湖泊水位将达到 3195.4m 左右，高出目前水位约 2.2m，面积接近 4500km²，蓄水量达到 813 亿 m³，湖泊恢复到了 20 世纪 70 年代初的水平，预计这一结果将会缓解目前青海湖流域水资源紧缺的格局[175]。

据有关研究表明，在未来气候增暖而河川径流量变化不大的情况下，湖泊由于水体蒸发加剧，而入湖河流的来水量不可能增加，将会加快萎缩、含盐量增长，并逐渐转化为盐湖。而少数依赖冰川融水补给的高原湖泊，可能先因冰川融水增加而扩大，后因冰川缩小融水减少而缩小，受降水、河川径流或降水与冰川融水混合补给的大湖，其变化趋势难以断定。如青海湖长期处于较大的负平衡状况，湖水位呈下降趋势，近几年来有回升的现象。有研究指出，在今后的 50 年里，青海湖水还将下降 20 多米，湖面要减缩 500 多平方千米[174]。

有关气候变化对西北地区湖泊影响的数值模拟结果表明，当气温不变、降水量增加 1mm 时，水位上升 4.1mm；当降水量不变、气温升高 1℃时，水位下降 95mm；若不计降水量变化，当陆面蒸发增加 20mm，水位减少 6.3mm。即降水增加对湖泊水位的影响是正效应，而气温上升和蒸发增大对水位的影响是负效应（青海省三江源适应气候变化行动计划建议报告，2008）。未来温度继续升高，湖区水面蒸发和陆面蒸散有所增加，若多年平均降水量增加 10%，仍不足以抑制湖面的继续萎缩，仅减缓趋势，但如降水增加 20% 或更多，将出现湖泊来水量增加，湖泊转向扩大，水面上升，湖水淡化的有利条件。

8.3.2　适应对策

8.3.2.1　加强水资源管理

流域水资源统一管理，包括对水资源开发、利用、治理、配置、节约、保护以及水土保持等活动的管理。对水资源实行统一规划、统一调度、统一发放取水许可证、统一征收水资源费、统一管理水量与水质。要通过水资源的统一管理，增强江河、湖泊安全泄洪排涝能力，改善流域水环境，为流域内国民经济和社会发展提供有效保障。

加快制定水资源综合规划，完善取水许可制度和水资源有偿使用制度，健全节水用水管理制度，制定水源地保护和水功能区水质达标措施，切实保护水安全。

8.3.2.2　加快节水型社会建设步伐

应科学、合理地调整、制定水价，大力推广节水器具。水价构成中要考虑社会成本、生态成本和未来成本等费用。一方面宣传使用节水器具知识，另一方面向大家推荐更多经济实惠、功能好的节水器具。

合理配置水资源。形成水资源统一管理体制，全面推行用水与排污总量控制，建立规范的水权交易规则、制度和市场，形成合理的水价形成机制和水资源与生态保护的运行机制。建成水资源管理信息系统，实现水资源实时监控、优化调度和数字化管理。

统筹考虑经济、社会、自然的协调发展，把节水与生态保护、流域综合治理结合起来，尽量避免或减少其负面效应。在中游节水的同时，应做好上游产流区的水源涵养工作，开展人工干预增水，增加水资源总量，提高水资源供给保证率。

加大投资力度，加强对节水型社会建设的宣传、教育。一方面政府要加大投资力度，另一方面也要充分发挥当地企业的社会责任，为节水型社会建设添砖加瓦。还要开展各种形式的"节水宣传活动"，提高全社会的节水意识，普及节水知识[176,177]。

8.3.2.3　加快骨干型水利工程建设

加快重大调水工程的建设步伐，进一步提高流域内水资源的开发利用程度和向外流域调水工程建设的前期规划论证工作。黄河流域水资源严重紧缺，支流开发滞后，在加快支流重大控制性水库建设的同时，加大南水北调西线前期工作力度，加快开工建设的步伐。要充分发挥各种水库的效能，雨季储藏洪水，搞好旱涝调节。

8.3.2.4　加强水土保持

建立健全水土保持生态环境建设、管理、监测、保护的法律法规和制度体系，配套完善地方性法规和具体实施规定，依法进行水土保持生态环境建设的各项活动，加强对水土流失的监管，严格控制人为因素造成的水土流失。

8.3.2.5 合理开发利用空中水资源

推进重点地区人工影响天气工程建设。在黄河上游河曲地区及"三江源"地区，祁连山地区，开展以人工增雨（雪）为主的工程建设，建立国家级人工影响天气作业示范基地。围绕江河源头（水源地）和大型水利设施，对重点区域组织规模化作业。建设先进的作业飞机、科学设计的效果检验区、人工增雨作业指挥系统、技术支撑保障系统。

建立和完善以抗旱、增蓄、生态恢复治理、水资源开发综合利用为目的的人工增雨作业体系。努力构建布局科学、手段先进、作业规范、评估准确、服务全面的具有地方特色的新一代人工影响天气体系。完善典型地区人工影响天气的监测、指挥、作业和评估系统。

8.3.2.6 关键技术的应用开发

研究开发工业用水循环利用技术，重点研究开发空中水、地表水和地下水的转化技术和优化配置机制，污水、雨洪资源化利用技术，开发灌溉节水、旱作农业节水与生物节水综合配套技术，重点突破精细灌溉技术、智能化农牧业用水管理技术及设备，加强生活节水技术及器具开发。

第9章 气候变化对畜牧业的影响与适应

9.1 气候变化对畜牧业的影响

9.1.1 对草地生产力的影响

近年来，随着全球气候不断变暖，西北各地草地生产力对其产生了不同的响应。1987 年以来处于青海省的长江、黄河源区土壤湿度下降明显，表明在气候暖干化状况下，土壤蒸发量远大于降水的补给量，植被净初级生产力在此气候环境影响下，年际波动明显，而且在近十几年下降明显[178]。自 1993 年以来，根据模型计算的净第一性生产力与在羊草样地上实测的地上生物量值都有明显的下降趋势。冬季增温使该地区春季干旱进一步加剧，并使典型草原生产力下降。1954—2004 年以来的 51 年内，宁夏盐池草地气候生产力呈增加趋势，草地气候生产力与年降水量关系密切，水分是制约草地气候生产力的关键因子。未来"暖湿型"气候对盐池草地的干物质生产最有利，平均增产幅度为 10%，而"冷干型"气候对草地的干物质生产最不利，平均减产幅度为 10%。若气温升高 1~2℃，降水量增加 10%~20%，则盐池草地的气候生产力将增加 10%~20%。根据青海高寒草甸气候生产力分布与环境条件关系模型模拟，计算未来气温升高 2℃和 4℃，降水增加 10%和 20%气候情景下，未来草地生产力分别出现降低（10%）和升高（1%）的两种可能。甘南高原草场 1986 年以后气候持续偏暖，降水量呈下降趋势，草地年干燥度指数变化呈显著上升趋势，每 10 年增加 0.01~0.14。气候干旱化，使牧区草场产草量和质量下降，劣等牧草、杂草和毒草的比例增大，草场生产力进一步下降[179]。

9.1.2 对载畜量的影响

草地植被的生产力直接决定着草场的牧草生产，是草场载畜能力的基础。近 30 年

来定西县气候受 CO_2 加倍影响逐渐变暖,降水逐渐减少,理论载畜量承受气候潜力的能力将会有所减少[180]。利用内蒙古天然草场降水蒸散比建立内蒙古地区草地气候生产力模型,并利用气候生产力模型计算了理论载畜量,表明了在内蒙古地区降水量是影响草地载畜量的主要因子。1983 年以前,牲畜死损率较高,主要是冬、春季低温多雪所致;从 1984 年开始,冬、春季气温在小振幅中持续上升,雪灾明显减少。除 1995 年外,牲畜死损率持续在一个偏低水平上。

9.1.3 对牲畜死损率的影响

以青藏高原东北边缘的甘南高原牧区为例,该区域牧区主要畜种为牦牛和藏系绵羊。幼畜机体和功能尚未发育完善,体质较弱,抵抗外界不良环境的能力较差,因此对外界环境条件尤为敏感,尤其是气象条件的变化对幼畜的影响更为明显。牲畜死损率与冬春季气温、冬春季降雪量呈显著相关。当日平均气温低于 0℃ 时,气温远低于畜体的适宜温度,牧区家畜在无棚圈环境下,只有消耗脂肪转化热能以御寒,冷负积温越多,畜体掉膘越多,死损率越高。冬春季降雪多易形成冬季"坐冬雪",春季大雪、低温连阴雪等灾害。积雪掩盖牧草,牲畜采食困难,饥寒交迫,造成牲畜死亡。由于冬、春季气温升高,降雪减少,使牧区雪灾趋于减少,对牲畜越冬度春非常有利,牲畜死损率呈明显的下降趋势。1983 年以前,牲畜死损率较高,主要是冬、春季低温多雪所致;从 1984 年开始,冬、春季气温在小振幅中持续上升,雪灾明显减少,除 1995 年外,牲畜死损率持续在一个偏低水平上。1986 年以来,气候变化发生明显转变,冬春季气温升高,降雪减少,雪灾次数发生减少,对牲畜越冬度春非常有利,牲畜死损率呈明显下降趋势,持续出现偏低水平。牦牛和绵羊死损率每 10 年分别下降 0.99% 和 2.74%[179,181] (图 9-1)。

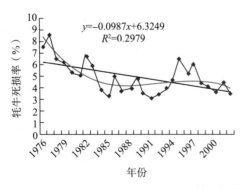
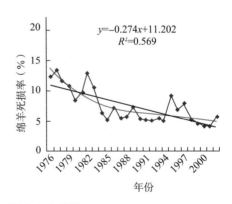

图 9-1 甘南高原牲畜死损率变化曲线

9.1.4 对幼畜成活率的影响

藏系绵羊一般7—9月配种，孕期148~154d，12月至次年2月产羔，平均羔羊成活率80.3%。相关分析表明，羔羊成活率与12月至翌年5月极端最低气温呈正相关，与低温连阴雪、雪灾次数呈反相关。牦牛一般7—9月配种，次年4—6月产犊，平均牛犊成活率87.3%。牛犊成活率与4—8月气温、最低气温、日照时数均呈正相关，与4—8月降水量呈负相关，气温高，光照充沛，降水少牛犊成活率高，反之则低。由于冬春季气候暖干化，使幼畜成活率自1984年以后持续在一个较高水平。藏系绵羊羔羊成活率呈曲线增加趋势[179]，每10年增加7.19%（图9-2）。西北地区出现越来越多的暖冬，这给幼畜安全越冬、提高幼畜成活率带来了一定的优势，但同时暖冬气候也给病原微生物的繁殖滋生提供了环境条件，病原微生物对幼畜的健康带来了一定的威胁。

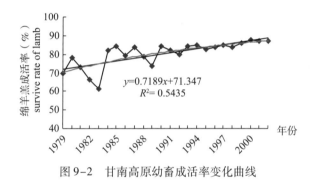

图9-2 甘南高原幼畜成活率变化曲线

9.1.5 对牲畜产肉量的影响

牲畜产肉量与1月和7月气温呈显著正相关，与6月降水量呈负相关。通过积分回归分析，光、温、水对产肉量影响系数曲线呈波动变化，反映了气候变化对产肉量影响多样性。气温增高，降水减少，有利牲畜抓膘育肥，但草场退化，牧草产量及品质下降，载畜量增加，草场过牧，又成为牲畜抓膘育肥的限制因素，从而使牲畜肉量呈波动式变化[179]。

9.1.6 对畜种分布和畜产品的影响

家畜的自然分布状况是适应该地自然气候条件的结果。应用生态适应指数法可以确定气候与自然生态环境影响下，畜种的分布状况。甘肃省的酒泉、新疆的哈密等地区，是极干旱的荒漠区，骆驼生态适应指数在5以上，且都排在生态类群序列之首位。青海的果格、玉树地区，海拔在3500m以上，是偏湿润的高山草甸草场，生态适应指数排在生态类群序列首位的又几乎都是牦牛。

9.1.7 对牲畜疾病的影响

家畜疾病的种类很多，随时都可能发病，但由于草原生态气候环境的不同，在不同草原类型、不同季节，家畜疾病的种类和危害程度也会不同。牲畜腐蹄症的发生与气象条件密切相关，一般是在气温高、降水多、湿度大、多露水和地表泥泞的季节和地段容易发生。羊肠毒血病是一种急性传染病，多发生在牧草生长茂盛、草质含水量高的夏季。主要由于家畜吃了过多的青草，或吃了大量露水草和在雨水中浸泡而霉变的草，造成消化不良，使病菌在畜体肠胃中迅速繁殖，分泌出大量病毒而引发的。一般说来，多雨潮湿的暖季是胃肠道疾病、寄生虫病发生的基本条件，多发生胃肠道传染病、牛皮蝇、马和羊鼻蝇以及日射病、热射病；寒冷的冬季易患风湿病、关节炎、呼吸道传染病和冻伤；在气候多变的季节，多发生羔羊痢疾、支气管炎、肺炎、鼻炎等疾病。

9.2 畜牧业适应气候变化的措施与评价

降低牧业生产对气候变化的敏感性，应继续加强草原保护、建设和合理利用，充分发挥畜牧业生产潜力；继续退耕还牧，恢复草原植被，增加草原的覆盖度；以草定畜，控制草原的载畜量，防止过度放牧、草场超载；合理利用农业气候资源，选择耐高温抗干旱的草种并注意草种的多样性，避免草场的退化及加强病虫草害预报和防治工作等，以实现牧业生产的可持续发展。

9.2.1 退牧还草

在气候变迁和人类活动干扰下，西部地区的天然草地生态环境严重退化，并且引发了一系列严重的生态经济问题。退牧还草是国家改善草原生态环境和促进牧区社会经济持续发展的重大战略举措。2004年以来，甘肃省实行退牧还草以来草原生态治理成果显著。甘南草甸草原的植被盖度平均由60%提高到75%以上，退牧还草项目区草原禁牧3年后，植被盖度达到90%，休牧3年后植被盖度达到80%。同时还维护了高原生物物种多样性，保护和改善高寒草地生态环境。从2003年起青海玉树、果洛两个州的12个县实施青海省退牧还草工程，通过半结构式访谈、实地调查等方式对2004—2006年黄河源区果洛藏族自治州退牧还草工程实施现状进行了分析。结果显示：该工程的实施有效地改善了果洛藏族自治州草地生态环境状况，促进了当地经济产业结构的调整，但由于社会经济条件的限制，项目区没有形成具有市场规模的替代产业，牧民的生产、生活受到影响，同时也暴露出了一些政策上的不合理性。建议通过加强移民教育、发展特色替代产业、提高草地资源管理水平、完善补偿体系等方面对退牧还草政策加以改进，从而使退牧还草工程成为真正的长效工程[182]。

9.2.2　人工草场建设

人工草场建设对减少家畜因冬、春饲料不足而掉膘或死亡损失，解决草畜不平衡问题，对增加畜产品产量和提高土地利用率等均有重要意义。人工草地是牲畜冷季饲草的主要生产基地，通过建立人工草地可对天然草地进行生态置换，使天然草地植被得到恢复。作为人工草地建植的最初尝试，20 世纪 60 年代，青海省分别在各类生态类型地区建立了人工草地并筛选出适宜的牧草品种，通过对原生植被（覆盖度 30% 左右）、毒杂草和鼠害严重的退化草地，建立半人工草地，其生产力可以较快地恢复，当年的生物产量为对照的 8 倍。在青海"黑土型"退化草地上建植人工草地会大幅度地提高牧草生产力，是防止草场退化、保护草地生态系统生物多样性的根本措施[183]。

甘肃针对全省天然草原有 90% 出现不同程度的退化，而且每年还有以近 10 万 hm^2 的速度继续扩大。甘肃省人大通过《甘肃省草原条例》于 2008 年 3 月 1 日正式施行，对维护草原生态安全具有重要意义，对草场建设发挥重要作用。在草业开发方面，每年种植紫花苜蓿、红豆草、饲用玉米等优良牧草百万亩；全省秸秆加工总量 600 万 t，加工利用率 50%。

9.2.3　围栏封育

很多研究已证实，过牧是草原退化的主要原因，围栏封育作为生态恢复的重要手段，已成为我国草地治理的一项重要措施。青海省玉树县上拉秀乡高寒草甸和高寒沼泽化草甸退化草地进行为期 3 年的禁牧封育改良试验，结果表明：禁牧封育措施对恢复高寒草甸、高寒沼泽化草甸退化草地植被有明显的效果，禁牧封育后草地中植物的盖度、高度和产草量明显提高；牧草成分发生显著变化，优良莎草科、禾本科牧草种类与产量增加，杂类草的种类、产量下降。

甘肃省肃南县草原休养生息工程健康发展。采取主要措施是：对祁连山天然核心林区封山育林育草；对承包草场实施围栏封育；鼓励牧民发展非牧产业，减轻草场压力，延长生态草场休养生息周期。

9.2.4　畜种改良

1998 年青海省共和县江西沟乡上社村四社改良羊比例达到 100%，其中一二类羊占 88% 以上，个体产毛量平均 2.3kg，比非改良区的临近村社的 1.1kg/只，高一倍多，绵改取得了较好的经济效益和社会效益，$1hm^2$ 草地产值 131.55 元，人均收入达到 2874元，成为海南藏族自治州绵改示范村和小康村。但近年来果洛藏族自治州许多地区也进行了一些小规模的引种改良工作，结果不尽如人意，这些改良育种工作普遍存在着盲目性、片面性和分散性，缺乏科学指导和统一规划，由此可能会破坏果洛藏族自治州现有的种质资源，使种质血缘复杂化，导致畜种退化甚至造成很大的经济损失[184]。

甘肃省将畜种改良作为发展现代畜牧业目标任务之一。5 年全省建牛冻配改良站点 2161 个，冻配率由 30% 增加到 47%；建设羊常温人工授精站点 1000 个，人工授精及良种肉羊交授配率达 70%；牛羊良种化程度分别达到 70% 和 75%。甘肃省民乐畜牧业发展势头旺盛。全县种植饲草 10 万亩，畜牧新品种改良达 60% 以上。全县建起 30 多个改良站点，大力开展西门塔尔、夏洛来冻精改良本地黄牛和利用波于山羊胚胎分割移植和奶牛胚胎移植技术，达到了快速扩繁的目的。

9.2.5　畜牧业发展新模式

甘肃省建立畜牧业发展新模式，将规模养殖小区建设模式作为增收重要支柱。未来 5 年内，新建规模养殖户 20 万户、标准化养殖小区 4000 个、工厂化养殖企业 300 个，牛、羊规模化养殖比重分别达到 46%、66%。截至 2007 年 4 月底，全省养殖小区达到 1130 个，养殖小区新增畜禽饲养量 92 万头。甘南实施以牧区繁育、农区育肥、农区种草、牧区补饲为主要内容的"农牧互补"战略，充分利用农区和半牧区丰富的饲草料资源优势、实现了牧区、农区、半牧半农区三大生态类型之间的资源优势互补，提高了牧业生产的科技含量。

9.2.6　草原鼠害防治

青海省草地鼠害防治工作经四十多年的不懈努力，截至 2006 年，全省累计防治鼠害面积 3570.6 万 hm²，害鼠危害面积及程度有了大幅度的降低，灾害发生周期也大为延长，有效遏制了鼠害大面积暴发。据测算，灭治后植被盖度可恢复到 40%～90%，饲草量的增加不仅使草原植被得到了恢复，也大大缓解了天然草原的放牧压力，昔日满目疮痍的不毛之地恢复了生机，草地生态环境不断得到改善，草地生产力大幅度回升，牧业生产重现生机[185]。

9.2.7　牧业病虫害防治

青海省草原虫害主要为蝗虫和草原毛虫，草原灭鼠、灭虫后草地植被逐渐恢复，每年可使牧草增产 148.76 万～247.93 万 t，相当于 81.51 万～135.85 万只羊单位的全年食草量。防治鼠虫害的直接经济效益（最终产品—畜产品现市价计）每年可达 1841.1 万～3576.75 万元，相当于防治投入的 1.90～3.69 倍。草地生态系统服务的价值远大于生产价值，初步估计草地因生态修复后每年可挽回的生态系统服务价值可达 8021.73 万美元。近年来，由于宁夏的自然和人为等因素的影响，造成草原生境日益恶化，生态失衡，草原毒害草滋生蔓延，各种鼠虫危害猖獗。在虫害综合治理过程中，以预测预报为前提下，重点推广生物制剂防治为主 + 保护害虫天敌 + 生态治理 – 化学药剂为辅的可持续治理策略。

9.3 未来气候变化对畜牧业的可能影响与适应技术

9.3.1 未来可能影响

尽管未来 50 年青海降水量有所增加，但由于降水总量较小，降水量增多的绝对量不大，且随着气温不断升高干燥度将继续加大，因此未来气候变化对青海牧业的影响不容乐观。青海高寒草甸草场对气候变暖有明显的响应，现实状况下理论载畜量约为 2.54 个羊单位，在未来气温升高 2℃，降水不变的情景下，草场生产力将有所降低，相应的草场理论载畜量降低至 1.04 个羊单位，是对高寒草甸草地畜牧业持续发展很不利的因素。青海出现越来越多的暖冬，这给幼畜安全越冬、提高幼畜成活率带来了一定的优势；但同时暖冬气候也给病原微生物的繁殖滋生提供了环境条件，病原微生物对幼畜的健康带来了一定的威胁。

9.3.2 适应技术

9.3.2.1 发展草原季节畜牧业，合理利用气候资源

受季风气候的影响，我国牧区草原畜牧业出现了季节草场不平衡和家畜"夏壮、秋肥、冬瘦、春乏"的问题。为改进这种靠天养育的局面，可发展季节畜牧业。季节畜牧业就是在冷季保持最低数量的家畜，以减轻冷季草场的压力，结合补饲，避免春乏死亡；暖季以新生幼畜充分利用生长旺季的牧草，快速转化畜产品，冷季来临时加快出栏，减少家畜越冬数量。这样可以缩短生产周期，加速畜群周转，发挥生长季内牧草生长优势，提高从家畜到畜产品的转化率，从而提高草原生产能力。

9.3.2.2 农牧结合，发展肥育饲养畜牧业

由于草场载畜过牧，形成草场退化，草原生态失衡，带来一系列生态与环境问题。为此可采取农牧结合，牧区繁殖，异地育肥的方法，解决畜多草少的矛盾。即在夏秋季节，羔羊、犊牛等在草原上放牧，入冬前把它们之中的一部分集中圈养或运至饲料比较丰富的半农半牧区集中短期育肥，以提高牧业生产效率。

9.3.2.3 控制放牧强度，发展圈养舍饲畜牧业

天然草场退化、沙化的根本原因是草场超负荷过度放牧，因此必须严格控制草场放牧强度。而放牧强度的大小应由草场年产草量的多少来确定，也就是以草定畜。对

于草场生产力高，产草量大的牧场，载畜量可多点，放牧时间也可长点；对于草场生产力低、产草量少的牧场可减少载畜量、缩短放牧时间、延长轮牧周期。只有科学合理地控制了放牧强度，才能减轻草场的压力，真正给予天然草场休养生息的时间和空间，让天然草场进行自然恢复与更新，这样才能使天然草场走可持续发展之路。同时在人工种植饲草料，或从农区调运加工饲草料，大力发展圈养舍饲高效畜牧业。

9.3.2.4 转变思想观念，提高生态与环境保护意识，防止滥采乱挖

对牧民进行科技培训势在必行，让当地牧民明白草原并不是他们所想象的取之不尽、用之不竭的自然资源，它虽然可以再生，但如果不合理利用，最终会导致草场退化、沙化，使他们失去赖以生存的物质基础而被迫退出草场。要让牧民知道草原并不仅仅通过畜牧业带来经济效益，而且还具有涵养水源、保持水土、防风固沙、生物多样性保护、基因库、游憩与娱乐等生态功能，让他们在合理开发利用草场资源的同时，更要珍惜、爱护和保护天然草场，防止滥采乱挖。

9.3.2.5 治理退化草地生态与环境

以治理草场"三化"为重点整治生态环境。禁止在划定的基本草场保护区内开垦扩耕；对中度退化草场实行一定时期的禁牧封育，促进牧草资源休养生息；对重度退化草场要加大连片治理力度。人工植被恢复对荒漠化土壤具有很好的改善作用，随着流动沙丘被固定，机械组成中沙粒逐渐降低，黏粒和粉粒含量逐渐提高，土壤有机质和养分含量及 CEC 逐渐提高，土壤 pH 值变化不大，碳酸钙只是在表层升高。已经发生荒漠化的地区恢复到正常土壤需要的时间相当长，因此人们应减少人为因素对荒漠化的影响。实施飞机补播牧草，提高草被恢复能力；对潜在退化区，要加强草场监测，及时调整人类活动方式和强度。禁止捕杀草原益鸟益兽，保护鼠虫天敌，最大限度地利用草地生态系统的自然调节功能控制鼠虫害的发生发展。

9.3.2.6 依靠科技推动生态建设和农牧业发展

加强适用草畜生物技术的开发和引进。因地制宜发展畜牧业。如在高寒牧区重点加强高寒地区高抗逆性牧草品种选育和栽培技术、抑制草场鼠虫繁殖（尤其是中华鼢鼠等地下鼠虫类的繁殖）技术、高寒地区优势畜种（牦牛、藏系绵羊、蕨麻猪等）改良和育肥技术等的开发和引进。建设特色药材资源驯化和人工培育基地，减轻因滥采野生药材（如滥采冬虫夏草等）而引起草地植被破坏。

第10章 气候变化对能源的影响与适应

10.1 气候变化对能源的影响

10.1.1 对水电的影响

气候变化对水电的影响主要有以下几方面：区域降水、温度、蒸发量的异常变化，引起水电站入库水量的异常变化，加大水电站运行调度风险；区域气候均值的变化引起入库水量的增减，尤其是当入库水量超出原库容设计标准及相应的正常蓄水位时，会加大水电站的运行风险；气候变异加大，极端暴雨洪涝发生频次增加，强度增强，引发超标准洪水产生，造成水电站运行调度的风险，特别是小水电站的安全发、供电能力受到挑战；极端暴雨可能引发的泥石流、滑坡等地质灾害，导致水库入水中泥沙含量增加，对水电站的安全运行造成影响。

黄河上游水能蕴藏丰富，龙羊峡至青铜峡段，全长 918km，落差 1324m，规划修建大中型水电站 25 座，总装机容量 1665 万 kW，已被国家列为重点开发的水电基地。目前，黄河上游已建成龙羊峡、李家峡和青铜峡等七座大中型水电站，总装机 573.3 万 kW。水电站以发电为主，兼有防洪、灌溉、防凌、供水、养殖等综合利用效益。

1961 年以来黄河上游降水历经了 20 世纪 50 年代、60 年代偏少，70、80 年代偏多，90 年代以来偏少期。特别是 90 年代以来降水量减少趋势明显，年降水量较前期减少约 30mm，其中以秋季减少最为明显，导致 90 年代以来基本无秋汛。90 年代以来春季和冬季降水量较常年偏多，而夏、秋季降水量明显偏少[186]。1990—2003 年黄河上游径流量较 1956—1989 年明显减少。其中减少明显的是洮河和玛唐区，分别减少 31.1% 和 28.4%；其余各区减少 14% ~21%。黄河上游 1990—2003 年年径流量为 275.2 亿 m^3，较 1956—1989 减少了 21.4%（表 10-1），说明上游来水减少显著[187]。

表 10-1 1990—2003 年和 1956—1989 年各区年径流量比较

区域	1956—1989 年（亿 m^3）	1990—2003 年（亿 m^3）	变化率（%）
河源	41.69	32.82	−21.3
吉玛	109.69	89.62	−18.3
玛唐	63.41	45.40	−28.4
唐兰	61.95	52.93	−14.6
湟水	21.05	18.46	−12.3
洮河	52.21	35.97	−31.1
全区	350.00	275.21	−21.4

汉江是长江最大的一级支流，汉江上游已建成或在建水电站有石泉、安康、蜀河、旬阳、白河、喜河等水电站，总装机 2100MW，年发电量 70 亿 kWh[188]。汉江上游降水和丹江口水库天然入库径流在 1991 年发生突变，1991 年后汉江水量由丰变枯[189]。汉水流域 20 世纪 90 年代的枯水期较历史同期丰水期（80 年代）流域降水量偏少18%，与历史同期最枯水年份（70 年代）流域降水量还偏少 7%，特别是 1997 年汉江中上游的严重干旱，全年区域平均降水量 599.1mm，较多年平均降水量 894.4mm 偏少33%，2003 年 5—9 月该流域又出现持续干旱，旱情是仅次于 1997、1959 年的第三个枯水年份[190]。

20 世纪 90 年代以来，黄河上游和汉江上游流量的减少影响了发电量。当前，西北区域气候暖干化趋势明显，降水变率空间差异大，局部出现暖湿现象，干旱、暴雨洪涝、泥石流等极端天气气候事件发生的频次、程度和范围在增加，加大了水电站安全运行风险。2002 年 6 月 8—9 日，汉江上游出现区域性暴雨、大暴雨天气，暴雨中心佛坪县，日降水量达 203mm，引发山地滑坡、泥石流、洪涝等自然灾害，致使大量漂浮物随洪水涌入汉江，严重威胁石泉、安康电站大坝安全[191]。

甘肃陇南地区白龙江、白水江、西汉水、嘉陵江流域和陕西南部秦巴山区的汉江支流，小水电站发展较快，水电开发所产生的经济效益和社会效益也初步显现。但在气候变暖背景下，该区域极端强降水时间的发生频次、强度增大。使得中小型水电站安全发、供电风险加大，2002 年 6 月 8—9 日，汉江上游出现区域性暴雨、大暴雨天气，汉江支流的胡家湾厂房被洪水泥沙淹没，机电设备受损，配变电设施损毁。鹅项颈水电站厂房垮塌，机电设备受损，副坝坝面翻水，其发、供电能力受到重创[192]。

持续性强降水、局地强降水、强雷电等极端天气气候事件发生频率、强度等增大，加大了小水电站安全运行风险，特别是局地强降水和持续性强降水天气引发超保证流量洪峰，直接影响小水电站的安全运行，2005 年 10 月 1—3 日持续性中到大雨，陕西商洛市镇安县 23 个小水电站生产设施受到不同程度损毁,全部停产。2005 年陕西商洛市镇安县甘岔河水电站遭受雷击,造成电网崩溃,1998 年 8 月 6—7 日陕西安康市紫阳县突降暴雨,河水暴涨,牛颈项电站引水坝坝基受损,厂房进水,机电设备受损。该县葫芦项电站引水坝被冲出缺口,引水口及冲沙闸被毁,引水渠被泥沙阻塞,损失严重[193,194]。

10.1.2 对太阳能的影响

10.1.2.1 太阳能评估

西北区域太阳能丰富,但地域差异较大,季节分布不均,宁夏北部、甘肃北部、新疆东部、青海西部年太阳总辐射量 6680 ~ 8400MJ/m^2,为太阳能丰富区,宁夏南部、甘肃中部、青海东部和新疆南部等地年太阳总辐射量 5850 ~ 6680MJ/m^2,为太阳能资源较丰富地区;陕西北部、甘肃东南部和新疆北部年太阳总辐射量 5000 ~ 5850MJ/m^2,为太阳能资源中等类型地区,陕西南部年太阳总辐射量 4200 ~ 5000MJ/m^2,是太阳能资源较差地区。太阳总辐射的季节变化呈单峰型,通常在 6 月最大,12 月最小,陕西南部的秦巴山区受天气影响,月辐射的最大值出现在 8 月;冬季各月总辐射地域差异不大,夏季各月总辐射南北差异较大,年辐射量的极值区与各月极值区域基本重合。

10.1.2.2 对太阳能的影响

气候变化对太阳能的影响主要表现在由于日照时数、大气透明度的异常变化,引起太阳辐射量的异常变化,从而加大太阳能利用的风险,强沙尘暴等极端天气气候事件发生频率的增大,增加了太阳能安全利用的运行风险。

西北地区大部近 50 年地表太阳总辐射呈减少趋势,西安、兰州、西宁、银川、格尔木、民勤等测站 1961—2003 年地表太阳辐射量变化趋势略有差异,兰州、格尔木 1961—2003 年持续减少,各季节太阳总辐射的变化趋势与年总量变化基本一致,但各季节减少的幅度不同。兰州在秋季减少幅度最大,占年减少量的 28%,格尔木则是冬季减少幅度最大,占年减少量的 32%,西安从 20 世纪 60 年代初到 80 年代中期呈显著减少趋势,其后线性趋势不明显,年总量基本保持稳定,西宁从 20 世纪 60 年代初到 80 年代中期呈减少趋势,其后呈逐步增加趋势,民勤年总量总体没有明显的变化趋势,银川 1971—2006 年也呈减少趋势[195,196],区域地表太阳辐射量的变化趋势与站点分析结果基本一致,青海省 1961—2000 年 40 年总辐射量呈周期性变化,20 世纪 70 年代是总辐射高值时期,而 80 年代处于明显的低值时期,80 年代末期至 90 年代初期有所回升,但 90 年代中期后处于下降状态[197]。

西北地区日照时数的年际变化呈现 20 年左右的周期变化特征,1960—1975 年和 1990—2009 年为两个高值时期,1975—1990 年为低值时期。但变化幅度不大,甘肃省年累积日照时数最高与最低值相差在400h左右，日照极大年和极小年与多年平均相差15%左右。同时分析表明西北地区年日照时数基本保持稳定。

10.1.3 对风能的影响

10.1.3.1 风能评估

中国气象科学研究院关于我国风能资源空间分布的三级区划研究，把我国风能资源空间分布分为丰富区、较丰富区、可利用区及贫乏区4种类型区。西北地区主要为风能丰富区、风能较丰富区和风能可利用区。其中，青海和甘肃分布着部分风能资源贫乏区。从有效风密度的空间分布分布情况分析，与潜在风能资源分布特征有差异。各省（区）以有效风能密度测量的风能丰富区和较丰富区区域范围有较大范围缩减。有效风能密度大于100W/m²的区域基本上沿西北地区呈西北—东南的条带状分布[198]。

甘肃省风能资源占全国储量约4.5%。风能资源评价结果显示，全省风能资源丰富区、可利用和季节可利用区的面积为17.66×10⁴km²，占全省总面积的39%，主要集中在河西走廊和省内部分山口地区。省境内无台风，冬天极限低温不超过−29℃，适合于风电机组全年运行，具有开发建设大型风电场的有利条件。其中，酒泉地区的瓜州县被称为"风库"；玉门市被称为"风口"，占甘肃省可开发风能含量的60%，无破坏性风速，被称为"世界风库"，适用于风机的全年运行[199]。

青海风能资源储量较高，占全国风能储量的10%左右。据青海省气象局关于"青海省风能资源评价"报告中风能资源普查结果，青海绝大部分区域属于风能可利用区。唐古拉山地区、柴达木盆地西北以及环青海湖地区的风能资源相对丰富。其中，青海湖以东至日月山一带是青海省风能资源最丰富的区域之一，可满足建设大中型风电场的要求。

陕西和宁夏两省（区）的风能资源储量在西北地区相对较低。两省（区）风能资源储量之和占全国储量的1.5%左右。其中，陕西省陕北长城沿线定边、靖边、神木县和渭北等区域风电开发条件较好。宁夏拥有大量风力发电所需的荒地条件（而东部地区难以具备）。

10.1.3.2 对风能的影响

气候变化对风能资源影响主要表现在：由于年平均风速的异常变化，加大风能利用的风险，沙尘暴、雷电大风、极端低温等极端天气气候事件发生频次加大，增加了风能安全利用的风险。

陕西榆林、定边、靖边、合阳四站1971—2008年风能密度、平均风功率密度总体上呈明显的下降趋势，但近20年下降趋势趋缓，基本保持稳定。1971—2008年年有效风力小时数呈减少趋势，1999—2008年有效风力小时较1974—1983年有效风力小时榆林、定边、合阳减少幅度为 11% ~ 23% ，靖边减少幅度为 40%。

近 40 年来甘肃河西风能年代际变化特征明显，风能密度、平均风功率密度 1970—1985 年呈减少趋势，1985 年后呈波动性变化，其变化趋势不明显；同时风速时间变化存在 4 年左右和 10 ~ 14 年的周期。

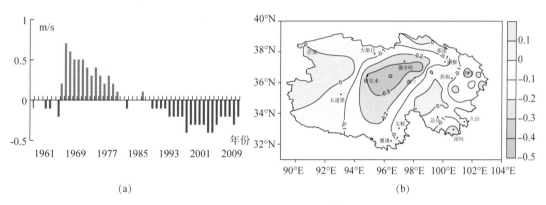

图 10-1 1961—2009 年青海省年平均风速变化（a）、变化率空间分布（b）
（单位：m/s、m/s·10a）

宁夏分为两个阶段（1991—1998 年，1999—2006 年），对石炭井、银川两个站点 3—5 月 4 次定时进行风能评估分析结果表明：与石炭井、银川站单纯的平均风速统计结果相比，后 8 年（1999—2006 年）3 月、4 月的平均风速较前 8 年（1991—1998 年）增加了 0.1 ~ 0.6m/s，石炭井站 02、08 时后 8 年 3—5 月总平均风速及功率密度较前 8 年大，但 14、20 时的平均风速、功率密度要比前 8 年小；银川站 4 个时次中，前 8 年的平均风速、功率密度均大于后 8 年。

近 49 年来，青海全省年平均风速呈明显减小趋势 ［图 10-1 （a），附图 31］，减小率为 0.14m/s·10a。其中，柴达木盆地平均风速减小最显著，为 0.21m/s·10a；三江源地区减小率最小，每 10 年为 0.07m/s。1987 年气候变暖以前平均风速处于偏大期，此后平均风速迅速转入偏小期 ［图 10-1 （b）］。49 年来四季平均风速变化趋势不尽一致，春、夏季呈减小趋势，不利于风能发电；秋、冬季表现为增大趋势，有利于风能发电。

10.1.4 对电力调度的影响

气候变化对电力调度的影响主要在以下两方面：高温热浪、雨雪冰冻等极端天气气候事件发生频次增大，导致居民生活用电量的剧增，增加了供电系统安全运行的风险；暴雨、雷电大风等极端天气气候事件对供电系统的损毁，加大了供电系统安全运行的风险。

陕西关中中东部、陕南安康汉江河谷地带地区以及甘肃省河西走廊西部的安（西）敦（煌）盆地是西北地区夏季高温多发区。随着西北地区夏季气温呈上升趋势，夏季高温日数也呈明显增加的趋势，特别是 20 世纪 90 年代中期以来增加更为明显。高温范围呈扩大趋势。特别是以西安为代表的大中城市随着城市不断扩大，人口增加，城市热岛效应更加明显，夏季高温热浪更加明显，值得注意的近年来陕西部分地区夏季极端最高温度超过历史同期最高纪录，2006 年 6 月 17 日西安市日最高气温 42.9℃，为 1951 年以来夏季最高纪录，当日陕西有 20 站日最高气温为建站以来夏季最高纪录，西安电网日负荷与日用电量也节节攀升，同年 7 月中旬西安高温天气持续 9 天，西安市电网日负荷和日用电量又一次创历史新高，同时西安城市供电设备也因此毁坏。

西北地区地形复杂，山地、高原、平川、河谷、沼泽、沙漠、戈壁类型齐全，交错分布。随着全球气候变暖，西北地区暴雨雷暴、雨雪冰冻等极端天气气候事件的发生频率增大，强度加强，加大了供电系统安全运行的风险。近年极端天气气候事件已对供电设施造成损毁。

10.1.5　对冬季采暖、夏季降温日数及其能耗的影响

气候变化对冬季采暖、夏季降温日数及其能耗的影响主要表现在：由于气候变化引起冬季采暖和夏季降温期异常变化，加大冬季采暖、夏季降温安全运行风险和能源安全供给的风险。冬季极端低温冰冻天气和夏季极端高温热浪发生频率的增大，加大冬季采暖、夏季降温能源调度安全运行风险。

西北各地每年温度随季节变化的差异，每年的采暖期是不同的。在全球气候变暖背景下，近 50 年西北地区冬季气温显著升高，从 1986/1987 年冬季开始已连续经历了 20 个暖冬，持续暖冬导致西北地区大部分区域冬季采暖期缩短[200]，1981—1997 年的平均采暖日数较 1951—1980 年西北地区采暖期平均缩短了一周左右[201]。

目前一般认为 18℃ 是人体的最舒适温度，在分析气候与采暖能源需求时也取 18℃ 作为采暖基础温度[202]。而气候变化对冬季采暖能源消耗的影响，表现为冬季日平均气温与基础温度（18℃）之差的大小，采暖度日是某一时段内各日平均气温与基础温度之差的总和，年采暖期度日的变化，直接反映了气候变化下采暖需求和能源需求的变化。

气候变化对西北地区采暖能源消耗的影响主要表现为，采暖初始日推后和采暖结束日的提前，冬季采暖期的缩短引起能源消耗的变化。以西安为例，严格按室外温度日平均温度稳定低于等于 5℃ 作为采暖期，1961 年多年平均采暖开始日虽有推后的趋势，但推后趋势不明显，而采暖结束日期明显提前，1987—2007 年冬季平均采暖结束日较 1961—1986 年平均采暖结束日提前了 6d，1987—2007 年冬季平均采暖期较 1961—1986 年平均采暖期缩短 8d，地处毛乌素沙漠东南榆林市是西北东部 1961 年以来

冬季气候变暖最为显著的区域之一，1987—2007 年冬季平均采暖开始日较 1961—1986 年平均采暖开始日推后了 3.15d，而 1987—2007 年冬季平均采暖结束日较 1961—1986 年平均采暖结束日提前了 2.52d，1987—2007 年冬季平均采暖期较 1961—1986 年平均采暖期缩短 6~7d。1990 年以来甘肃省冬季采暖期减少了 10~15d，采暖减少的天数占到全年采暖（135~150d）的 10%。

气候变化对西北地区采暖能源消耗影响也表现在采暖度日的减少，自 20 世纪 60 年代以来特别是 20 世纪 80 年代中期以来，西北地区采暖度日呈明显减少的趋势[209]，1987 年可作为西安采暖期、采暖度日变化的分界线[200]。由于采暖期的缩短和冬季气温的升高，西安 1987—2007 年冬季平均采暖度日较 1961—1986 年平均采暖度日减少了 12%，榆林 1987—2007 年冬季平均采暖度日较 1961—1986 年平均采暖度日减少了 9.4%，但是值得注意的是冬季采暖天数和采暖度日变率均较大，同时在全球变暖气候背景下，持续低温冰冻天气和强降温天气发生频次和强度的增加，加大了冬季采暖系统安全运行风险和采暖期能源供应风险。

气候变化对夏季降温能源消耗影响主要表现在，夏季温度升高和夏季高温日数的增加，引起夏季降温度日的增加，用电量急剧增加，加大了电网安全运行的风险。降温设备开启温度一般设定为 25℃。降温度日的基础温度也取 18℃，即当日平均气温大于 25℃时日平均气温与 18℃的差值便是该日的降温度日，分析表明西北地区夏季高温、高湿天气主要发生在陕西渭河河谷平原、汉江河谷地带，其年平均夏季降温日数汉江河谷地带 50~70d，渭河河谷平原 40~60d，特别是 1987 年以来渭河河谷平原的西安、宝鸡、渭南等大中城市夏季高温热浪增加趋势尤为明显。西安、宝鸡 1987—2007 年夏季平均降温日数分别较 1961—1986 年增加了 11d、7d，而 1987—2007 年夏季平均降温度日分别较 1961—1986 年增加了 19.9%、23.4%。近 50 年来西北地区夏季温度呈上升趋势，同时降温日数和降温度日总体呈现上升趋势，甘肃、宁夏大部地区夏季降温日数和降温度日也呈增加趋势，特别是以省会城市为代表的大中城市夏季降温度日和降温度日增加趋势明显，20 世纪 80 年代中期以后增加尤为明显，这与夏季平均温度从 80 年代中后期开始明显升高相一致。夏季降温度[200]日变幅明显增大。

随着经济水平的日益发展，人们对生活、工作环境舒适度要求的不断提高，使得气温对电力负荷的影响也越来越显著。典型季节炎热（寒冷）程度是气温对电力负荷水平和特性的作用力大小的重要影响因素，气温对电力负荷水平和特性的影响，在夏季表现得更加突出。同时气温敏感负荷的灵敏度不一样，根据温度因子的区间不同有强、弱和饱和之分[203]。同时随着人民生活水平的提高和居民住房的改善，生活能源消费总量呈指数增长趋势，居民生活用电比重显著上升。城乡居民生活用电量高峰期集中在夏季 7—9 月，以 8 月最为显著。居民夏季制冷的电力消耗加剧了电力供需的不平衡[204]。夏季气温的升高加大了工业生产，特别是重工业生产的能源消耗，同时加大了夏季居民生活降温的能源消耗，冬季采暖能源消耗有所减少，但夏季降温耗能增大量远大于冬季采暖耗能减少量[205]。根据研究，西北地区不同城市降温耗能对温度变化的响应有所差别，省会城市中夏季月平均气温升高1℃的降温耗能变率，兰州、银川为80%~134%，且以季节变化较大的6月、7月最为明显，西安夏季6—8月为40%~60%，以盛夏8月最为明显[204]，陕西电网日用电量与气象要素有密切关系，5—9月用电量与气温是正相关，10月至次年4月用电量与气温是负相关。特别是气温在28~31℃时用电量对气温的变化最敏感。气温每升高1℃用电量[206]约增加3%。

10.2　能源适应气候变化的措施与评价

10.2.1　太阳能的开发利用

太阳能的开发利用包括太阳能发电以及太阳能热水器、太阳房等利用方式。

10.2.1.1　太阳能发电

2002年，陕西省发改委组织、省地方电力公司负责建设"送电到乡"工程。在陕北黄土高原3县8乡9村共建成太阳能光伏发电站9座，总装机容量为100kW，年发电量19680kWh。在榆林市沙河路有2.3km共140个太阳能路灯。2006年在铜川新区正大路建成的首条风能太阳能路灯，并正式投入使用30个节能路灯。杨凌改造362座太阳能路（地）灯。

甘肃省太阳能光伏发电系统主要在分布河西走廊，其中武威为1MW光伏电站，敦煌为20MW光伏电站，嘉峪关为10MW光伏发电工程。

青海省太阳光伏电站装机约6000kW，格尔木200MW光伏电站是国内目前最大的太阳能发电项目，年发电量约3600万kWh，年节约标煤约12500t，减少二氧化碳排放约6067t，减少粉尘排放约175t。国电青海德令哈10MW太阳能光伏发电项目，年均发电量为1536.31万kWh，年利用小时数2187.7h，可节约标准煤约5540t，减少二氧化碳排放约2609t，减少二氧化硫排放约116t，减少粉尘排放约74t。

10.2.1.2　太阳能集热

太阳能集热主要有太阳能热水器、太阳房取暖、太阳灶等。其中，太阳能热水器是太阳能热利用中商业化程度最高、应用最普遍的技术。

据不完全统计，2006年，陕西省太阳能热水器利用面积达400万m²以上，主要分布在城镇。目前全省农村太阳能热水器利用面积为100多万平方米，累计建成太阳能暖房200万m²，太阳灶7000台。甘肃省截至2009年年底，推广太阳灶78.8万台，太阳能热水器48万m²，太阳房190万m²，太阳能光伏小电源系统8081台。青海省农村牧区新建日光节能温室 1 万栋，畜用暖棚 3030 座。2007 年，宁夏太阳灶约为 15 万台，太阳能热水器普及率达到 8.6%，高于全国 8% 的平均水平。

10.2.2 风能开发利用

截至 2007 年，甘肃省风电装机容量已达到 50 万 kW，年风力发电量已达 8 亿 kWh。新疆的风电装机规模也达到了 27.9 万 kW。青海省日月山发电厂初期开发量约为 30 万~60 万 kW，远期可达 100 万 kW，将每年减少 20 万 t 煤的燃烧，节能减排效益明显。2009 年，宁夏风电总装机规模达到 500MW，年发电量约 10 亿 kWh，可实现销售收入 5.6 亿元，节约标准煤 35 万 t，减少烟尘排放 4750 万 t，减排二氧化碳 105 万 t，减排二氧化硫 3920 万 t，节水 50 万 t。

10.2.3 水能开发利用

截至 2007 年年底，陕西省已有 60 个县开发了农村水电，建成水电站 1422 处，总装机容量达到 65 万 kW。目前在建电站 50 余处，装机容量 40 多万 kW，年发电量 21 亿 kWh，产值 5 亿多元。"九五"期间建成了 25 个国家水电农村初级电气化县，"十五"期间建成了 14 个水电农村电气化县。

甘肃省水能理论蕴藏量 1724 万 kW，可开发量 1051 万 kW，居全国第十位。甘肃省除刘家峡发电站以外，水电开发主要以中小水电站为主，全省可供开发建设中小型水电站装机容量 489.43 万 kW。甘肃水电主要分布在陇南、甘南、酒泉、张掖、武威、金昌六个市州，其中以陇南地区最多，其中陇南地区白龙江、白水江、西汉水、嘉陵江四大水系，水能理论蕴藏量 425 万 kW，可开发量 223 万 kW，约占全省的 1/3。甘南藏族自治州境内，水能理论蕴藏量 361 万 kW，可开发量达 215 万 kW，约占全省水能资源的 1/4。黑河流域也是水能资源较为富集的地区。

2006 年，青海省水力发电量达 205.19 亿 kWh，占总发电量的 74%，同比增长 30.3%，显著高于全国 14.7% 的比例和 5.1% 的增长率。2007 年年底，青海水电主电网装机 583 万 kW，其中黄河干流 500 万 kW、其余河流 83 万 kW。

到 2007 年年底，宁夏水电装机容量为 42.8 万 kW，比 2003 年提高 28.2%。

10.2.4 沼气开发利用

截至 2009 年 10 月底，陕西省累计建成 110 万座户用沼气池，占全省总农户 701 万的 15.7%。2001 年以来，全省每年以 1 万余座的增长速度发展，2006—2009 年每年新增 15 万座左右。从 2001—2009 年，中央和省市县用于沼气建设的投资高达 14.8 亿元。

甘肃省到 2011 年年底[207]，全省农村户用沼气累计将达到 110 万户，相当于替代生活用能 55 万 t 标煤，年可减排二氧化碳 145 万 t 以上。青海省建成 8.6 万座沼气池，日产沼气 9 万 m³，年产沼气总量 3200 万 m³，生物质能在家庭用能结构中比重约占 60%[208]。宁夏累计在 22 个县（市）1285 个村建设农村户用沼气 12.23 万户。截至 2010 年年底，全区将累计建成户用沼气池 30 万户左右，占全区农户的 35% 左右，大中型沼气工程 40 处，小型沼气工程 50 处，联户及养殖小区沼气工程 240 处。

10.2.5 节能降耗及效果评价

"十一五"以来，西北地区按照科学发展观和建设"资源节约型、环境友好型"社会的要求，加大产业结构调整和节能降耗工作力度，节能降耗工作取得明显成效。

10.2.5.1 陕西

2008 年，陕西省万元 GDP 能耗下降 5.92%，超额完成年度目标 1.92 个百分点，实现万元 GDP 能耗 1.281t 标准煤，创历年最好水平。"十一五"前三年万元 GDP 能耗累计下降 13.24%，前三年完成"十一五"总目标的 63.62%，超额完成国家 60% 的进度目标任务。2008 年，全省能源生产总量 22935.63 万 t 标准煤，占全国 8.8%。消费总量 7219.35 万 t 标准煤，占全国 2.5%，比上年增长 8.7%，低于当年 GDP 增速 6.9 个百分点。能源消费弹性系数为 0.56，比上年下降 0.08 个百分点。从产业分配来看，2008 年，陕西省第一、第二、第三产业的比重为 11：56.1：32.9。

10.2.5.2 甘肃

2009 年，甘肃省万元 GDP 能耗降低率 5.2%；2006—2009 年，万元 GDP 能耗累计下降预计为 15.57%，累计完成"十一五"总任务的 77.85%；2009 年实现总节能量为 44.37 万 t 标准煤，累计实现节能量 189.43 万 t 标准煤，完成"十一五"节能总量的 89.47%。

10.2.5.3 青海

在能源消费结构中，煤炭所占比重由 1990 年的 51.54% 下降到 2006 年的 37.94%，水电、天然气比重分别由 1990 年的 32.97%、1.03% 上升到 2006 年的 40.24%、15.92%。通过实施相应的地方产业政策，加快第三产业发展，调整第二产业内部结构，使产业结构发生了显著变化。"十五"时期产业结构调整成效显著，特色经济框架初步形成。

10.2.5.4 宁夏

2008 年，万元 GDP 能耗为 3.686t 标准煤，同比下降 6.79%，降幅比上年增加 3.27 个百分点，下降率比全国同期高 2.2 个百分点。下降率位居全国第四，首次超额完成自治区政府提出的万元 GDP 能耗下降 4% 的年度目标，是近三年来下降幅度最大的一年；全区万元工业增加值能耗为 7.13t 标准煤，同比下降 12.23%，降幅比上年扩大5.83个百分点；万元GDP电耗为5084.09kWh，同比下降10.91%，三年来首次实现由升转降。

10.3 未来气候变化对能源的可能影响与适应对策

10.3.1 可能影响

根据气候模式预估，2030年西北地区年平均气温将升高0.8~2.1℃，降水呈略增加趋势，未来西北地区气候暖干化趋势明显[210]。夏季高温或春秋气温异常偏高（低）出现的频次增多，使得冬季采暖能源供需和夏季空调电力供需矛盾更加突出。将导致未来夏季电力消耗持续增加，居民和城市系统用电量在社会总用电量中所占比重将进一步增大，受气象条件影响的空调负荷所占比重逐渐上升，气象条件对尖峰负荷[211]的影响越来越明显。有分析显示气温与用电量在夏季呈正相关，在冬季呈负相关，夏季日电力消耗受气温影响显著，表现气温升高电力消耗显著增加，特别气温在28~31℃时用电量对气温的变化最敏感。气温每升高1℃用电量约增加3%，而温度较低时日电力消耗受气温的影响比较复杂[212]。因此未来西北地区气候的暖干化，特别是夏季气温的升高，将增加西北地区夏季电力消耗，增大电力安全调度和供电系统安全运行的风险。

未来西北地区降水虽然略有增加，但西北地区位于东亚季风的边缘地带，降水的年际变率大，季节分配不均，随着气候的暖干化，有分析表明未来西北地区由于降水的异常偏少和气候状态的不稳定影响，干旱发生频率可能较高，在近20~30年内出现特大干旱的可能性较大，气候变化和降水的异常偏少，可导致河流径流量的减少和水资源的短缺，水力发电效率将受到较大影响，由此造成较大经济损失。

在气候变暖背景下，未来西北东部年内降水量变差大，出现的局地强暴雨，夏末秋季初的范围广，历时长，累积雨量大的异常持续性降水，形成流域洪水的极端气候事件频率增大，将加大大型水电站的安全运行的风险和输电线路安全运行的风险。

随着气温的升高，特别是冬季气温的升高。近年来西北东部冬季采暖期呈现缩短趋势，分析显示采暖度日呈现减小趋势，采暖度日的减少，采暖耗能减少，虽然预估显示未来30年冬季气温呈现升高趋势，但年际变差大，冬季气温异常偏低出现的频率增大，增大了冬季采暖期能源安全供应的风险。特别是像2008年冬季持续低温阴雪等极端气候事件发生频次的增加，将严重影响冬季采暖期的能源电力的安全供应。

西北地区未来30年气候的暖干化，为风能、太阳能等清洁能源的开发利用提供了良好的发展基础。西北地区平均风速较稳定，有效风能密度和有效风能时数都有较大的开发潜力，甘肃北山以北地区有效风能日数多达80~120d，有效风能利用时数达

2000～4000h，有效风能密度高，河西走廊、乌稍岭和华家岭有效风能密度高达 100～130W/m^2，对发展风力发电十分有利。同时西北地区太阳能丰富，陕西北部、甘肃、青海、宁夏西部年太阳总辐射量5000～8400MJ/m^2，干旱少雨的气候特征也为太阳能开发利用提供了良好的发展条件[213]。

10.3.2 适用对策

气候变化背景下，要实现能源的可持续发展，加快能源结构的战略调整。不仅要在传统能源开发利用实现新的发展，提升资源综合利用水平和效益，同时加快水电、风电、太阳能等可再生能源发展，培育新兴能源产业，着力发展低碳经济，推动能源结构清洁化、多元化和高效化。

10.3.2.1 提高对太阳能、风能的监测和预警能力，建立安全运行的保障体系

要提高对太阳能、风能的监测和预警能力，首先要对现有的监测网进行补充和调整，特别要增加灾害多发段的自动观测站和雷达站的数量，并努力充实各类观测站的先进仪器设备。同时，还需大力提高对太阳能、风能和极端天气气候事件的预警能力，健全预警机构，研发区域数值预报模式，不断提高预报准确率和时效，利用网络通信和多媒体技术，更及时有效地建立安全运行的保障体系，为政府决策和公众防灾减灾服务。

10.3.2.2 加快建设以水电为主的电力支柱产业，建成西电东送的能源基地

截至目前，总装机容量为1800多万kW的龙羊峡至青铜峡段，已建成龙羊峡、拉西瓦、李家峡、公伯峡、苏只、积石峡、盐锅峡、八盘峡、青铜峡9座大中型水电站，规划黄河上游可建设38座水电站。加快黄河上游水的开发利用对于优化西北电力结构，实现资源优化配置，将资源优势转化为经济优势，促进西部大开发和区域的经济发展，加强环境保护和可持续发展战略，具有十分重要的意义。陕西汉江干支流水能蕴藏量469万kW，可开发量263万kW。规划的汉江开发共7座梯级电站：黄金峡、石泉、喜河、安康、旬阳、蜀河、白河，规划装机容量221.7万kW，现已建成石泉、安康两级电站，装机107.5万kW。陕西将开发汉江梯级水电站作为振兴陕南经济的战略举措。

10.3.2.3 大力发展煤炭的综合利用技术，调整能源结构

在提高煤、油、气等一次能源产品产量基础的同时，发展煤电一体化、煤化一体化、油炼化一体化，发展洁净煤技术，加强煤炭洗、选加工和煤炭气化、液化，提升资源综合利用水平和效益，提升能源科技研发能力，推进先进技术示范和应用。

10.3.2.4 加快太阳能、风能、生物质能等新能源和可再生能源发展

西北区域光照充足，具有发展光伏发电的资源优势。风能资源条件好，适宜大规

模风电开发利用。充分利用可再生能源资源条件，发挥科技人才优势，大力推进新能源发展，将成为促进区域节能减排，应对气候变化，实现低碳经济发展的有效途径。

10.3.2.5　实施节能优先战略，促进经济快速有效增长

西北区域经济发展相对滞后，以煤为主的能源结构短期内难以改变，能源消耗高、利用率低，资源浪费大，因此在近期应从建设资源节约型、环境友好型社会和节能减排出发，加快低碳经济发展，加强能源消耗考核，完善经济激励机制，促进企业转变经济增长方式，提高能源利用效率，合理利用资源。制定低碳经济发展战略，推动经济发展向低碳转型。

第 11 章　气候变化对青藏铁路、人体健康和旅游业的影响与适应

11.1　气候变化对青藏铁路的影响与适应

11.1.1　气候变化对青藏铁路的影响

11.1.1.1　冻土是青藏铁路的关键问题

青藏铁路全长 1963km，其中由格尔木至拉萨的新建线路长度 1118km。由于海拔高，多年平均气温在 0℃以下，形成的多年冻土范围广而深，新建线路有一半以上的路段通过多年冻土区。由于路基上部有季节性融冻层，下部有对温度极其敏感的多年冻土层，特别是高含冰量冻土，极易受气候因素或人为因素的影响而融化，产生下沉或融陷，影响路基和建筑物的稳定性。因此，青藏高原多年冻土是修建和维护青藏铁路的关键问题。

11.1.1.2　青藏铁路沿线冻土类型及分布

青藏铁路北起格尔木，向南途经南山口、昆仑山口、沱沱河沿、安多、那曲、当雄，最后到达拉萨。沿线因纬度、海拔高度、地貌、温度、降水量等地理条件、气候条件的不同，冻土类型多种多样。按冻土含冰程度可分为：饱冰冻土、富冰冻土、多冰冻土、少冰冻土和土冰层等。以年平均最低温度为指标，多年冻土可分为极稳定带、稳定带、亚稳定带、过渡带、不稳定带和极不稳定带 6 个。多年冻土极稳定带主要分布在昆仑山、风火山、唐古拉山等地的高山基岩区；稳定带、亚稳定带主要分布在五道梁、可可西里、开心岭、桃尔久等中低山区；过渡带、不稳定带主要发育在西大滩断陷谷地、楚马尔河盆地、北麓河盆地、沱沱河盆地、通天河盆地等温度较高的地区。不同类型的多年冻土对气候变化的响应是不同的，其中，不稳定带对气候变化的响应

最敏感。

11.1.1.3　近几十年冻土变化趋势

最近几十年，青藏高原多年冻土发生普遍退化现象，主要表现为融区范围扩大，季节融化深度增加。据地温监测结果分析，昆仑山垭口和西大滩两个观测场，二三十年来深层低温升高 0.2 ~ 0.3℃，多年冻土层由上向下减薄 4 ~ 5m。青藏公路自 20 世纪 80 年代改成沥青路面以来，路面下季节融化深度普遍比天然地面下增大 0.5 ~ 2.0m，使路基下多年冻土产生融化夹层。从表 11-1 还可以看出，铁路沿线多年冻土天然上限深度普遍增大，表明融化层厚度在不断增大。融化层厚度越大，路基下沉量也就越大[214]。

表 11-1　青藏公路沥青路面下活动场所层变化情况

地点	里程（km）	多年冻土上限深度（m）	融化夹层厚度（m）	天然上限增大深度（m）	冻土类型
昆仑山	2890 ~ 2940	3.9 ~ 6.8	0.5 ~ 1.1	0.8 ~ 1.1	饱冰、多冰冻土
可可西里	2960 ~ 2970	4.3 ~ 6.0	0.7 ~ 2.3	0.6 ~ 1.9	饱冰、含土冰层
楚马尔河	2970 ~ 3000	4.5 ~ 5.4	0.2 ~ 1.5	0.4 ~ 1.0	饱冰、富冰冻土
五道梁	3000 ~ 3050	2.3 ~ 5.4	0.5 ~ 1.7	0.5 ~ 0.9	含土冰层、饱冰冻土
风火山	3050 ~ 3060	4.0 ~ 6.6	1.0 ~ 1.5	0.7 ~ 1.2	含土冰层、饱冰冻土
唐古拉山	3310 ~ 3320	4.7 ~ 5.2	0.4 ~ 1.2	0.7 ~ 1.2	富冰多冰冻土
桃尔久	3370 ~ 3380	3.6 ~ 4.7	0.6 ~ 1.2	0.6 ~ 1.4	富冰多冰冻土
安多	3400 ~ 3410	4.7 ~ 6.9	—	1.0 ~ 2.0	少冰多冰冻土

季节性最大冻土深度的年代际变化分析表明，自 20 世纪 80 年代以来，由于气温升高，中国绝大多数地区最大冻土深度开始减小；20 世纪 90 年代以来，由于气候加速变暖，全国各地区最大冻土深度减小幅度更为明显。

最近几十年，气候变化对青藏铁路的影响主要表现为：一是路面冰雪、大风、暴雨、洪涝及泥石流、山体滑坡等灾害增多，道路冲毁、交通中断现象普遍发生，青藏铁路自海石湾至海晏段仅 1958—1992 年共发生泥石流灾害 60 余次；二是冻胀、融沉作用加强，对公路、铁路路基产生严重影响，道路维护成本增大，青藏公路自 20 世纪 80 年代改成沥青路面以来，路基下多年冻土产生融化夹层，由于冻胀、融沉作用而受到严重损害，仅 1991—1995 年共投资 8.5 亿元对公路和桥梁进行了整修；三是雷电灾害对交通运输的影响加强，特别是青藏公路沿线地滚雷对公路运输的影响严重，造成运输中断等现象的发生。

11.1.2 未来气候变化对青藏铁路的可能影响

有研究指出,在人类活动引起的温室气体不断增加的情况下,对青藏铁路沿线地区各站 A2 和 B2 两种排放情景下,每 10 年平均的温度分析表明,在 A2 排放情景下,到 2050 年前后青藏铁路沿线各站的温度增加将是 2010 年时的 2~3 倍,A2 时在 2.56~2.96℃,B2 时在 2.37~2.65℃[215]。冻土是青藏铁路的关键问题。随着气温上升,青藏高原多年冻土地温也要上升。青藏高原多年冻土地温上升将导致冻土的退化。到 2050 年,青藏高原多年冻土分布将发生较大变化,80%~90% 的岛状冻土发生退化,季节融化深度增加;表层冻土面积减少 10%~15%,冻土下界明显抬升[174]。

气候变暖及极端气候事件发生频率的增加,冻土过程和寒区环境都将发生深刻的变化,将引起青藏铁路沿线冻土退化、草场退化、沙漠化、工程环境的破坏及至青藏铁路的破坏。

11.1.3 适应对策

研究与开发青藏铁路沿线极端气候事件以及气象灾害及其次生、衍生灾害监测、预警、评估技术,研究多年冻土区铁路冻胀、融沉作用防治工程技术,加强铁路沿线防风治沙隔离带建设技术推广。开展青藏铁路气候资料使用审查、气候可行性分析和气候变化对青藏铁路的影响评价,开展青藏铁路气候保障服务。加强青藏铁路沿线冻土的环境保护。

11.2 气候变化对人体健康的影响与适应

11.2.1 气候变化对人体健康的影响

11.2.1.1 气候变化对人体舒适度的影响

在人居环境、旅游资源评价等方面,人体舒适度已逐渐成为一项最重要的指标[216]。人体舒适度方面的研究表明[217],人类生活和工作最佳有效温度 17~24.9℃,对人体健康最有利的相对湿度在 60%~70%;而对人体最适宜的风速为 2m/s。当气温发生变化时,人体的热调节系统保证人体对热应急作出有效的适应性反应,但气温超过一定限度时,就会增加发病和死亡的危险。

中国气象局制定的统一标准将舒适度指数划分为九个级别[218],计算方法如下:

$$kssd = 1.8 \times t - 0.55 \times (1.8 \times t - 26) \times (1 - r/100) - 3.2 \times 0.5v + 32$$

式中:$kssd$ 代表人体舒适度气象指数,t、r、v 分别为气温、湿度和风速。

表 11-2 人体舒适度气象指数等级描述

指数	级别	说明
1	$kssd \leqslant 25$	很冷,感觉很不舒服,有冻伤危险
2	$25 < kssd \leqslant 38$	冷,大部分人感觉不舒服
3	$38 < kssd \leqslant 50$	微冷,少部分人感觉不舒服
4	$50 < kssd \leqslant 55$	较舒服,大部分人感觉舒服
5	$55 < kssd \leqslant 70$	舒服,绝大部分人感觉很舒服
6	$70 < kssd \leqslant 75$	较舒服,大部分人感觉舒服
7	$75 < kssd \leqslant 80$	微热,少数人感觉不舒服
8	$80 < kssd \leqslant 85$	热,大部分人感觉很不舒服
9	$85 < kssd$	酷热,感觉很不舒服

从西北四省区对人体舒适度计算结果可以看出,平均舒适日数为 153 天,冷不舒适日数为 209 天,热不舒适日数 3 天。气候变化对西北区域人体舒适程度的影响总体是有利的,主要表现在冷不舒适日数呈现下降趋势,而舒适日数有增加的趋势(图 11-1)。

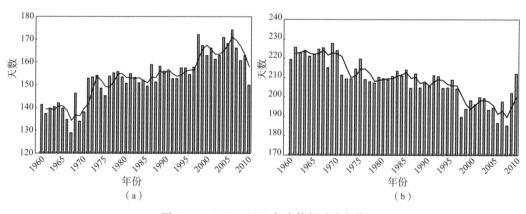

图 11-1 1961—2010 年人体舒适度变化

[(a) 舒适及较舒适日数;(b) 很冷、冷及微冷日数]

从舒适度日数距平可以看出(图 11-2),舒适及较舒适日数在 20 世纪 60 年代明显偏少,70—90 年代中期基本没有什么变化,90 年代后期到 21 世纪的舒适及较舒适日数明显高于多年平均值;而冷不舒适日数则表现出与舒适及较舒适日数明显相反的变化规律,20 世纪 60 年代明显偏多,70—90 年代中期基本没有什么变化,90 年代后期到 21 世纪明显高于多年平均值。

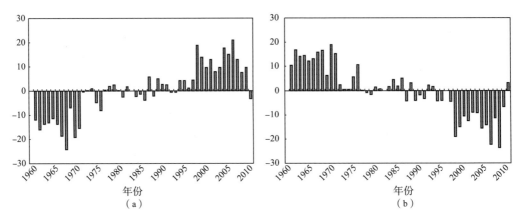

图 11-2   1961—2008 年西北区域人体舒适度距平

（a）舒适及较舒适日数；（b）很冷、冷及微冷日数，单位：天

11.2.1.2　高影响气候事件对人体健康影响

（1）高温、热浪。

高温和热浪使病菌、病毒、寄生虫更加活跃，会降低人体免疫力和对疾病的抵抗力，导致与热浪相关的心脏、呼吸道系统等疾病的发病率和死亡率增加。统计表明，最小相对湿度在 45% 以上，持续高温高湿天气，发病住院人数明显增加[219]，占总病例数的 76.4%。热浪对老年人、穷人以及居住在拥挤城市中的其他易感人群是非常危险的。大城市所具有"热岛"效应是由于建筑物聚集及缺乏绿化，与周边乡村相比，夏天城市里的温度要高得多[220]。

高温可使地表臭氧浓度上升，臭氧在空气当中是强氧化剂，对人的黏膜、呼吸道刺激性比较大，长期接触高浓度臭氧会导致肺功能明显下降。

（2）干旱。

干旱是西北区域最主要的气象灾害之一，气候变暖会增加干旱等自然灾害的发生频率，干旱是一种渐进性灾害，危害群众健康的首要问题是大面积人群饮用水短缺；随着生活环境恶化，清洁、消毒条件受限，易引起各类疾病如肠道传染病的暴发；如旱情持续过久还可能出现营养不良性疾病的流行。旱灾时期可能爆发的各类疫情，干燥而寒冷的气候适合流感等呼吸道疾病如流感的传播；旱灾地区用水不足，饮用水及个人卫生难以维持，有利于霍乱，痢疾及甲型肝炎等疾病传播；湖沼地区干涸、河川断流成为杂草丛生的低地、水洼，不仅提供鼠类优越的生活环境，提高旱獭病毒等疾病发生之危险，亦利于病媒蚊滋长，如疟疾等。

（3）洪涝灾害。

洪涝灾害对人体健康的影响可以分为直接灾害和间接灾害，直接灾害可导致人员伤亡，间接灾害会增加经水传播疾病，在降水较多的部分陆地地区，由于水位上升，人们饮用的地表水质因地表物质污染而下降，人们饮用后，易患皮肤病、肠胃疾病等水媒传染疾病。随着居住环境的变化，水短缺加重，卫生条件差，人的抵抗力下降，会使霍乱、痢疾等水媒传染疾病流行。

（4）寒潮。

西北冷空气活动次数多、范围大、强度强，气温起伏不定，阶段性降温较为明显，加之降水量分布不均，易引发的传染疾病特别是呼吸道传染疾病偏多发生。另外，也易诱发心血管疾病死亡。过低的温度会对人体造成直接伤害，2008年1—2月青海省寒潮带来百年不遇的雪灾对人体健康造成不利影响，仅果洛藏族自治州就有3355人冻伤，3301人患雪盲。

（5）沙尘暴。

沙尘天气包括浮尘、扬沙和沙尘暴。沙尘暴发生时大量的颗粒物被扬起，同时在颗粒物形成和长途传输过程中，发生了大量的化学和生物学污染，对大气环境和人类健康带来极大的危害，近年来国外的研究表明，沙尘暴与风湿病、黑热病，尤其与肺炎有关。研究表明，甘肃河西有沙尘天气时，兰州市TSP浓度与呼吸系统疾病发病人数的相关显著。调查还发现灰霾期间人群出现上呼吸道感染、哮喘、结膜炎、支气管炎、眼和喉部刺激、咳嗽、呼吸困难、鼻塞、流鼻涕、皮疹、心血管系统紊乱等疾病的症状增强，其中儿童和老年人患病的概率更高[221]。

11.2.1.3　气候变化对传染疾病的影响

许多通过昆虫、食物和水传播的传染性疾病，如疟疾等，对气候变化非常敏感。在甘肃，细菌性痢疾、乙脑月发病人数分别与月平均气温、月平均最高气温、月平均最低气温以及月降水量呈显著的正相关关系[222]。未来西北区将变暖，降水亦有可能增加，因而各种传染疾病的传播范围和程度都将增加。

（1）虫媒传播疾病。

据世界卫生组织1990年统计的数字，与气候变暖相关联的传染病是：疟疾、血吸虫病、登革热[219]，全球变暖后，疟疾和登革热的传播范围将增加，这两种通过昆虫传播的疾病将殃及世界人口[223]的40%～50%。虫媒传播疾病是病原体由虫媒作为中间宿主或寄生繁殖，继而传播到人的疾病。当前虫媒传染病的三大流行趋势是，新的病种不断被发现，原有的流行区域不断扩展，疾病流行的频率不断增强[224]。气候变暖引起气候带的改变，热带边界扩大到亚热带，会引起虫媒疾病传播的地理分布扩大，使发病区向北推移，增加虫媒疾病的传播。气候变暖有利于媒介昆虫的滋生繁衍，提早出蛰，并使病原体毒力增强[225]，致病力增强[219]。

（2）水媒传染疾病。

水媒传染疾病气候变暖可能使水质恶化或引起洪水泛滥而助长一些水媒疾病的传播。在降水较多的部分陆地地区，由于水位上升，人们饮用的地表水质因地表物质污染而下降，人们饮用后，易患皮肤病、肠胃疾病等水媒传染疾病。随着居住环境的变化，水短缺加重，卫生条件差，人的抵抗力下降，会使霍乱、痢疾等水媒传染疾病流行[225]。

（3）动物传媒疾病。

动物传媒疾病由于气候变暖及其引起的环境变化，助长动物传媒疾病的病原体的存活变异、传播。如随着气候变暖，病原体将突破其寄生、感染的分布区域，形成新的传染病，或是某种动物病原体与野生或家养动物病原体之间的基因交换，致使病原体披上新的外衣，从而躲过人体的免疫系统，引起新的传染病。据有关调查，近几十年新发现的传染病中有3/4与动物媒介疾病有关[225]。

11.2.1.4 气候变化对人类居住环境影响

大量研究表明，气候变化将从下述三个方面对人居环境产生影响：一是气候变化后，资源生产、商品及服务市场的需求产生了变化，使支持居住的经济条件受到了影响；二是气候变化对能源输送系统、建筑物、城市设施以及工农业、旅游业、建筑业等特定产业的一些直接影响，转而对人居环境产生了影响；三是气候变化后，因极端天气事件增加以及对人体健康的影响，使得居住人口迁移。

人类居住环境目前正面临包括水和能源短缺、垃圾处理和交通等环境问题的困扰，这些问题可能因高温、多雨而加剧。面临气候变化时，居民收入大部分来源于受气候支配的初级资源产业，如农业、林业和渔业的经济单一居住区，这些地区比经济多样化的居住区更脆弱[223]。

11.2.1.5 对城市空气质量的影响

西北区域气候属中温带气候，冬季漫长，能源结构以燃煤为主。西北区域工业化程度较低，多数为能源消耗大、污染严重的产业。由于经济社会发展相对滞后，环保资金投入不足，以及工业布局和城市地理环境的影响，特别是气候变暖以来近地层风速变小和城市热岛效应增大，使得城市空气质量变差。为了改善空气环境质量状况，特别是2000年以来，各省实施了一系列积极有效的措施，控制燃煤（油）排放的烟尘总量和市区二次扬尘污染力度，取缔超标生产的工业企业，严肃查处毁坏草木、破坏生态的违法行为等，同时加大了市内空地绿化率，使城市大气环境质量得到了明显改善。

通过对西北区域省会城市2001—2009年省会城市监测报告分析（资料来源于国家环境保护部网站 http//www.mep.gov.cn），结果表明：

（1）颗粒污染物（TSP 和 PM_{10}）是西北区域的首要污染物，平均为 317d，占 86.8%，其次是 SO_2，平均为 48d，占 13.2%，SO_2 作为首要污染物主要出现在冬季。

（2）2001—2009 年，省会城市空气质量好于 2 级以上天数呈逐年增加的趋势（见图 11-3），2001 年平均为 176d，2009 年达到 277d，平均增加 57%。增加最快的时段为 2001—2004 年。

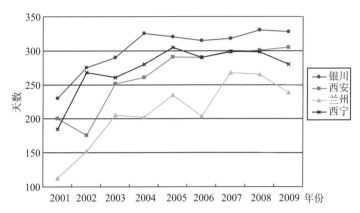

图 11-3　2001—2009 年西北四省（区）省会城市空气质量 2 级以上天数变化

（3）从 2001—2009 年省会城市逐日空气质量级别统计来看，一年中，良级（2 级）的日数最多，为 235d，占 64%；其次是轻度污染（3 级），为 92d，占 25%，优级（1 级）的日数，为 24d，占 7%；最少的为中度污染（4 级），重度污染（5 级），分别为 7d，8d，各占 2%（见图 11-4）。

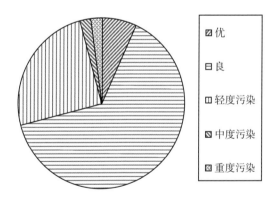

图 11-4　2001—2009 年西北四省（区）省会城市空气质量等级比例

（4）从 2001—2009 年各省会城市逐日空气质量级别统计来看，空气质量较好的区域是银川、西安，空气质量差的区域为兰州，其中度污染（4 级），重度污染（5 级）

明显多于其他城市。

（5）从季节变化来看（图11-5），PM_{10}、SO_2、NO_2 3 种污染物月平均浓度的月变化曲线呈"U"字形，冬季污染最严重，其次是春季和秋季，夏季空气最好。在一年四季中，空气污染指数按冬>春>秋>夏的顺序排列，这主要是由冬季取暖和不利气象条件造成的，PM_{10}呈现双峰形，第二个峰值区出现在 4 月，主要是受沙尘天气影响。分析各季节各级空气质量也表现为，夏季良以上天数明显增加，污染日数减少。

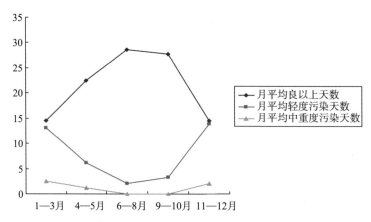

图 11-5　各季节各级空气质量月平均污染日数变化趋势

（6）沙尘天气的发生虽然是一种局地现象，但作为一种流动的大污染源，其影响具有大尺度效应，是造成西北区域春季发生重污染事件（API>300）的主要原因之一，也是西北区域城市空气质量下降的主要原因。对西北区域平均中度以上污染日数与西北沙尘日数对比分析，中度以上污染事件与沙尘天气的发生日数有较好的一致性（见图11-6）。

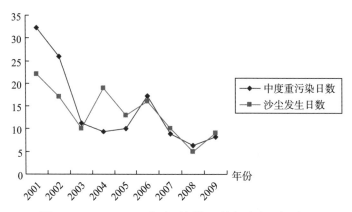

图 11-6　2001—2009 年中重污染日数与沙尘天气对比

11.2.2 未来气候变化对人体健康的可能影响

未来西北区气候将可能变得更加温暖，极端气候事件发生频率将可能增大。由于西北区的人们大多对热的适应性不强，夏季变得更热将使夏季的疾病发病率和死亡率增加。在高温环境下发病和死亡的频率更高。而洪涝、干旱等极端气候事件的增加将可能造成流行性疾病发生频率和流行范围增加。

11.2.3 适应对策

适应是社会系统的一种功能，人们能够有效地采用各种适应对策来大大地减少气候变化对健康的许多可能影响。

（1）通过计划和市场机制，开展公共卫生活动（公共卫生培训计划、研究发展计划），改进和提高公共卫生基础设施水平。

（2）加强部门和行业协调配合，共同研究气候与人体健康和各种流行性疾病之间的关系，开展公共卫生和健康教育科学普及活动，提高全民公众健康意识。进一步研究防御、控制和治疗疾病所需的医疗技术，进一步识别各种适应需求，评估适应对策，确定优先实施顺序。

（3）建立早期公众健康预警和防控机制，防止各类疾病和公共卫生问题因气候变化而恶化、加剧。建立极端天气气候事件与人体健康监测预警网络，以省（自治区、直辖市）为监控单位，下设市、县监测点，对发生的极端天气气候事件所致流行性疾病进行实时监测、分析和评估。

11.3 气候变化对旅游业的影响与适应

11.3.1 气候变化对旅游业的影响

11.3.1.1 对旅游适宜期的影响

西北区总体旅游舒适季节在5—9月。大陆性高原气候区的青海省，旅游适宜期较其他省份短，境内适宜旅游期最短的祁连山区仅有1个月。受气候变暖影响，近年来西北各省旅游季节有适度延长趋势，如甘肃省陇南南部部分地方旅游期可提前到3月中旬并推迟至11月中旬末结束，陕西省巴山山区和和汉江谷地可提前到3月下旬并推迟至11月上旬。延长时间长度约两个半月。2001—2009年各省舒适指数表明，各省境内旅游适宜期因气候特点不同，延长及结束时间也不同。

陕西省旅游适宜期从南向北先后开始。巴山山区和和汉江谷地3月下旬至11月上旬、秦岭南麓浅山区4月中旬至10月中下旬、渭河河谷平原4月上旬至10月下旬、陕北南部和渭北4月中旬至10月上旬，陕北北部4月下旬至10月上旬，为适应旅游期。但在盛夏夏季渭河河谷和汉江谷地由于温度高，湿度大，天气炎热，有短暂的不适宜旅游期，一般出现在7月中旬至8月上旬，但持续时间长度年际变率大，持续时间长短不一。

由于气候变暖，陕西全省旅游适宜期开始日有提前、结束日有推后的趋势。西安及周边地区历史人文景区春季旅游适宜开始时间分布渭河河谷平原3月下旬，秋季旅游适宜期的结束时间10月下旬，在盛夏夏季由于温度高，湿度大，天气炎热，有短暂的炎热不适宜旅游期。受气候异常影响各地年旅游适宜期年际变率较大。近年来气温升高旅游适宜期延长。2001—2009年舒适期开始日较1971—2000年提前15d，旅游舒适期结束日推后10d，旅游适宜期延长20~30d。延安红色旅游区旅游适宜开始时间为4月中旬，秋季旅游适宜期的结束时间在10月上旬。2001—2009年旅游舒适期开始日较1971—2000年提前5~10d，旅游舒适期结束日推后5~10d，旅游适宜期延长10~20d，延安红色旅游充分利用气候资源，红色旅游得到长足发展。黄河壶口瀑布旅游风景区旅游适宜开始时间为4月中旬，秋季旅游适宜期的结束时间在10月上旬。2001—2009年旅游舒适期开始日较1971—2000年提前5~10d，旅游舒适期结束日推后5~10d，旅游适宜期延长10~20d。临潼旅游风景区春季旅游适宜开始时间在3月下旬至4月上旬，秋季旅游适宜期的结束时间在10月中下旬。近年来气温升高，临潼旅游风景区旅游适宜期延长。2001—2009年旅游舒适期开始日较1971—2000年提前15d，旅游舒适期结束日推后5~10d，旅游适宜期延长20~25d。

甘肃省旅游旺季的时间始于5月，结束时段基本在"十一"假期上旬末。由于近10年甘肃省区域气温升高（2000—2009年）使甘肃省大部分地方旅游舒适月份延长1—2月。与多年适宜旅游季节5—9月相比，河西大部和陇中大部地方2000—2009年平均旅游适宜期可提前到4月下旬并推迟至10月上旬末结束；河西东部个别地方、陇中中部个别地方和陇东大部旅游期可提前到4月中旬并推迟至10月上旬末结束；陇南北部旅游期可提前到4月上旬并推迟至10月中旬末结束；陇南南部部分地方旅游期可提前到3月中旬并推迟至11月中旬末结束。

青海省东部农业区旅游适宜期为5—9月；柴达木地区为5—8月；黄河源区为7—8月；祁连山区8月，仅有1个月；长江源区基本上全年无适宜期。气温升高使青海省旅游旺季由以前的4个月延长到6个月，西宁避暑消夏的优势进一步显现，旅游业呈现增长态势。

宁夏引黄灌区从4月中旬开始，大部地区平均气温在12.8℃以上，10月上旬大部地区平均气温在12.3℃以上，且这两个时段内降水少，适宜外出旅游日数较多，4月中旬至10月上旬属旅游适宜期；南部山区6—8月属适宜旅游期，7月为最适旅游期。

11.3.1.2 对旅游人文景观和风景区的影响

旅游人文景观，因其稀缺独特和不可再生的特点，在受到气象灾害的破坏后，产生的后果常常是毁灭性的。例如，敦煌石窟等旅游人文景观，由于当地降雨中的酸性物质过多，已遭受污染和侵蚀，大多数佛像的表面风化严重，导致面目全非。陕西西安的秦始皇陵原高约120m，如今其高度已降至64.97m，这便是源于2000余年的风雨侵蚀。

旅游人文资源珍贵稀缺，一旦遭到破坏便不可再生且很难恢复原貌，而各种气象灾害如暴雨、狂风、冰雹等均会对其产生严重影响，应采取各种防治措施保护珍贵的旅游人文资源，使世代人民共享文化瑰宝。

近年来，全球气候变化频繁，各地域极端性气象灾害增多，加上旅游景区特殊的地理环境影响，灾害性天气给旅游风景区的游客、旅游从业人员及旅游业的发展带来了威胁[226]。华山风景区的海拔较高，自然气候及地域环境较为复杂，局部强降雨（雪）、大风、冰雹、寒潮、雷电等突发性气象灾害天气频繁发生，对游客的生命安全造成威胁。自2000年以来，西北频受沙尘暴席卷，对当地的旅游形象产生了不良影响，对旅游品牌造成了冲击。

11.3.1.3 对湖泊自然景观旅游资源的影响

气候变化对西北区域湖泊自然景观旅游资源的直接影响，表现在湖面水位的下降。一些根据当地气候特点打造经营的旅游项目也受到一定影响。

陕西省沙漠区红碱淖湿地旅游资源，1995年被陕西省政府确定为省级风景名胜区，被列入国家重要湿地自然保护区，是我国面积最大的沙漠淡水湖泊，也是全世界最大的遗鸥繁殖与栖息地。由于人类活动和气候变暖，20世纪90年代以来红碱淖水面面积在大幅度萎缩，水位急剧下降。甘肃敦煌鸣沙山月牙泉风景名胜区，以沙泉共处的自然景观呈现在游客面前。20世纪50年代测量，月牙泉东西长218m，中段最宽处54m，平均水深5m，最深处7m余。现在南北长近100m，东西宽约25m，泉水东深西浅，最深处约5m，平均水深3m左右。从以上数据看，月牙泉的面积、水深随时间推移呈减小趋势，除沙丘移动，水道变化的影响因素外，气候变化也是其中的影响因素之一[227,228]。

青海著名旅游景区的青海湖流域自1959—2005年，全年温度、降水与蒸发都呈增加的趋势。近40年来观测资料显示，青海湖水位除个别年份略有回升外，总体呈现出明显的下降趋势[229]，暖干气候是造成青海湖水位下降的主要原因[230]，而前期的降水量、入湖流量、湖面蒸发量对湖面水位升降有显著影响[231,232]。

宁夏沙湖湖泊自然景观旅游区，历史上曾有过因干旱而湖底朝天的年份，干旱和蒸发及由此引起的水体含盐量增加，造成对湖中水生物生存的胁迫。沙湖平均水深

2.2m，湖面 8.2km²，年降水量 170mm，年蒸发量 1760m。由于年蒸发量巨大，降水仅为蒸发量的 1/10，要保持目前的湖水深度，年需补水 1.59m，即 1300 万 m³ 水量[233]。近年随区域气温升高、降水减少，干旱频发，范围扩大，持续时间长，加之每年黄河用水量受限，湖面水位下降的可能性随之加大。宁夏自 1997—2009 年，冬季气温明显升高，降水偏少，出现暖冬的概率明显增加。近 13 年中除 2008 年为冷冬外，有 10 年年平均气温较常年偏高，2009 年冬季为 1961 年以来最暖的冬季。冬季以贺兰山苏峪口、悦海、中卫滑雪场为主的旅游项目，由于冬季平均气温升高明显，使打造冰雪场的成本有所提高[234]，对滑雪旅游造成一定影响。

11.3.1.4 对旅游人数、旅游收入的影响

气候变化对旅游人数、旅游收入的影响，虽然无法得到直接的结果，但由于气候变化造成异常天气、灾害事件增多，对旅游人数、旅游收入的直接影响，已在近年来发生的一些大灾害事件中有所记录。

2003 年"十一"黄金周期间，西安市由于降水时间较长，导致山岳、游乐景点的客流量仅为 81 万，同比下降 16%，旅游收入为 5.28 亿元，同比下降 8%，形成了旅游负增长的局面。

2008 年发生的冰雪冻雨灾害，不仅损坏了受灾省份旅游景区的景观设施、服务接待设施和基础设施，也改变了潜在旅游者的旅游选择，他们会避开灾害区或灾害发生周期，给旅游业造成直接的经济损失[235]。

从西北各省 2007—2009 年旅游人数、旅游收入的数据可以看出，各省旅游人数、收入与上年同比，总体均呈上升趋势。就旅游大省陕西而言，2005 年国内旅游 5987 万人次，境外旅游 92.84 万人次；2006 年国内旅游 6950 万人次，境外旅游 106.11 万人次；2007 年国内旅游 8015 万人次，境外旅游 123.13 万人次；2008 年国内旅游 9056 万人次，境外旅游 125.7 万人次；2009 年国内旅游人数 11410 万人次，境外旅游人数 145.08 万人次。2005—2009 年国内旅游收入由 316.30 亿元增加到 715.28 亿元人民币，旅游外汇收入由 4.46 亿美元增加到 7.71 亿美元（2005—2009 年陕西省国民经济和社会发展统计公报）。

对西北区域的气候特点而言，旅游的季节性较强。在适宜旅游期内，特别是假期期间，温度适宜，风速适中，无降水天气的气象条件下，配合适当的旅游宣传手段，是促进旅游旺盛、提升旅游目的地形象、带动当地经济增长的方法之一。

11.3.2 未来气候变化对旅游业的可能影响

在全球变暖的背景下，对西北区域旅游业的不利因素有三：一是气候变化对旅游资源保护的挑战，西北部分地区旅游资源的依存环境趋于恶化，开发利用难度加大。

二是气候变化对旅游产品开发的难度加大。由于干旱少雨，缩小了水体、湿地、冰雪类旅游产品的开发空间，增加了旅游产品开发难度。三是极端气候事件对旅游业影响明显加剧。有利因素为气候逐渐变暖，春秋两季甚至冬季适游期延长，缩小了旅游淡旺季差异，部分地区因气候变化衍生的地域性物候特征，可开发为有特色的气象、山地和生态等景观。

11.3.3 适应对策

建立健全应对气候变化的保障机制，为确保旅游业适应气候变化的各项工作顺利开展，需要建立健全旅游业应对气候变化的保障机制[236]。同时提高旅游全行业对气候变化的认识，利用各种手段普及气候变化方面的相关知识，营造全行业应对气候变化的良好环境。

在旅游资源的开发利用过程中，也会对生态资源、环境造成一定程度的破坏和影响，必然导致区域气候的改变，特别是干旱沙漠地区，荒漠化加重后也会影响到旅游资源的利用。在生态环境脆弱地区进行自然风景资源的旅游开发应将保护放在首位，对可能造成的生态风险要早预测、早防范，发现苗头及时整治，把生态效益、社会效益和经济效益结合起来进行全面规划。要遵守生态系统动态平衡的基本原则，人与自然和谐的自然法规，以一种对大自然和生态系统最小的干扰方式对生态资源、环境进行利用，进行生态旅游开发，在持续发展的高度上有效利用旅游资源与自然资源[237]。

第 12 章　西北区域应对气候变化的政策和行动

12.1　主要政策措施

12.1.1　建立了组织机构和管理体系

2008 年以来，西北区域各省（区）均成立了由省（区）政府主要领导担任组长、相关部门参加的地方应对气候变化领导小组，建立了应对气候变化领导机构，四省（区）气象部门是其主要成员。领导小组办公室设在各省（区）发展改革委员会，其主要任务是：负责贯彻落实《国家方案》的相关内容、领导区域内各省（区）的应对气候变化工作。组织实施国家应对气候变化的重大战略、方针和对策，贯彻落实国务院有关节能减排工作的方针政策，组织开展清洁发展机制项目，制定应对气候变化的相关政策措施，指导气候变化领导领域对外合作工作，组织参与应对气候变化的国际活动，调动和整合地方、部门和行业资源，共同推进应对气候变化工作。组织对涉及气候变化的建设规划和重大项目进行评估和论证，建立节能减排指标体系和监测考核体系，推行节能减排工作问责制和一票否决制，推动西北地区经济社会又好又快发展。

12.1.2　明确了应对气候变化的指导思想和总体目标

指导思想是全面贯彻落实科学发展观，坚持节约资源和保护环境的基本国策，立足西北各省（区）的实际，面向国家和民生需求，发展低碳经济和循环经济，以控制温室气体排放、增强可持续发展能力为目标，以保障经济发展为核心，以节约能源、优化能源结构、加强生态保护和建设为重点，以科学技术进步为支撑，加快形成政府引导、社会参与、产业推动、工程依托的格局，不断提高西北地区应对气候变化的能力，为保护我国和全球气候做出新的贡献。

总体目标是围绕强化能源节约，降低能源消耗；开发利用可再生能源，优化能源消费结构；发展循环经济，建立淘汰落后产能退出机制，严格控制工业生产过程的温室气体排放；继续实施植树造林、退耕还林（草）、天然林保护、水土流失治理、防沙治沙、农田基本建设等重点工程，大幅度增加碳汇能力；合理开发和优化配置水资源，完善农田水利基本建设新机制；推动科技创新，改进栽培技术，调整种植结构和布局，增强适应气候变化能力；提高公众防灾减灾意识，加强抗灾能力建设等七个方面。

12.1.3 制定、编制了应对气候变化的法规和方案

为贯彻落实应对气候变化国家方案，自 2008 年以来先后出台了《陕西省应对气候变化方案》（陕政发〔2008〕23 号，2008）、《甘肃省应对气候变化方案》（甘政发〔2009〕35 号，2009）、《青海省应对气候变化地方方案》（青政〔2008〕58 号，2008）和《青海省气候变化应对办法》（青海省人民政府第 75 号令，2010）、《宁夏回族自治区应对气候变化方案》（宁政发〔2009〕105 号，2009)[238-241]。

12.1.4 应对气候变化工作纳入了国民经济发展规划

各省高度注重气候变化对经济社会发展的影响，更加重视有利于适应和减缓气候变化影响的综合对策，在国民经济和社会发展规划纲要中[242-249]明确提出了奋斗目标。加强生态保护与建设，注重三江源、祁连山内陆河流域、青海湖流域、甘南黄河重要水源补给区以及"两山一河"（贺兰山、六盘山、黄河）等生态环境综合治理工程建设。积极实施退耕还林（草）、封山禁牧、水土治理和水权转换，提升森林覆盖面积和水资源利用率。改进能源结构，注重节能减排，发展清洁能源和循环经济，充分利用风能、太阳能等清洁能源，降低单位生产总值能耗和主要污染物排放，改善空气质量等。

12.2 主要行动措施

12.2.1 利用气候资源，调整产业结构

注重经济增长方式的转变和经济结构的调整，大力发展了特色农牧业、设施农业和旅游业。进一步完善了产业政策，显著改善产业结构，提高能源和资源利用效率。加快农业产业化步伐，调整和优化农业产业结构、农牧业结构，改造提升优势传统产业，大力发展设施业，推进和建立节水型社会，加快适应气候变化能力强的优势特色产业的发展。调整第二产业内部结构，改造升级重点工业，促进高新技术产业升级及结构转型，加大对原材料工业技术改造，注重节能降耗，提高水资源利用效率。加快

第三产业发展，稳步发展旅游业。

12.2.2 加大生态环境保护与建设力度，建设西部生态屏障

实施并完善生态保护规划、条例。做好生态环境现状调查以及生态功能区划工作。大力实施生态环境保护与建设以及退耕还林、退牧还草战略，遏制生态环境进一步恶化的态势，改善生态环境。加强生态环境综合治理、天然林保护和"三北"防护林建设，注重沙化治理、水土保持等生态环境建设工程。大力开展人工影响天气作业，为抗旱、防雹、增蓄、生态恢复发挥了积极作用。

12.2.3 提高水资源利用率，建设节水型社会

西北区域是气候变化的敏感区和生态环境的脆弱区，为有效应对全球气候变化对水资源造成的影响，西北区各省都积极开展了人工增雨（雪）工程，加强了水资源控制工程（水库等）和一些区域性调水蓄水工程的建设等一系列的措施，积极应对气候变化带来的水资源短缺的影响。积极开展了三江源、甘南黄河上游重要水源补区、祁连山区的生态功能区保护与建设。根据经济社会可持续发展需求，建设了引洮工程、宁夏引黄灌溉工程、陕西引汉济渭工程，这些工程已经发挥了巨大经济、社会和生态效益。全面加强了水资源节约管理和优化配置，稳步推进节水型社会建设。

12.2.4 发展清洁能源，改善能源结构

加强新能源和可再生能源的开发利用力度，西北地区通过加快水电、太阳能、风能等可再生能源的开发，积极实施"煤改气"工程，逐步降低了煤炭消费比例，改善了高污染、低效率的能源消耗结构，天然气、沼气、风能、太阳能等清洁能源的利用率大大提高。西北区各省气象部门还积极开展了风电场、太阳能资源利用工程建设的气候可行性评估论证工作，风电功率、太阳能光伏发电的预报服务工作也正在逐步开展，使得风能、太阳能的利用率逐步提高。

12.2.5 推进应对气候变化能力建设

正在逐步建立应对气候变化体制和机制，应对气候变化的基础性工作也在起步，初步建立了气候变化及其对生态与环境的监测预警系统，以及气候变化及其影响相关的基础数据集（库）和数据共享机制。西北地区各省（区）还积极推进气候变化综合影响评估和应对措施的决策支撑研究，气候资源开发利用和风险区划工作逐步深化，深入开展了气候变化事实分析及其机理研究，加强了气候变化对农业、生态、水资源、能源、粮食安全等的科学研究。

12. 2. 6　开展应对气候变化科普宣传和教育

西北地区在中小学和大学普遍增加了全球气候变化教学内容，利用各种媒体、"3·23"气象日和科普活动广泛宣传和普及气候变化知识，组织学术报告会，邀请西北区域内外专家、学者，向各级政府、有关部门、公众报告有关气候变化的事实、影响以及应对措施和对策，提高社会各界应对气候变化的意识和可持续发展的意识，提高全社会的应对气候变化能力。

第13章　加强应对气候变化工作的建议

13.1　进一步完善组织管理体系

　　各级人民政府是本地区应对气候变化的责任主体，加强对本地区应对气候变化工作的组织和领导。成立省级应对气候变化科技领导小组，加强气候变化领域科技工作的政策引导和管理协调机制。设立省级应对气候变化专家委员会和专家工作组，发挥好专家委员会的决策咨询、监督和指导作用，为省级应对气候变化领导小组提供决策咨询。建立应对气候变化多部门参与的决策协调和联动机制，推进地方和行业应对气候变化技术服务网络建设。积极贯彻落实国家和各省应对气候变化方案的相关内容，管理和协调解决减缓和适应气候变化的重大问题，将地方国民经济发展规划中的应对气候变化工作落到实处，建立相应管理制度。加强应对气候变化工作的信息资源共享、任务检查、工作落实和目标考核以及重大工程项目建设的气候可行性论证等工作。

13.2　加强应对气候变化的基础能力建设

　　完善节能法规和标准建设，调整能源消费结构，增加非化石能源比重，做好各种节能减排示范基地建设，实施重点节能工程，推广先进节能技术和产品。建立温室气体排放和节能减排统计监测制度，加快低碳技术研发和应用。加强卫星监测研究与服务能力建设，构建布局合理运行可靠的天、地、空基气候变化立体监测网，加强气象、水文、生态等气候变化相关领域监测与评估体系建设，提升气候变化及其影响的监测评估能力。开展西北地区重点行业应对气候变化的方法、技术和效果的综合评估，加强适应气候变化特别是应对极端气候事件的能力建设。坚持生态环境的工程治理与自然修复相结合，加大重点生态功能区保护建设力度，提高森林覆盖率。全面加强水资源节约管理和优化配置，推进节水型社会建设。建立现代立体人工影响天气作业体系，进一步提升防灾减灾、增加水资源的能力。

13.3　加强气候变化科技创新能力建设

鼓励和引导高校和科研院所开展应对气候变化的战略研究，引导企业与社会力量积极参与，共同推进气候变化科技工作，开展与气候变化有关的重大科技项目研究，开展重点行业减缓和适应气候变化关键技术研究，加大应对气候变化的经济社会成本效益分析和影响评估等领域的研究，提高应对气候变化的自主创新能力。开发气候变化监测技术、温室气体减排技术和气候变化适应技术等。

13.4　加强人力资源开发和人才的培养

制定行之有效的气候变化人才培养制度，着力培育一批自主创新能力强、专业特长突出、有较强影响力的气候变化科学研究团队；加大气候变化领域国内外优秀人才和智力的引进力度；建立和完善人才引进的优惠政策、激励机制和评价体系。

13.5　加强法律法规体系和机制建设

各级政府要加快地方性应对气候变化的法规体系建设，完善地方各类标准，加强应对气候变化工作的综合监管力度，落实责任。要着手研究易受气候变化影响的行业或部门的灾害防御标准、监测预警标准和气候影响评估标准，逐步建立政府部门和社会各界共同参与的联动灾害防御机制。

13.6　建立应对气候变化的多元投入机制

充分发挥政府作为气候变化科技工作投入主渠道的作用，鼓励和引导企业、社团、个人等社会各界积极投入资金，加快开发适应和减缓气候变化的各类技术。积极利用金融及资本市场，引入科技风险投资，建立气候变化科技工作的长期投入机制。发挥政府投资的引导作用，鼓励社会各界参与建立应对气候变化基金。

13.7　提高公众应对气候变化的意识

加强组织管理，通过教育培训，提高政府机关、企事业单位领导干部的气候变化意识，努力造就具有较高气候变化意识的干部队伍。协调社会力量，大力宣传国家和地方政府在气候变化问题上的立场、态度和各项方针政策，推动公众的气候变化意识不断提高。鼓励和倡导可持续发展的生活方式，促进公民从我做起，从生活细节作起，节约能源，保护环境，保护地球。将气候变化知识纳入国民教育系列，成为国民素质教育的重要组成部分。

13.8 加强国内外的交流与合作

积极利用气候变化国际领域的资金、技术和人才，加强西北区域在应对气候变化方面的国内外交流与合作。加快各省 CDM 基础能力建设，鼓励和帮助企业积极参与清洁发展机制，瞄准国内外两个市场，用好国内外两种资金和两类人才，大力提升西北区域应对气候变化的能力和水平。

第14章　西北区域气候变化的不确定性分析

14.1　观测资料的局限性分析

　　观测资料的局限性主要表现为：①观测资料的时空分辨率不够且存在着一定的偏差。目前，西北区域高时空分辨率的器测温度记录其时间序列最长不超过60年，代用资料的时间序列虽然较长，但分辨率较低，除少数外大多不能描述十至百年时间尺度及其以下的变化和趋势。②资料序列的加工和处理方面存在一些问题。由于气温变化趋势的计算结果对资料序列的订正方法十分敏感，不同研究人员采用不同的非均一性检验和订正方法，将会导致计算结果的明显差异，这种非均一性问题目前还难以得到合理的解决。③高空气温变化分析中探空温度资料序列和卫星遥感资料序列的可靠性仍需不断提高。④西北区域土地利用变化对地面气温变化的确切影响过程还不是很了解，如城市化对地面气温记录的影响难以完全分离，现有的地面气温序列中还不同程度地保留着城市热岛效应的影响。在大多数用于检测和归因分析的气候模式里没有包含这个影响。⑤太阳辐射、火山活动和大气成分等一些重要外强迫因子的观测资料时效太短，它们的变化规律以及对西北地区的影响目前还不是很清楚[250]。

　　不论采用何种检测和归因分析方法，都需要利用现有的长时间序列气候观测资料。在当前观测资料完整性、均一性、连续性和可靠性存在明显缺陷的情况下，开展气候变暖成因研究的难度可想而知[251]。

14.2　气候变化科学认识和趋势预估的不确定性分析

　　首先是气候变化科学认识的不确定性。目前，对气候系统运行机理的认识还不完善。气候系统包含了大气、水、冰雪、生态、固体地壳以及人类社会等多个圈层，不同圈层之间存在着复杂的相互作用，特别是具有复杂的物理、化学与生物反馈作用。这些反馈过程包括水汽反馈、云层反馈、冰冻圈反馈、海洋反馈、陆地生态系统反馈等，目前对其认识还处于初始阶段。如在过去的 50 多年里，世界许多地区蒸发皿蒸发量呈现明显下降趋势，我国大部分气象台站也记录到水面蒸发显著减弱的现象。不管造成水面蒸发减少的原因是什么，如果观测点附近的陆地实际蒸发减弱了，那么这一过程将对地面气温上升产生增幅作用。遗憾的是，现在对于水面和陆地实际蒸发的许多问题还不清楚。云和大气水汽的情况更为复杂。目前一般认为气候变暖将导致海洋上蒸发加强，大气水汽含量增加，水汽反馈将进一步增强变暖。但如前所述，如果观测的部分地区大气水汽增加是由人类活动直接引起的，而不全是温度—水汽反馈作用的结果，则气候系统对 CO_2 等温室气体的敏感性就应比目前估计的要低。对气候系统运行机理的认识是气候变化检测、归因和预估研究的关键所在，但遗憾的是，目前在这方面还有大量的科学问题没有解决。

其次是温室气体排放情景的不确定性。温室气体排放情景预估是评估未来气候变化影响的基础。把未来温室气体排放情景作为气候模式的输入因子，得出未来的气候情景，然后把气候情景和非气候情景（社会经济和环境情景）作为影响评估模型的输入参数，模拟得出气候变化影响评估的结果。可以看出，社会—经济发展因子如人口变化，经济发展水平以及科学技术发展程度，在未来 20—80 年的时段内很难制订出一种可信方案。社会与经济的发展中有许多因素是难以预测的，如战争等。未来各国的能源排放，人口增长以及土地利用等多方面的发展状况是非常复杂的，取决于多种因素，人类活动排放的微量气体在辐射过程中的作用非常复杂，在大气中的存留时间不确定，这些微量气体之间还可以起化学反应，形成新的气体等[252]。目前的 SRES 系列情景主要是根据未来温室气体排放量来描述未来社会经济发展的主要驱动因素（人口、经济增长、技术变化、能源、土地利用、社会公平性、环境保护和全球一体化），当前广泛应用的 A1，A2，B1，B2 四个系列基本上包含了未来温室气体排放的各种可能性。但是，无论是从定性角度还是从定量角度，四种情景系列的差异都很大，且存在局限性。因而，未来气候变化影响评估的最主要不确定性来源之一就是各种情景假设的不确定性[253]。

第三是预测模型的不确定性。IPCC 中的"气候预估"仅仅是假定某种温室气体排放情景下，利用气候模式计算未来温度、降水量等要素的变化趋势，它相当于一个数值试验，既不是未来全球排放的真实情景，也不是未来气候的真实情景，更不是人类和自然因子共同驱动下导致的未来气候变化。因此，气候变化趋势预估的不确定性很大，主要来源于气候影响因子、参数化过程和气候模式自身存在的一些缺陷。目前，国内外比较著名的全球气候模式输出的气候情景结构存在较大的差异，利用不同模式的评价结果差异会很大。另外，所有的气候模式对极端天气气候事件的模拟能力都比较差，也是造成未来影响评估不确定性的原因之一[253]。目前，GCM 模拟结果的时空分辨率相对较粗，不能满足影响和适应研究的需求。区域气候模式（RCM）是一种有效的动力降尺度方法。但利用 RCM 构建西北区域高分辨率气候情景存在一些问题，

RCM 降尺度分析的 GCM 数量少，对情景数据的订正方法还不完善，等等[254]。影响评估模型的局限性必然造成未来气候变化影响预估的不确定性。

14.3 气候变化影响的复杂性和适应措施的不确定性分析

西北区域气候变化除受全球气候变化的影响外，还受当地经济社会发展状况和当地自然地理环境等因素的影响，气候变化与不同系统之间相互作用的关键因子（降水、温度等）、驱动因素（人口、经济增长、技术变化、能源、土地利用等）、作用机理（降水对作物的影响等）和反馈机制（适应措施等）等相当复杂，有关这方面的科学研究还很不全面，特别是综合性、系统性的研究还很不够。

在生态系统方面，目前有关气候变化对森林生态系统影响的研究以宏观尺度为主，还不能区分人为活动和气候变化的影响。气候变化对森林病虫害影响的研究仅限于一些现象的记录和统计分析。对典型脆弱森林生态系统的研究也不够深入，草原和灌丛等自然生态系统对气候变化的脆弱性、适应性评价方面的研究较少且方法单一，处于定性和半定量阶段。在农业系统方面，缺乏气候变化对粮食生产能力影响的综合评估研究，特别是温度和 CO_2 浓度对农作物产量的影响效果、农业病虫害加重的程度、农业脆弱性和敏感性的评估、粮食安全问题等都缺乏系统的定量评估。在水资源方面，由于气候变化对水文极端事件的影响、对水质的影响、对农业灌溉的影响和对供水系统的可靠性、恢复性和脆弱性的影响等研究都比较薄弱，对主要江河径流量的预估还存在着较大的不确定性。气候变化是影响疾病发生的重要因素之一，但其影响程度取决于社会经济、公众健康知识和医学科学的发展程度。目前气候变化对西北区域人体健康影响的认识和知识非常有限，研究工作比较少，气候变化与疾病发生、发展的关系还不很清楚。

气候变化的影响评估模型研究方面，目前还很难把各种因素对气候变化的影响区分开来，一般都是定性的描述，还不能准确定量反映气候变化对各系统的综合影响，考虑的因素也不全面，如技术进步、政策变化以及气候变化对贸易、就业和社会经济的综合影响在评估模型中很少涉及，适应措施对气候变化的脆弱性考虑较少[253]。

气候变化适应技术和措施方面的不确定性主要来源于不同区域和领域的差异性和实施主体的执行过程中。应首先明确西北区域适应气候变化的目标，然后根据各个领域气候变化影响评估结果，制定适合西北区域特点的适应技术和措施，这些技术措施应该是综合的而不是单一的[254]，目前要做到这些还有相当的难度。

另外，气候变化对自然系统、生命系统、经济社会系统等的影响非常复杂而深远，限于当前的科学技术水平，我们对它的认识和理解还有很大的差距，对于未来气候变化的可能影响和适应，其不确定性就更大了。

参 考 文 献

[1] IPCC 2007. http://www.ipcc.ch/pdf/assessment-report/ar4/wg1/ar4-wg1-spm-cn.pdf.

[2] ［日］高桥浩一郎. 从月平均气温、月降水量来推算蒸散发量的公式［J］. 天气, 1979, 26 (12): 759-762.

[3] 宋正山, 杨辉, 张庆云. 华北地区水资源各分量的时空变化特征［J］. 高原气象, 1999, 18 (4): 552-565.

[4] Tokyo, WMO World Data Center for Greenhouse Gases Data Summary［R］. Japan, WDCGG, Data Report, 2004, 28: 1-19.

[5] 温玉璞, 邵志清, 徐晓斌, 等. 青海瓦里关大气 CO_2 本底浓度变化规律的观测研究［J］. 中国环境科学, 1993, 13 (6): 420-424.

[6] 赵玉成, 温玉璞, 德力格尔, 等. 青海瓦里关大气 CO_2 本底浓度的变化特征［J］. 中国环境科学, 2006, 26 (1): 1-5.

[7] 周凌晞, 周秀骥, 张晓春, 等. 瓦里关温室气体本底研究的主要进展［J］. 气象学报, 2007, 65 (3): 458-467.

[8] 德力格尔, 赵玉成. 青海省瓦里关地区近十年来大气本底化学组分的变化特征［J］. 环境化学, 2007, 265 (2): 241-244.

[9] 周秀骥. 中国大气本底基准观象台进展总结报告（1994—2004）［R］. 气象出版社, 2005: 12-41.

[10] 周凌晞, 李金龙, 汤洁, 等. 瓦里关山大气 CH_4 本底变化［J］. 环境科学学报, 2004, 24 (1): 91-95.

[11] 周秀骥, 罗超, 李维亮, 等. 中国地区臭氧总量变化与青藏高原异常低值中心［R］//中国地区大气臭氧变化及其对气候环境的影响（1）. 北京: 气象出版社, 1996. 232-238.

[12] 金赛花, 樊曙光, 王自发, 等. 青海瓦里关地面臭氧浓度的变化特征［J］. 中国环境科学, 2008, 28 (3): 198-202.

[13] 翟佑安. 陕西灾害大典［M］. 北京: 气象出版社, 2005.

[14] 董安祥. 甘肃灾害大典［M］. 北京: 气象出版社, 2005.

[15] 王莘, 青海灾害大典［M］. 北京: 气象出版社。2007.

[16] 夏普明. 宁夏灾害大典［M］. 北京：气象出版社，2007.

[17] 唐红玉，翟盘茂，常有奎. 中国北方春季沙尘暴频数与北半球 500 hPa 高度场的 SVD 分析［J］. 中国沙漠，2005，25（4）：570-576.

[18] 郑广芬，牛生杰，赵光平，等. 宁夏春季沙尘暴频次异常与北太平洋海温异常的关系研究［J］. 中国沙漠，2007，27（5）.

[19] 陈晓光，赵光平，郑广芬. 宁夏春季典型沙尘暴年环流特征量分析［J］. 中国沙漠，2004，24（5）：570-575.

[20] 赵光平，陈楠. 生态退化状况下的宁夏沙尘暴发生发展规律特征［J］. 中国沙漠，2005，25（1）：45-49.

[21] 赵红岩，宁惠芳，徐金芳，等. 西北区域冰雹时空分布特征［J］. 干旱气象，2005，23（4）：23-26.

[22] 赵庆云，赵红岩，刘新伟. 西北东部极端降水事件及异常旱涝季节变化倾向［J］. 中国沙漠. 2006，26（5）：745-749.

[23] 汪青春，秦宁生，唐红玉，等. 青海高原近 44 年来气候变化的事实及其特征［J］. 干旱区研究 2007，24（2）：232-239.

[24] 陈晓光，郑广芬，陈晓娟，等. 气候变暖背景下宁夏暴雨日数的变化［J］. 气候变化研究进展. 2007，3（3）：85-90.

[25] 丁永红，王文，陈晓光，等. 宁夏近 44 年暴雨气候特征和变化规律分析［J］. 高原气象，2007，26（3）：630-636.

[26] 邓振镛，文小航，黄涛，等. 干旱与高温热浪的区别与联系［J］. 高原气象. 2009，28（3）：702-710.

[27] 高荣，王凌，高歌，等. 1956—2006 年中国高温日数的变化趋势［J］. 气候变化研究进展，2008，4（3）：177-181.

[28] 谈建国，陆晨，陈正洪，等. 气象灾害丛书——高温热浪与人体健康［M］. 北京：气象出版社，2009.

[29] 蔡新玲，高红燕，胡琳，等. 陕西夏季高温的统计特征分析［J］. 陕西气象 2006（5）：22-24.

[30] 赵庆云，赵红岩，王勇. 甘肃省夏季异常高温及其环流特征分析［J］. 中国沙漠. 2007（4）：639-643.

[31] 李林，李凤霞，朱西德，等. 三江源地区极端气候事件演变实施及其成因探究［J］. 自然资源学报，2007，22（4）：656-663.

[32] 陈晓光，Declan Conway，郑广芬，等. 1961—2004 年宁夏极端气温变化趋势分析［J］. 气候变化研究进展，2008，4（2）：73-77.

[33] 陈楠，彭维耿. 宁夏高温多、少年平均环流及 OLR 场特征分析［J］. 干旱气象，2004，22（2）：23-27.

[34] 张敏锋，冯霞. 我国雷暴天气的气候特征［J］. 热带气象学报. 1998，14（2）：156-162.

[35] 李照荣，康凤琴，马胜萍. 西北地区雷暴气候特征分析［J］. 灾害学. 2005，20（2）.

[36] 冯建英, 陈佩璇, 梁东升. 西北地区雷暴的气候特征及其变化规律 [J]. 甘肃科学学报, 2007, 19 (3): 71-74.

[37] 李亚丽, 杜继稳, 鲁渊平, 等. 陕西雷暴灾害及时空分布特征 [J]. 灾害学, 2005, 20 (3): 99-102.

[38] 蔡新玲, 高红燕, 胡琳, 等. 陕西夏季高温的统计特征分析 [J]. 陕西气象, 2006 (5): 22-24.

[39] 王建兵. 甘南高原雷暴的气候特征 [J]. 干旱气象. 2007, 25 (4): 51-55.

[40] 景怀玺, 石圆圆, 白虎志. 甘肃中部雷暴天气变化的气候特征分析 [J]. 干旱气象, 2007, 25 (1): 53-57.

[41] 郭卫东, 王振宇, 朱西德. 青海省雷暴年际变化特征分析 [J]. 青海气象, 2008 (2): 11-13.

[42] 纪晓玲, 穆建华, 周虎, 等. 45 年来宁夏雷暴气候统计特征及趋势分析 [J]. 中国沙漠, 2009, 29 (4): 744-749.

[43] 张智, 林莉, 梁培. 宁夏雷暴天气过程的气候特征 [J]. 干旱区资源与环境, 2008, 22 (12): 93-96.

[44] 魏锋, 白虎志, 孙秉强. 甘肃省近 35 年连阴雨天气气候特征分析 [J]. 成都信息工程学院学报, 2005, 20 (4): 479-482.

[45] 张智, 梁培, 陈玉华, 等. 宁夏连阴雨气候变化特征分析研究 [J]. 灾害学, 2010, 25 (1): 69-72.

[46] 赵强, 李林, 汪青春, 等. 青海省连阴雨天气时空分布特征分析 [J]. 青海气象, 2001, 3: 7-8.

[47] 白虎志, 董文杰. 华西秋雨的气候特征及成因分析. 高原气象. 2004, 23 (6): 884-889.

[48] 赵珊珊, 张强, 陈峪, 等. 渭河汉水流域秋季降水的变化特征 [J]. 气候变化研究进展, 2006, 2 (4): 181-183.

[49] 桑建人, 舒志亮, 邱旺. 近 44 年宁夏霜冻特征. 干旱区资源与环境 [J]. 2008, 2 (12): 97-102.

[50] 刘德祥, 孙兰东, 宁惠芳. 甘肃省干热风的气候特征及其对气候变化的响应 [J]. 冰川冻土, 2008, 30 (1): 81-86.

[51] 武万里, 韩世涛. 气候变暖对宁夏小麦干热风的影响 [J]. 宁夏农林科技. 2007 (1): 64-66.

[52] 祁贵明, 汪青春. 柴达木盆地干热风气象灾害分布规律及对气候变化的响应 [J]. 青海气象, 2007 (2): 20-27.

[53] 陈晓光, Declan Conway, 陈晓娟, 等. 1961—2005 年宁夏极端降水事件变化趋势 [J]. 2008, 4 (3): 156-160.

[54] 张强, 李裕, 陈丽华. 当代气候变化的特点和重点问题及其应对策略 [J]. 中国沙漠, 2011, 31 (2): 492-499.

[55] 桑建人, 陈楠, 杨侃, 等. 宁夏气温变化趋势及环流差异特征分析 [J]. 南京气象学院学报, 2007, 30 (1): 128-133.

[56] 郑广芬, 陈晓光, 赵光平, 等. 宁夏冬季气温的变化及同期 500 hPa 环流特征量的变化特征

[J]. 干旱区地理, 2006, 29 (1).

[57] 陈晓光, 朱乾根, 徐祥德. 河套华北地区旱涝前期的环流异常和遥相关机制 [J]. 南京气象学院学报, 1993, 16 (4): 393-400.

[58] 钟海玲, 李栋梁, 陈晓光. 近40年来河套及其邻近地区降水变化趋势的初步研究 [J]. 高原气象, 2006, 25 (5).

[59] 贺皓, 罗慧, 黄宝霞. 陕西盛夏多雨年与少雨年的大气环流特征分析 [J]. 中国沙漠, 2007, 27, 342-346.

[60] 方建刚, 白爱娟. 陕西春季干旱与多雨的环流特征对比分析 [J]. 干旱区地理, 2010, 33 (3): 364-369.

[61] 方建刚, 白爱娟, 肖科丽, 等. 陕西伏旱气候特征及成因分析 [J]. 干旱地区农业研究, 2009, 24 (2), 29-34.

[62] 孙娴, 魏娜, 肖科丽. 陕西秋季降水变化特征 [J]. 应用气象学报, 2010, 21 (3).

[63] 叶笃正, 杨广基, 王兴东. 东亚和太平洋上空平均垂直环流 (一) 夏季 [J]. 大气科学, 1979, 3 (1): 1-11.

[64] 徐国昌, 张志银. 青藏高原对西北干旱气候形成的作用 [J]. 高原气象, 1983, 2 (2): 9-16.

[65] 吴统文, 钱正安. 夏季西北干旱区干、湿年环流及高原动力影响差异的对比分析 [J]. 高原气象, 1996, 15 (4): 387-396.

[66] 白肇烨, 徐国昌. 干旱, 中国西北天气 [M]. 北京: 气象出版社, 1988, 152-201.

[67] 李栋梁, 陈丽萍. 青藏高原地面加热场强度与东亚环流及西北初夏旱的关系 [J]. 应用气象学报, 1990, 1 (4): 383-391.

[68] 汤懋苍, 沈志宝, 陈有虞. 高原季风的平均气候特征 [J]. 地理学报, 1979, 34 (1): 33-42.

[69] 汤懋苍, 梁娟, 邵明镜. 高原季风的年际变化的初步分析 [J]. 高原气象, 1984, 3 (3): 76-82.

[70] 汤懋苍, 高晓清, 张建. 冬季亚洲高压中心位置何在 [J]. 高原气象, 1995, 14 (3): 379-384.

[71] 白虎志, 谢金南, 李栋梁. 青藏高原季风对西北降水影响的相关分析 [M]. 北京: 气象出版社, 2000: 327-331.

[72] 白虎志, 谢金南, 李栋梁. 近40年青藏高原季风变化的主要特征 [M]. 北京: 气象出版社, 2000: 320-326.

[73] 白爱娟, 施能, 东亚冬. 夏季风强度指数及其与陕西降水变化的关系 [J]. 南京气象学院学报, 2004, 27 (4): 519-526.

[74] 陈彦山, 秦宁生, 罗哲贤. 青藏高原积雪对西北地区干旱气候的影响研究 [M]. 北京: 气象出版社, 2000, 8-16.

[75] 秦宁生, 冯蜀青, 刘青春. 青藏高原冬季积雪对西北地区夏季降水的影响研究 [M]. 北京: 气象出版社, 2000, 18-22.

[76] 谢金南, 王素艳, 马镜娴. 厄尔尼诺事件与西北干旱相关的稳定性问题 [M]. 北京: 气象出版社, 2000, 250-254.

［77］黄荣辉，岸保勘三郎. 关于冬季北半球定常行星波传播另一波导的研究［J］. 中国科学 B 辑，1983（10）：940-950.

［78］黄荣辉. 冬季低纬度热源异常对北半球大气环境影响的物理机制［J］. 中国科学 B 辑，1986，1，91-103.

［79］黄荣辉，严邦良，岸保勘三郎. 基本气流在 ENSO 对北半球冬季大气环流影响中的作用［J］. 大气科学，1991，15（3）：44-54.

［80］陈烈庭. 东太平洋赤道地区海水温度异常对热带大气环流及我国汛期降水的影响［J］. 大气科学，1977（1）：1-12.

［81］李超. 厄尔尼诺对我国汛期降水的影响［J］. 海洋学报，1992，14（5）：45-51.

［82］李耀辉，李栋梁. ENSO 循环对西北地区夏季气候异常的影响［J］. 高原气象，2004，23（6）930-935.

［83］延军平，黄春长，ENSO 事件对陕西气候影响的统计分析［J］. 灾害学，1998，13（4）：39-42.

［84］张冲，赵景波. 厄尔尼诺/拉尼娜事件对陕西气候的影响［J］. 陕西师范大学学报（自然科学版），2010，38（5）：98-104.

［85］张存杰，高学杰，赵红岩. 全球气候变暖对西北地区秋季降水的影响［J］. 冰川冻土，2003，25（2）：157-164.

［86］宏平，小红，厄尔尼诺事件与陕西夏季降水及历史旱涝［J］. 陕西气象，1997（1）：17-21.

［87］方锋，白虎志，赵红岩，等. 中国西北地区城市化效应及其在增暖中的贡献率［J］. 高原气象，2007，26（3）：579-585.

［88］白虎志，任国玉，方锋. 兰州城市热岛效应特征及其影响因子研究［J］. 气象科技. 2005，33（6）：492-500.

［89］徐影. 全球气候变化的最新科学事实和研究进展［J］. 中国气象报，2007.

［90］邓振镛，王强，张强. 中国北方气候暖干化对粮食作物的影响及应对措施［J］. 生态学报，2010，30（22）：6278-6288.

［91］赵鸿，孙国武. 环境蠕变对农业病虫草鼠害的潜在影响［J］. 干旱气象，2004，21（1）.

［92］邓振镛，张强，蒲金涌，等. 气候变暖对中国西北地区农作物种植的影响［J］. 生态学报，2008，28（8）：3760-3768.

［93］蒲金涌，姚玉璧，马鹏里，等. 甘肃省冬小麦生长发育对暖冬现象的响应［J］. 应用生态学报，2007，18（6）：1237-1241.

［94］桑建人，刘玉兰，邱旺. 气候变暖对宁夏引黄灌区水稻生产的影响［J］. 中国沙漠，2006，26（6）：953-958.

［95］姚玉璧，张存杰，万信，等. 气候变化对马铃薯晚疫病发生发展的影响［J］. 干旱区资源与环境，2010，24（1）：173-178.

［96］邓振镛，王鹤龄，李国昌，等. 气候变暖对河西走廊棉花生产影响的成因与对策研究［J］. 地球科学进展，2008，23（2）：160-166.

［97］姚玉璧，邓振镛，王润元，等. 气候变化对甘肃胡麻生产的影响［J］. 中国油料作物学报，

2006, 28 (1)：49-54.

[98] 蒲金涌, 姚小英, 邓振镛, 等. 气候变暖对甘肃冬油菜种植的影响 [J]. 作物学报, 2006, 32 (9)：1397-1401.

[99] 邓振镛, 尹宪志, 陈艳华, 等. 甘肃三种特色作物气候生态适应性分析与适生种植区划 [J]. 南京气象学院学报, 2004, 27 (6)：814-821.

[100] 邓振镛. 高原干旱气候作物生态适应性研究 [M]. 北京：气象出版社, 2005, 25-38.

[101] 邓振镛, 尹宪志, 尹东, 等. 岷当气候生态适应性研究 [J]. 中国中药杂志, 2005, 30 (12)：889-892.

[102] 姚晓英, 杨小利, 蒲金涌, 等. 天水市大樱桃种植中影响产量的生态气候因素分析 [J]. 干旱地区农业研究, 2009, 27 (5)：261-264.

[103] 刘明春, 张强, 邓振镛, 等. 河西干旱区酿酒葡萄生长的气象条件 [J]. 生态学报, 2007, 27 (4)：1656-1663.

[104] 蒲金涌, 姚小英, 姚晓红, 等. 气候变暖对甘肃黄土高原苹果物候期及生长的影响 [J]. 中国农业气象, 2009, 29 (2)：181-183.

[105] 杨小利, 江广胜. 陇东黄土高原典型站苹果生长对气候变化的响应 [J]. 中国农业气象, 2010, 31 (1)：74-77.

[106] 马力文, 叶殿秀, 曹宁, 等. 宁夏枸杞气候区划 [J]. 气象科学. 2009, 29 (4)：546-551.

[107] 姚玉璧, 张存杰, 万信, 等. 气候变化对马铃薯晚疫病发生发展的影响 [J]. 干旱区资源与环境. 2010, 24 (1)：173-178.

[108] 刘明春, 蒋菊芳, 魏育国, 等. 气候变暖对甘肃省武威市主要病虫害发生趋势的影响 [J]. 安徽农业科学, 2009, 20：9522-9525.

[109] 刘明春, 蒋菊芳, 史志娟, 等. 小麦蚜虫种群消长气象影响成因及预测 [J]. 中国农业气象, 2009, 30 (3)：440-444.

[110] 张雄, 董伟, 王立祥. 陕北丘陵沟壑区主要小杂粮降水生产潜力研究 [J]. 水土保持通报, 2007, 27 (4)：155-158.

[111] 杨勤, 陈晓光, 许吟隆, 等. 宁夏春小麦对气候变化情景的响应模拟 [J]. 麦类作物学报 2009, 29 (3)：491-49.

[112] 刘玉兰, 任玉, 王迎春, 等. 气候变化下宁夏引黄灌区玉米产量及其构成因素的预估 [J]. 安徽农业科学. 2011, 39 (23)：13994-1399.

[113] 李剑萍, 杨侃, 曹宁, 等. 气候变化情景下宁夏马铃薯单产变化模拟 [J]. 中国农业气象, 2009 (3)：407-412.

[114] Li Z; Yan F L, Fan X T. The variability of NDVI over northwest China and its relation to temperature and precipitation [J]. Geoscience and Remote Sensing Symposium, 2003 (4)：2275-2227.

[115] 王谋, 李勇, 黄润秋, 等. 气候变暖对青藏高原腹地高寒植被的影响 [J]. 生态学报, 2005, 25 (6)：1275-1281.

[116] 颜亮东, 张国胜, 李林, 等. 青海省气候及其变化对天然牧草发育期、高度及产量影响分析 [R] //气候变化与生态环境研讨会文集. 北京：气象出版社, 2004, 426-434.

[117] 宋怡，马明国. 基于 SPOT VEGETATION 数据的中国西北植被覆盖变化分析 [J]. 中国沙漠，2007，27（1）：89-94.

[118] 徐兴奎，陈红，张凤. 中国西北地区地表植被覆盖特征的时空变化及影响因子分析 [J]. 环境科学，2007，28（1）：41-47.

[119] Shi Y F, Shen Y P Kang E, et al. Recent and future climate change in northwest China [J]. Climatic Change, 2007（80）：379-393.

[120] Yue T X, Fan Z M, Liu J Y. Changes of major terrestrial ecosystems in China since 1960 [J]. Global and Planetary Change, 2005（48）：287-302.

[121] 后源，郭正刚，龙瑞军. 黄河首曲湿地退化过程中植物群落组分及物种多样性的变化 [J]. 应用生态学报，2009，20（1）：27-32.

[122] 纪玲玲，中双和，郭安红，等. 三江源气候变化及其对湿地影响的研究综述 [J]. 吉林气象，2009（1）：14-17.

[123] 常国刚，李凤霞，李林. 气候变化对青海生态与环境的影响及对策 [J]. 气候变化研究进展，2005，1（4）：172-175.

[124] 秦大河，丁一汇，苏纪兰，等. 中国气候与环境演变评估（I）：中国气候与环境变化及未来趋势 [J]. 气候变化研究进展，2005，1（1）：4-9.

[125] 杨小利，王劲松. 西北地区季节性最大冻土深度的分布和变化特征 [J]. 土壤通报. 2008（2）：238-243.

[126] 李林，朱西德，汪青春，等. 青海高原冻土退化的若干事实揭示 [J]. 冰川冻土，2005，27（3）：320-328.

[127] 李林. 青海高原冻土退化及其对气候变化的响应 [D]. 北京：中国农业大学，2007.

[128] 张胜利，李靖. 中国西北地区农业水土环境问题及对策 [J]. 水土保持学报. 2002，16（4）：78-81.

[129] 王发科，苟日多杰，祁贵明，等. 柴达木盆地气候变化对荒漠化的影响 [J]. 干旱气象，2007，25（3）：28-33.

[130] 郭雨华. 中国西北地区退耕还林工程效益监测与评价 [D]. 北京：北京林业大学，2009.

[131] 肖浩. 高寒草甸植被退化的几个案例分析及恢复问题 [J]. 草业与畜牧，2008（3）：27-32.

[132] 刘海棠. 加强三江源地区生态建设与保护的几点建议 [J]. 中国农业资源与区划，2009，30（4）：75-77.

[133] 杨文君，杨芳. 陕西天然林保护工程建设现状及对策研究 [J]. 陕西省行政学院陕西省经济管理干部学院学报. 2006，20（3）：90-95.

[134] 孙继周，吴洪斌，刘荣国，等. 沙坡头自然保护区植物群落的消长变化及可持续发展研究 [J]. 西北植物学报，2003，23（4）：544-549.

[135] 景佩玉. 宁夏实施天然林资源保护工程情况调研 [J]. 宁夏林业通讯. 2008（4）：24-26.

[136] 张娟，张海军，王立平. 新疆湿地保护与管理建议 [J]. 森林工程，2008，24（4）：21-22.

[137] 曹生奎，覃宏冰，王小梅，等. 青藏高原湿地保护与开发利用模式初探 [J]. 干旱区资源与环境，2005，19（4）：109-113.

[138] 汪一鸣. 宁夏平原湿地保护、利用的经验教训 [J]. 干旱区资源与环境, 2004, 18 (6): 6-9.

[139] 刘学敏. 西北地区生态移民的效果与问题探讨 [J]. 中国农村经济. 2002 (4): 47-52.

[140] Li X R, Jia X H, Dong G R. Influence of desertification on vegetation pattern variations in the cold semi-arid grasslands of Qinghai-Tibet Plateau, North-west China [J]. Journal of Arid Environments, 2006 (64): 505-522.

[141] Yue T X, Fan Z M, Liu J Y. Changes of major terrestrial cosystems in China since 1960 [J]. Global and Planetary Change, 2005 (48): 287-302.

[142] Ni J. A simulation of biomes on the Tibetan Plateau and their responses to global climate change [J]. Mountain Research and Development, 2000 (20): 80-89.

[143] 林而达, 许吟隆, 蒋金荷, 等. 气候变化国家评估报告 (Ⅱ): 气候变化的影响与适应 [J]. 气候变化研究进展, 2006, 2 (2): 51-56.

[144] 钱正英. 西北地区水资源配置生态环境建设和可持续发展战略研究: 综合卷 [M]. 北京: 科学出版社, 2004: 16-51.

[145] 张书余. 干旱气象学 [M]. 北京: 气象出版社, 2008, 251-256.

[146] 蓝永超, 丁永建, 刘进琪, 等. 全球气候变暖情景下黑河山区流域水资源的变化 [J]. 中国沙漠, 2005, 25 (6): 863-868..

[147] 青海省气候中心. 青海省气候变化监测评估报告 [M]. 北京: 气象出版社, 2010.

[148] 郭小芹, 李岩瑛, 曹玲. 气候变化对疏勒河流域径流量影响研究 [J]. 安徽农业科学, 2009, 37 (35): 17595-17598.

[149] 曹玲, 窦永祥. 黑河流域降水的时空特征及预报方法 [J]. 干旱气象, 2005, 23 (2): 35-38.

[150] 袁生禄. 石羊河流域水资源大规模开发对生态环境的影响 [J]. 干旱区资源与环境, 1991, 5 (3): 44-51.

[151] 丁宏伟. 石羊河流域绿洲开发与水资源利用 [J]. 干旱区研究, 2007, 24 (4): 416-421.

[152] 丁永健, 刘时银, 叶柏生, 等. 近50年中国寒区与旱区湖泊变化的气候因素分析 [J]. 冰川冻土, 2006, 28 (5): 623-632.

[153] 陈隆亨, 曲耀光. 河西地区水土资源及其合理开发利用 [M]. 北京: 科学出版社, 1992, 67-73.

[154] 张文化, 魏晓妹, 李彦刚. 气候变化与人类活动对石羊河流域地下水动态变化的影响 [J]. 水土保持研究, 2009, 16 (1): 183-189.

[155] 王润元, 杨兴国, 张九林. 陇东黄土高原土壤储水量与蒸发和气候的研究 [J]. 地球科学进展, 2007, 22 (6): 625-635.

[156] 蒲金涌, 姚小英, 邓振镛. 气候变化对甘肃黄土高原土壤水量的影响 [J]. 土壤通报, 2006, 37 (6): 1086-1090.

[157] 王宝鉴, 黄玉霞, 陶健红, 等. 西北地区大气水汽的区域分布特征及其变化 [J]. 冰川冻土, 2006, 28 (1): 17-21.

[158] 乔西现，蒋晓辉，陈江南，等. 黑河调水对下游东西居延海生态环境的影响［J］. 西北农林科技大学学报. 2007，35（6）：190-194.

[159] 葛少芸，马占元. 生态偿机制是民族地区实践科学发展的重要支撑——以甘肃省践行生态补偿机制为例［J］. 人大研究. 2009（7）：42-44.

[160] 刘金鹏，尹亚坤，费良军. 基于区域水资源承载力的引洮工程可行性论证［J］. 人民黄河. 2009，31（6）：60-61.

[161] 徐光儒. 完善管理体制促进协会良性运行［J］. 中国水利. 2009（21）19-20.

[162] 徐金祥，王宏伟，李海文，等. 宁夏引黄灌区水稻节水高产控制灌溉技术应用研究［J］. 黑龙江水专学报. 2004，31（4）：14-17.

[163] 康金虎，马文敏. 宁夏引黄灌区微成水灌溉利用试验研究［J］. 农业科学研究. 2005，26（2）：93-95.

[164] 杨建国，田军仓，康金虎，等. 银北灌区春小麦节水灌溉制度试验研究［J］. 灌溉排水学报. 2005，24（5）：29-31.

[165] 田万全. 理清思路突出重点推动水利建设管理工作科学发展［J］. 陕西水利. 2006（3）：5-6.

[166] 冯丹，滕彦国，张琢. 我国西北地区节水型社会建设现状、问题及建议［J］. 南水北调与水利科技，2010，8（1）：92-94.

[167] 谢世龙. 陕西节水灌溉发展思路分析［J］. 陕西水利. 2004（6）：18-20.

[168] 白惠义，张优良，刘景莉，等. 青海省旱作节水农业的发展现状及对策［J］. 青海农技推广，2001（1）：3-5.

[169] 张增强. 宁夏加快农业水价改革推进节水型社会建设［J］. 中国水利，2011，1（79）.

[170] 施雅风. 2050年前气候变暖冰川萎缩对水资源的影响情景预估［J］. 冰川冻土，2001，23（4）：333-342.

[171] 蒲健辰，姚檀栋，王宁练，等. 近百年来青藏高原冰川的进退变化［J］. 冰川冻土，2004，26（05）：517-522.

[172] Liu S Y, Zhang Y, Zhang, YS, Ding Y J. Estimation of glacier runoff and future trends in the Yagtze river source regon, China［J］. Journal of Glaceiology, 2009, 55（190）：353-362.

[173] 秦大河. 中国西部环境演变评估（综合卷）：中国西部环境演变评估综合报告［M］. 北京：科学出版社，2002，60-61.

[174] Xu Z X, Takeuchi K, Ishidaira H, et al. Sustainability analysis for Yellow River water Resource using the system dynamics approach［J］. Water Resource Management, 2002, 16：239-261.

[175] 秦大河. 中国西部环境演变评估［M］. 北京：科学出版社，2002，47-55.

[176] 刘吉峰，吴怀河，宋伟. 中国湖泊水资源现状与演变分析［J］. 黄河水利职业技术学院学报，2008，20（1）：1-4.

[177] 冯丹，滕彦国，张琢. 我国西北地区节水型社会建设现状、问题及建议［J］. 南水北调与水利科技. 2010，8（1）：92-94.

[178] 张文婷，杨海娟，师满江，等. 中国西北缺水区节水型社会建设的若干思考［J］. 地下水，

2011, 33 (1): 91-92.

[179] 李英年，赵新全，周华坤，等. 长江黄河源区气候变化及植被生产力的特征 [J]. 山地学报，2008，26 (6): 678-683.

[180] 姚玉璧，王润元，邓振镛，等. 黄河首曲草原牧区气候变化及其对牲畜的影响 [J]. 中国农业大学学报，2007，12 (1): 27-32.

[181] 闫丽娟，张恩和. 北方农牧交错带理论载畜量对气候变化的响应——以定西县为例 [J]. 草业科学，2005，22 (3): 8-10.

[182] 邓振镛，张强，徐金芳. 西北地区农林牧业生产及农业结构调整对全球气候变暖响应的研究进展 [J]. 冰川冻土，2008，30 (5): 835-842.

[183] 聂学敏，赵成章，张国辉. 黄河源区退牧还草工程实施现状及绩效的调查研究 [J]. 草原与草坪，2008 (2): 59-63.

[184] 施建军，邱正强，马玉寿. "黑土型" 退化草地上建植人工草地的经济效益分析 [J]. 草原与草坪，2007 (1): 60-64.

[185] 罗玉珠. 果洛州畜种改良工作现状及对策措施 [J]. 草业与畜牧，2008 (6): 29-33.

[186] 安部加. 青海省草原鼠害综合治理的回顾与展望 [J]. 草地保护，2008 (5): 46-47.

[187] 康玲玲，史玉品，王金花，等. 黄河唐乃亥以上地区径流对气候变化的敏感性分析 [J]. 水资源与水工程学报，2005，16 (4): 1-4.

[188] 康玲玲，刘红梅，董飞飞，等. 黄河兰州以上地区近期天然径流量变化分析 [J]. 水力发电，2006，32 (8): 8-10.

[189] 曹松林，田峰巍. 汉江上游水能资源开发 [J]. 陕西水力发电，1999，15 (3): 29-33.

[190] 张洪刚，王辉，徐德龙，等. 汉江上游降水与径流变化趋势研究 [J]. 长江科学院院报，2007，24 (5): 23-30.

[191] 气候变化国家评估报告编写委员会，气候变化国家评估报告 [M]. 北京：科学出版社，2007，233-234.

[192] 刘孝文. 陕西救灾年鉴：2004 [M]. 西安：陕西科学技术出版社，2006.

[193] 刘孝文. 陕西救灾年鉴：2005 [M]. 西安：陕西科学技术出版社，2007.

[194] 史俊通. 陕西救灾年鉴：2007 [M]. 西安：陕西科学技术出版社，2009.

[195] 刘曙阳. 陕西救灾年鉴：2008 [M]. 西安：陕西科学技术出版社，2010.

[196] 王雅婕，黄耀，张稳. 1961—2003 年中国大陆地表太阳总辐射变化趋势 [J]. 气候与环境研究，2009，14 (4): 405-413.

[197] 杨勤，梁旭，赵光平，等. 宁夏太阳辐射逐日、月、年总量的变化特征 [J]. 干旱区研究，2009，26 (3): 413-423.

[198] 陈芳，青海高原太阳辐射时空分布特征 [J]. 气象科技，2005，33 (3): 231-234.

[199] 刘海燕，方创琳，蔺雪芹. 西北地区风能资源开发与大规模并网及非并网风电产业基地建设 [J]. 资源科学，2008，30 (11): 1667-1676.

[200] 王毅荣，林纾，王海荣. 河西走廊风能资源立体分布研究 [J]. 太阳能学报，2007，28 (4): 451-457.

[201] 张海东. 气候变化对我国取暖和降温耗能的影响及优化研究 [J]. 南京信息工程大学, 2007, 78-79, 92-93.

[202] 周自江. 我国冬季气温变化与采暖分析 [J]. 应用气象学报, 2000, 11 (2): 251-252.

[203] 谢庄, 苏德斌, 虞海燕, 等. 北京地区热度日和冷度日的变化特征 [J]. 应用气象学报, 2007, 18 (2): 232-236.

[204] 王治华. 气温与典型季节电力负荷关系的研究 [J]. 电力自动化设备, 2002, 22 (3): 16-18.

[205] 陈峪, 叶殿秀. 温度变化对夏季降温耗能的影响 [J]. 应用气象学报, 2005, 16 (增刊): 97-104.

[206] 吴息, 缪启龙, 顾显跃, 等, 气候变化对长江三角洲地区工业及能源的影响分析 [J]. 南京气象学院学报, 1999, 22 (增刊): 541-546.

[207] 蔡新玲, 徐虹, 乔秋文. 陕西电网用电量与气象因子的关系 [J]. 西北水力发电, 2003, 19 (4): 40-43.

[208] 甘肃经济日报, 2011-12-2.

[209] 杨炯学. 青海可再生能源利用思路 [J]. 青海经济研究. 2008 (6): 47-50.

[210] 陈峪, 黄朝迎, 气候变化对能源需求的影响 [J]. 地理学报, 2000, 55 (增刊): 11-19.

[211] 张强, 张存杰, 白虎志, 等. 西北地区气候变化新动态及对干旱环境的影响 [J]. 干旱气象, 2010, 28 (1): 1-7.

[212] 刘健, 杨文宇, 赵高长. 基于蒙特卡罗分析的配电网架规划方法比较 [J]. 中国电机工程学报, 2006, 26 (10): 73-78.

[213] 陈正洪, 洪斌. 周平均"日用电量—气温"关系评估及预测模型研究 [J]. 华中电力, 2000, 13 (1): 26-28.

[214] 丁一汇, 王守荣. 中国西北地区气候与生态环境概论 [M]. 北京: 气象出版社, 2001, 77-154.

[215]《气候变化国家评估报告》编写委员会. 气候变化国家评估报告 [M]. 北京: 科学出版社, 2007.

[216] 徐影, 赵宗慈, 李栋梁. 青藏高原及铁路沿线未来50年气候变化的模拟分析 [J]. 高原气象, 2005, 24 (05): 700-707.

[217] 封志明, 唐焰, 杨艳昭, 等. 基于GIS的中国人居环境指数模型的建立与应用 [J]. 地理学报, 2008, 63 (12): 1327-1336.

[218] 徐大海, 朱蓉. 人对温度、湿度、风速的感觉与着衣指数的分析研究 [J]. 应用气象学报, 2000, 11 (4): 430-439.

[219] 雷桂莲, 喻迎春, 等. 南昌市人体舒适度指数预报 [J]. 江西气象科技, 1999, 22 (3): 40-411.

[220] 张书余. 医疗气象预报 [M]. 北京: 气象出版社, 2010, 93-94.

[221] John Tibbetts. 气候变化对健康的影响 [J]. 环境与健康展望 (中文版), 2007, 115 (3): 6-12.

[222] 姚焕英，张秀芹. 灰霾天气对人体健康的危害 [J]. 榆林学院学报. 2008, 18 (2): 79-81.

[223] 王式功，马玉霞. 甘肃气候变化对人体健康的影响 [R]. 2009 海峡两岸气象科学技术研讨会, 31-34.

[224] 丁一汇. 气候变化对人类社会的影响 [J]. 气象知识, 2003, (1): 14-21.

[225] 李永红，程义斌，金银龙，等. 气候变化及其对人类健康影响的研究进展 [J]. 医学研究杂志, 2008, 37 (9): 96-97.

[226] 张庆阳，琚建华，王卫丹，等. 气候变暖对人类健康的影响 [J]. 气象科技, 2007, 35 (2): 246-248.

[227] 杨尚英，胡静. 气象灾害对我国旅游业的影响 [J]. 安徽农业科学, 2010, 38 (13): 6977-6980.

[228] 丁宏伟，龚开诚. 敦煌月牙泉湖水位持续下降原因及对策分析 [J]. 水文地质工程地质, 2004 (6): 74-77.

[229] 张明泉，曾正中，蔡红霞，等. 敦煌月牙泉水环境退化与防治对策 [J]. 兰州大学学报（自然科学版），2004, 40 (3): 99-102.

[230] 新疆敦煌旅游咨询网. 鸣沙山、月牙泉—敦煌旅游景点. http://dh618.com/tour/show.asp?id=17. 2009. 7. 25.

[231] 时兴合，李林，汪青春，等. 环青海湖地区气候变化及其对湖泊水位的影响 [J]. 气象科技, 2005, 33 (1): 58-62.

[232] 许何也，李小雁，孙永亮. 近 47a 来青海湖流域气候变化分析 [J]. 干旱气象, 2007, 25 (2): 50-54.

[233] 马珏. 青海湖水位变化与湖区气候要素的相关分析 [J]. 湖泊科学, 1996, 8 (2): 103-106.

[234] 李林，朱西德，王振宇，等. 近 42 年来青海湖水位变化的影响因子及其趋势预测 [J]. 中国沙漠, 2005, 25 (5): 690-696.

[235] 鲁小珍，刘茂松，胡海波，等. 宁夏沙湖风景区的生态环境问题与对策 [J]. 南京林业大学学报（自然科学版），2001, 25 (3): 89-92.

[236] 杨忠霞，范洪刚，张春玲，等. 近 30 年阿尔山地区气候变化趋势分析及对旅游业发展影响 [J]. 内蒙古气象, 2007, 6: 33-34.

[237] 郭剑英. 中外大灾害对旅游业的影响及对四川旅游业恢复的启示 [J]. 资源与环境, 2009, 25 (4): 349-352.

[238] 钟林生，唐承财，成升魁. 全球气候变化对中国旅游业的影响及应对策略探讨 [J]. 中国软科学, 2011, 2: 34-41.

[239] 金洁. 论旅游业发展与生态环境保护 [J]. 四川职业技术学院学报, 2009, 19 (2): 24-26.

[240] 陕西省人民政府关于印发陕西省应对气候变化方案的通知. 陕政发〔2008〕23 号, 2008 年 6 月 11 日.

[241] 甘肃省人民政府关于印发甘肃省应对气候变化方案的通知. 甘政发〔2009〕35 号, 2009 年 4 月 13 日.

[242] 青海省人民政府关于印发青海省应对气候变化地方方案的通知. 青政〔2008〕58 号, 2008 年

7 月 24 日.

[243] 宁夏回族自治区人民政府关于印发宁夏回族自治区应对气候变化方案的通知. 宁政发〔2009〕105 号, 2009 年 10 月 10 日.

[244] 陕西省国民经济和社会发展第十一个五年规划纲要.

[245] 甘肃省国民经济和社会发展第十一个五年规划纲要.

[246] 青海省国民经济和社会发展第十一个五年规划纲要.

[247] 宁夏回族自治区国民经济和社会发展第十一个五年规划纲要.

[248] 陕西省国民经济和社会发展第十二个五年规划纲要.

[249] 甘肃省国民经济和社会发展第十二个五年规划纲要. 甘政发〔2011〕21 号.

[250] 青海省国民经济和社会发展第十二个五年规划纲要.

[251] 宁夏回族自治区国民经济和社会发展第十二个五年规划纲要.

[252] 陈泮勤, 程邦波, 王芳, 等. 全球气候变化的几个关键问题辨析 [J]. 地球科学进展, 2010, 25 (1), 69-75.

[253] 任国玉. 气候变暖成因研究的历史、现状和不确定性 [J]. 科学进展, 2008, 23 (10), 1084-1091.

[254] 王绍武, 赵宗慈, 龚道溢, 等. 现代气候学概论 [R]. 北京: 气象出版社, 2005, 194-213, 224-230.

[255]《气候变化国家评估报告》编写委员会. 气候变化国家评估报告 [M]. 北京: 科学出版社, 2007, 211-219.

[256]《第二次气候变化国家评估报告》编写委员会. 气候变化国家评估报告 [M]. 北京: 科学出版社, 2011, 211-219.

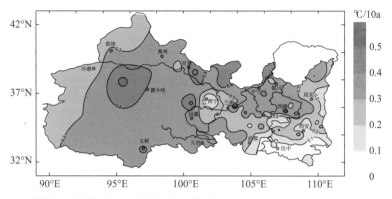

附图1 西北区域年平均气温变化趋势空间分布（1961—2010年）

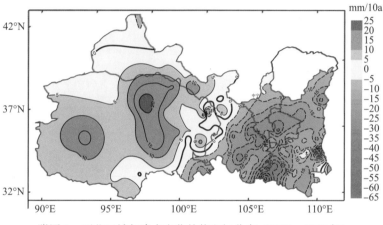

附图2 西北区域年降水变化趋势空间分布（1961—2010年）

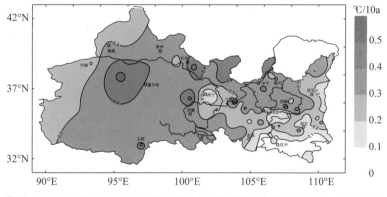

附图3 西北四省（区）地面年平均气温气候倾向率分布（1961—2010年）

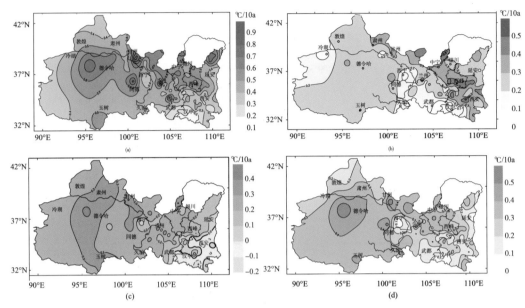

附图4　西北四省（区）地面季节平均气温气候倾向率分布

（1961—2010年，a：冬季，b：春季，c：夏季，d：秋季）

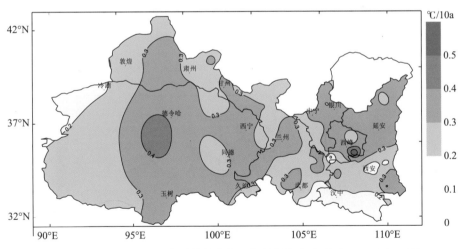

附图5　西北四省（区）年平均最高气温气候倾向率分布（1961—2010年）

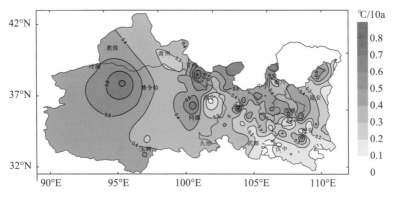

附图6　西北四省（区）年平均最低气温气候倾向率分布（1961—2010 年）

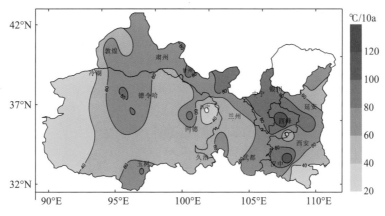

附图7　西北四省（区）≥0℃积温气候倾向率分布（1961—2010 年）

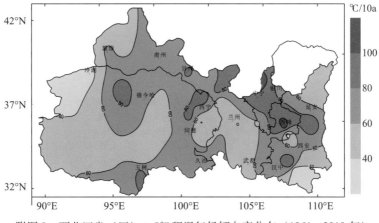

附图8　西北四省（区）≥5℃积温气候倾向率分布（1961—2010 年）

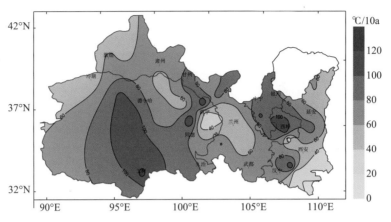

附图9　西北四省（区）≥10℃积温气候倾向率分布（1961—2010 年）

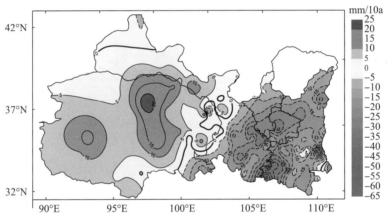

附图 10　西北四省（区）年降水变化倾向率分布（1961—2010 年）

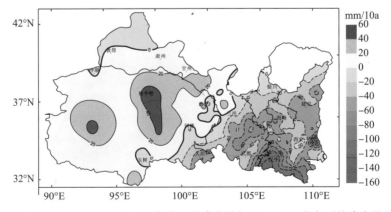

附图11　西北四省(区)1987—2010年年平均降水量与1961—1986年年平均降水量差值

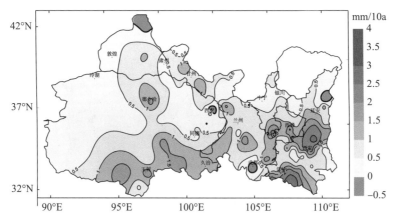

附图 12　西北四省（区）冬季降水变化倾向率分布（1961—2010 年）

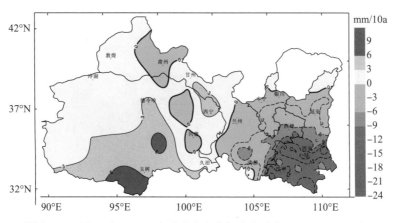

附图 13　西北四省（区）春季降水变化倾向率分布（1961—2010 年）

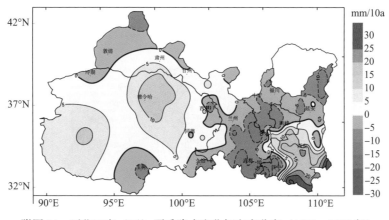

附图 14　西北四省（区）夏季降水变化倾向率分布（1961—2010 年）

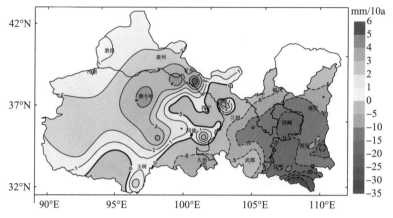

附图 15　西北四省（区）秋季降水变化倾向率分布（1961—2010 年）

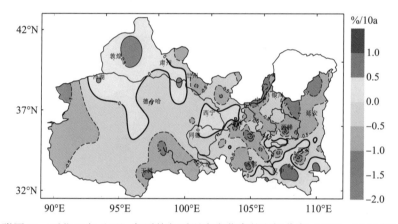

附图 16　西北四省（区）年平均相对湿度变化率的空间分布（1961—2010 年）

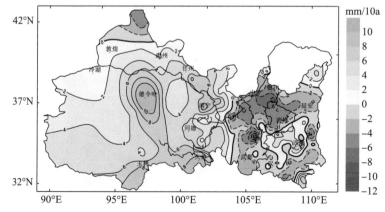

附图 17　西北四省（区）年陆面蒸发量变化率的空间分布（1961—2010 年）

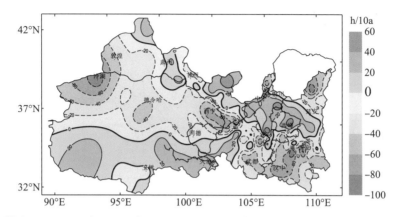

附图 18　西北四省（区）年平均日照时数变化率的空间分布（1961—2010 年）

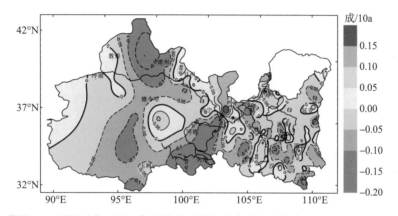

附图 19　西北四省（区）年平均总云量变化率的空间分布（1961—2010 年）

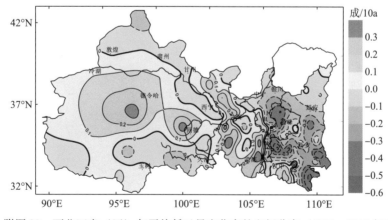

附图 20　西北四省（区）年平均低云量变化率的空间分布（1961—2010 年）

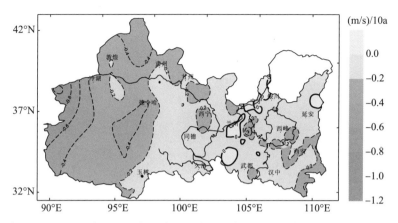

附图21　西北四省（区）年平均风速度变化率的空间分布（1971—2010年）

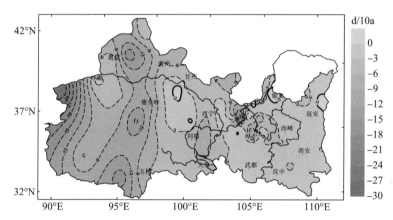

附图22　西北四省（区）年大风日数变化率的空间分布（1971—2010年）

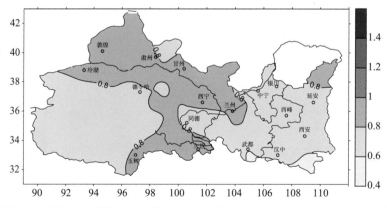

附图23　在SRES A1B情景下，模拟西北四省（区）21世纪初期（2011—2020年）年平均气温距平分布
（单位：℃，基准年：1980—1999年）

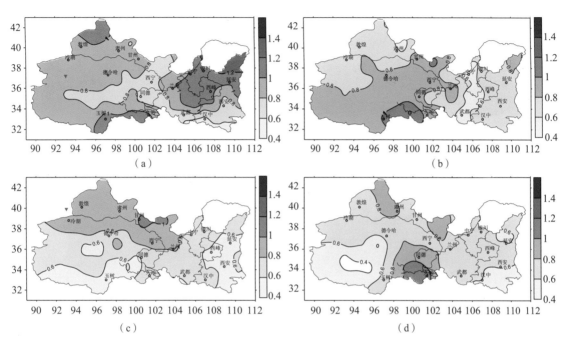

附图 24　在 SRES A1B 情景下，模拟西北四省（区）21 世纪初期（2011—2020 年）季平均气温距平分布
（单位:℃，基准年: 1980—1999 年，a: 冬季；b: 春季；c: 夏季；d: 秋季）

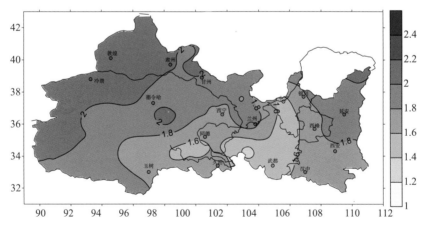

附图 25　在 SRES A1B 情景下，模拟西北四省（区）21 世纪中期（2041—2050 年）
年平均气温距平分布

（单位:℃，基准年: 1980—1999 年）

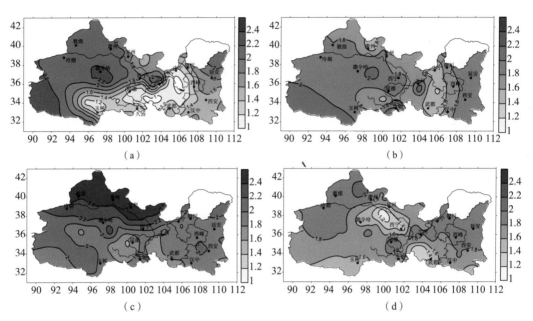

附图 26　在 SRES A1B 情景下，模拟西北四省（区）21 世纪中期（2041—2050 年）
　　　　　季平均气温距平分布

（单位:℃，基准年：1980—1999 年，a：冬季；b：春季；c：夏季；d：秋季）

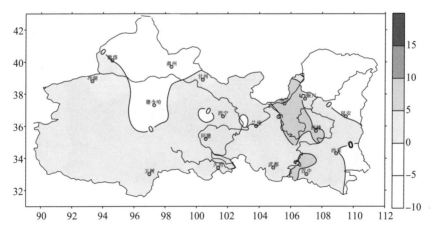

附图 27　在 SRES A1B 情景下，模拟西北四省（区）21 世纪初期（2011—2020 年）
　　　　　年降水距平百分率分布

（单位:%，基准年：1980—1999 年）

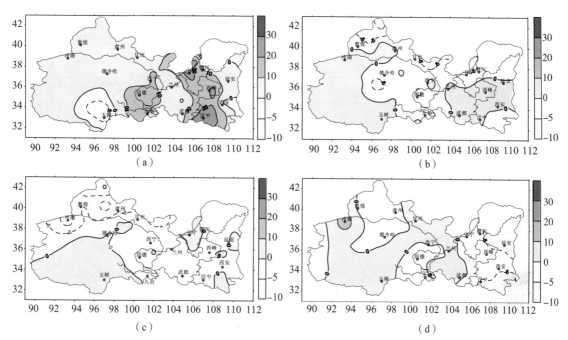

附图 28　在 SRES A1B 情景下，模拟西北四省（区）21 世纪初期（2011—2020 年）
　　　　季降水距平百分率分布

［单位:%，基准年：1980—1999 年，（a）冬季；（b）春季；（c）夏季；（d）秋季］

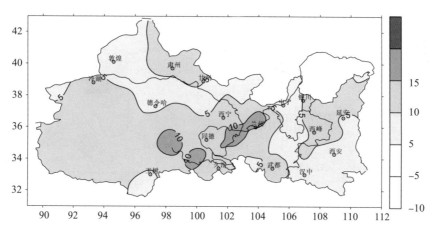

附图 29　在 SRES A1B 情景下，模拟西北四省（区）21 世纪中期（2041—2050 年）
　　　　年降水距平百分率分布

（单位:%，基准年：1980—1999 年）

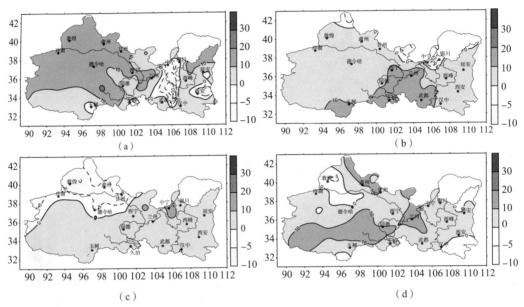

附图30　在SRES A1B情景下，模拟西北四省（区）21世纪中期（2041—2050年）
季降水距平百分率分布

[单位:%，基准年：1980—1999年，（a）冬季；（b）春季；（c）夏季；（d）秋季]

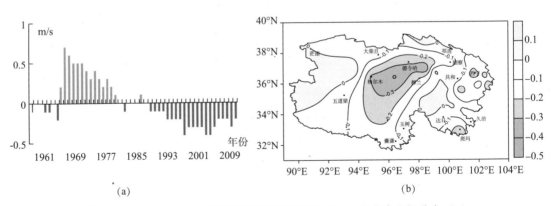

附图31　1961—2009年青海省年平均风速变化（a）、变化率空间分布（b）

（单位：m/s、m/s·10a）

中国科协三峡科技出版资助计划
2012 年第一期资助著作名单
（按书名汉语拼音顺序）

1. 包皮环切与艾滋病预防
2. 东北区域服务业内部结构优化研究
3. 肺孢子菌肺炎诊断与治疗
4. 分数阶微分方程边值问题理论及应用
5. 广东省气象干旱图集
6. 混沌蚁群算法及应用
7. 混凝土侵彻力学
8. 金佛山野生药用植物资源
9. 科普产业发展研究
10. 老年人心理健康研究报告
11. 农民工医疗保障水平及精算评价
12. 强震应急与次生灾害防范
13. "软件人"构件与系统演化计算
14. 西北区域气候变化评估报告
15. 显微神经血管吻合技术训练
16. 语言动力系统与二型模糊逻辑
17. 自然灾害与发展风险

发行部

地址：北京市海淀区中关村南大街 16 号

邮编：100081

电话：010-62103354

办公室

电话：010-62103166

邮箱：kxsxcb@cast.org.cn

网址：http://www.cspbooks.com.cn